生态气象系列丛书

丛书主编：丁一汇
丛书副主编：周广胜　钱 拴

内蒙古生态气象

主编：党志成　李云鹏　王海梅

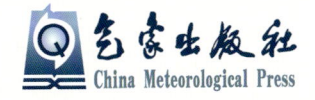

气象出版社
China Meteorological Press

内 容 简 介

本书从内蒙古生态气象业务服务及科研工作开展的实际需求出发，基于长时间序列的气候、生态环境、经济社会发展方面等资料，分析内蒙古主要生态系统的气象监测方法及其变化规律。全书共11章，分别介绍了内蒙古的自然环境概况及问题、气候概况、生态气象监测、森林生态气象、草地生态气象、沙地生态气象、荒漠生态气象、湿地生态系统、城市生态系统、气象灾害监测评估及人工影响天气作业技术。本书可作为生态气象及相关专业业务和研究人员的参考书。

图书在版编目（CIP）数据

内蒙古生态气象 / 党志成，李云鹏，王海梅主编. -- 北京：气象出版社，2023.6
（生态气象系列丛书 / 丁一汇主编）
ISBN 978-7-5029-7915-7

Ⅰ．①内… Ⅱ．①党… ②李… ③王… Ⅲ．①生态环境－气象观测－研究－内蒙古 Ⅳ．①P41

中国国家版本馆CIP数据核字（2023）第140033号

内蒙古生态气象
Neimenggu Shengtai Qixiang

出版发行：气象出版社			
地　　址：北京市海淀区中关村南大街46号		邮政编码：100081	
电　　话：010-68407112（总编室）　010-68408042（发行部）			
网　　址：http://www.qxcbs.com		E-mail：qxcbs@cma.gov.cn	
责任编辑：张　媛		终　审：张　斌	
责任校对：张硕杰		责任技编：赵相宁	
封面设计：博雅锦			
印　　刷：北京地大彩印有限公司			
开　　本：787 mm×1092 mm　1/16		印　张：12.75	
字　　数：326千字			
版　　次：2023年6月第1版		印　次：2023年6月第1次印刷	
定　　价：128.00元			

本书如存在文字不清、漏印以及缺页、倒页、脱页等，请与本社发行部联系调换。

编委会

主　编：党志成　李云鹏　王海梅

成　员（按姓氏笔画排列）：

王　丽　　王　佳　　王宇宸　　卢士庆

史金丽　　代海燕　　司瑶冰　　刘　昊

刘朋涛　　汤永康　　孙小龙　　李　丹

李　彬　　杨丽萍　　宋海清　　张　峰

张存厚　　张稼乐　　林泓锦　　胡志超

娜日苏　　贾成朕　　高　健　　韩　芳

前言

内蒙古横跨"三北"(东北、华北、西北),毗邻八省(区),区域内生态系统类型多样,包含了草原、荒漠、农田、森林、湿地和城市等生态系统,是我国北方面积最大、生态系统种类最全的生态功能区,各类生态系统不仅提供了大量人类社会经济发展所需的农畜产品、植物资源,还对维持区域自然生态系统格局、功能和过程起到关键性作用,也是我国生态环境建设规划与西部大开发中的重点治理与保护建设区域。由于大部分地区地处大陆性季风气候区,内蒙古干旱半干旱土地面积占全区总面积的80%左右,生态环境十分脆弱,也是全球气候变化反应敏感的生态脆弱带,在全球气候变化背景与人类活动干扰的作用下,植被覆盖状况及其生态服务功能容易发生波动。气象条件是影响生态系统的主要因子,对生态系统的稳定和演变起着非常重要的作用。开展地表生态环境的气象监测、评估和生态气象服务业务,对于内蒙古的生态建设、生态保护和生态安全都具有重要的意义,对提高生态系统的气候变化适应能力、保障社会经济的可持续发展具有重要的指导意义。

根据生态气象业务发展以及科研的需求,全书共分11章。第1章为绪论,介绍了内蒙古自然环境特征、主要生态环境问题、生态环境保护与规划,并简要介绍了生态气象的相关背景知识及内蒙古生态气象的发展过程;第2章分析了内蒙古主要气候特征和气候变化事实;第3章为内蒙古主要自然生态系统的生态气象监测方法;第4~9章分别介绍了森林生态气象、草地生态气象、沙地生态气象、荒漠生态气象、湿地生态系统和城市生态系统;第10章为内蒙古主要生态气象灾害监测评估及预报预警;第11章介绍人工影响天气在生态保护与修复方面发挥的作用。

本书是集体研究的成果,党志成、李云鹏、王海梅负责总体设计、体系安排。各章节主要编写人员为:前言和第1章由王海梅、刘昊完成;第2章由司瑶冰、王佳完成;第3章由刘朋涛、张峰、孙小龙完成;第4章由代海燕、李丹、杨丽萍完成;第5章由娜日苏、王宇宸完成;第6章由刘朋涛、张峰完成;第7章由贾成朕、汤永康、韩芳完成;第8章由王丽完成;第9章由张稼乐、卢士庆、胡志超完成;第10章由张存厚、林泓锦、李彬、宋海清、高健完成;第11章由史金丽完成;全书由刘昊统稿。

本书出版得到了内蒙古自治区科技计划项目(2021GG0386、2021GG0400、2022YFSH0027、

2022YFSH0130)、内蒙古自治区自然科学基金项目(2021MS03069、2021MS04020、2022MS04015、2023MS04013、2023QN05021、2023LHMS04004)、内蒙古气象局科技创新项目(nmqxkjcx202107、nmqxkjcx202319、nmqxkjcx202335、nmqxkjcx202336)、内蒙古自治区自然科学基金重大项目(2020ZD06)、中国气象局风云卫星应用先行计划(FY-APP-ZX-2023.01)共同资助。

由于作者水平有限,不当之处敬请读者批评指正!

作者

2022 年 9 月

目录

前言

第1章 绪论 / 001
    1.1 内蒙古自然环境特征 / 001
    1.2 内蒙古主要自然资源 / 003
    1.3 主要生态环境问题 / 004
    1.4 内蒙古生态环境保护和修复 / 005
    1.5 生态气象研究的目的和意义 / 007

第2章 内蒙古气候概况 / 009
    2.1 内蒙古基本气候特征 / 009
    2.2 内蒙古气候变化事实 / 015
    2.3 本章小结 / 020

第3章 生态气象监测 / 022
    3.1 主要生态系统生态气象监测方法 / 022
    3.2 生态气象业务能力建设 / 039
    3.3 本章小结 / 041

第4章 森林生态气象 / 042
    4.1 内蒙古主要森林分布及特征 / 042
    4.2 森林分布区主要气候特征及变化 / 046
    4.3 森林可燃物分析与评估 / 048
    4.4 物候期分布与变化特征 / 057
    4.5 森林植被生态质量时空变化 / 059
    4.6 本章小结 / 061

第5章 草地生态气象 / 062
    5.1 内蒙古草地分布及其特征 / 062
    5.2 天然牧草产量时空分布特征 / 064
    5.3 天然草地产量面积时空变化 / 070
    5.4 典型草原牧区牧事活动 / 075
    5.5 本章小结 / 076

第 6 章　沙地生态气象　/ 077
　　6.1　沙地分布及其特征　/ 077
　　6.2　沙地植被状况　/ 079
　　6.3　本章小结　/ 084

第 7 章　荒漠生态气象　/ 085
　　7.1　荒漠生态系统分布及其气候概况　/ 085
　　7.2　荒漠植被监测与评估　/ 089
　　7.3　沙漠扩张速度监测与评估　/ 098
　　7.4　本章小结　/ 100

第 8 章　湿地生态系统　/ 103
　　8.1　内蒙古湿地生态系统概况　/ 103
　　8.2　主要湖泊水体空间分布特征　/ 103
　　8.3　年内主要水体面积分析　/ 104
　　8.4　年际主要水体面积分析　/ 107
　　8.5　本章小结　/ 108

第 9 章　城市生态系统　/ 109
　　9.1　城市热岛遥感监测评估　/ 109
　　9.2　城市环境空气质量遥感监测分析　/ 117
　　9.3　本章小结　/ 132

第 10 章　气象灾害监测评估　/ 133
　　10.1　干旱综合监测及评估　/ 133
　　10.2　沙尘天气过程卫星遥感监测与评估　/ 139
　　10.3　积雪监测及生态影响评估　/ 159
　　10.4　森林草原火情监测及火险气象等级评述　/ 163
　　10.5　本章小结　/ 167

第 11 章　生态保护与修复型人工影响天气作业技术　/ 168
　　11.1　飞机人工增雨（雪）技术　/ 168
　　11.2　地面人工影响天气技术　/ 174
　　11.3　重点生态工程人工增雨（雪）作业设计　/ 178
　　11.4　生态保护与修复型人工影响天气作业服务个例　/ 181
　　11.5　本章小结　/ 189

参考文献　/ 190

第1章 绪　论

1.1　内蒙古自然环境特征

　　内蒙古自治区位于中国北部边疆,由东北向西南斜伸,呈狭长形,疆域辽阔,地跨中国东北、华北、西北地区,东起 126°04′E,西至 97°12′E,北起 53°23′N,南至 37°24′N,东西直线距离超过 2400 km,是我国跨经度最大的省级行政区,南北跨度高达 1700 km 以上,土地总面积为 118.3 万 km²,占全国总面积的 12.3%。内蒙古东部与黑龙江、吉林、辽宁三省毗邻,南部与河北、山西、陕西、宁夏四省(区)接壤,西部与甘肃省相连,北部与蒙古国为邻,东北部与俄罗斯交界,国界线长达 4221 km。

1.1.1　地形地貌

　　内蒙古自治区在世界自然区划中,属于著名的亚洲中部蒙古高原的东南部及其周沿地带,统称内蒙古高原,全区地势较高,是中国四大高原中的第二大高原,全区涵盖高原、山地、丘陵、平原、沙漠、河流、湖泊等地貌,以高原型地貌为主,其中高原约占全区总面积的 53.4%,山地占 20.9%,丘陵占 16.4%,平原与滩川地占 8.5%,河流、湖泊、水库等水面面积占 0.8%,平均海拔高度为 1000 m 左右,海拔最高点在贺兰山主峰,为 3556 m。

　　内蒙古高原的边缘,环绕着大兴安岭、阴山、贺兰山等山脉,对南北气流起阻挡作用,使得高原气候严寒,干旱少雨。高原东部为半湿润半干旱地区,天然植被生长茂盛,草类种属多,草质量好,为我国著名的优良牧场。西部气候干燥,是大面积的沙漠和戈壁。根据地貌组合特征与内部差异,内蒙古高原由东到西又分为呼伦贝尔高原、锡林郭勒高原、乌兰察布高原、巴彦淖尔—阿拉善高原四个部分。山前是断陷沉降平原,从东北到西南依次为嫩江西岸平原、西辽河平原、土默川平原和河套平原,这些平原地势平坦,土质肥沃,光照充足,水源丰富,面积约为 10 万 km²,是自治区的粮食和经济作物的主产区。在山地向高原、平原的交接地带,分布着黄土丘陵和石质丘陵,其间杂有低山,谷地和盆地分布,面积约为 19 万 km²,占自治区总面积的 16.4%,这些地方水土流失严重。此外,沙地、沙漠与戈壁,从东北到西南在半湿润的草甸草原、半干旱的典型草原和干旱的半荒漠、荒漠草原地带都有分布,总面积超过 30 万 km²,占全区总面积的 25%,其中沙地面积为 10.67 万 km²,沙漠面积为 12 万 km²,戈壁面积近 8 万 km²,这里生态环境严酷脆弱,自然灾害严重,但也蕴藏着丰富的矿产资源和生物资源。从东到西的八大著名沙漠(地)是:科尔沁沙地、浑善达克沙地、毛乌素沙地、库布齐沙漠、乌兰布和沙漠、巴彦温都尔沙漠、腾格里沙漠和巴丹吉林沙漠。

1.1.2 气候

内蒙古处在北半球中纬度的内陆地区，属典型的温带大陆性气候，冬季严寒漫长，全区均受到蒙古高压的控制，从大陆中心向沿海移动的寒潮极为盛行；夏季受到东南海洋湿热气团的影响，炎热短促。从气候区域来看，从东到西跨越了温带湿润区、半湿润区、半干旱区、干旱区和极端干旱区5个气候区域，至此，形成了多样的地理环境和丰富的自然资源。大部分地区年降水量在400 mm以下，且降水集中在夏季，全年降水由东向西递减。

在海陆分布和地形的影响下，大气环流使内蒙古各气候因素形成了东北—西南走向的弧形带状分布。气候带的这一特点对植被和土壤的分布都产生了明显的影响。内蒙古地区的热量分布虽然与不同纬度太阳辐射强度有关，但由于地形条件和下垫面等因素的影响，也使热量分布从东北向西南逐渐递增。以候平均气温5 ℃为冬季指标，东部冬季可长达5~7个月。候平均气温20 ℃以上为夏季指标，西部地区夏季可达3个月以上，其余广大地区只有1~2个月。全区气温的另一个特点是春温骤升、秋温剧降。反映气候大陆度的年温差和日温差也都悬殊，日照丰富也是内蒙古气候的重要特点。降水量和湿度由东南向西北逐步减少，降水最多的大兴安岭北部年降水量在400~500 mm或以上，而最少的阿拉善西部地区，全年只有几十毫米的降水，蒸发量大约相当于年降水量的3~5倍，不少地区超过10倍，荒漠区可达15~20倍或以上，最高可达200倍。多风也是内蒙古气候的重要特点。

1.1.3 土壤

内蒙古自治区土壤种类较多，其性质和生产性能也各不相同，但其共同特点是土壤形成过程中钙积化强烈，有机质积累较多。根据土壤形成过程和土壤属性，内蒙古土壤分为9个土纲、22个土类。在9个土纲中，以钙层土分布最少。内蒙古土壤在空间分布上东西变化明显，土壤带基本呈东北—西南向排列，最东为黑土壤地带，向西依次为暗棕壤地带、黑钙土地带、栗钙土地带、棕壤土地带、黑垆土地带、灰钙土地带、风沙土地带和灰棕漠土地带。其中黑土壤的自然肥力最高，结构和水分条件良好，易于耕作，适宜发展农业；黑钙土自然肥力次之，适宜发展农林牧业。

1.1.4 生态系统

随着地理环境的演变，太阳辐射与水热组合等大气候条件的地区差异，生物区系组成及其生态组合的发生与发展，使内蒙古地区明显地分化形成了一系列的自然地带及其独特的生态系统。由于热量条件的差异，内蒙古大体上沿纬度方向分化出温带范围内的温寒、温凉、温暖、温热4个地带，又因受海洋季风影响强弱不同，由东向西依次形成了湿润、半湿润、半干旱、干旱、极干旱5种气候区域。这是造成整个内蒙古地区生态系统类型与生物生产力发生地带分异的物质与能量基础。内蒙古植被随自然环境变化，由东向西依次呈现森林→草原→荒漠草原→荒漠的植被景观，在湿润地区形成了森林生态系统，在半干旱地区形成了草原生态系统，在干旱地区形成了荒漠草原与半荒漠生态系统，在极干旱地区形成了荒漠生态系统。随着热量分配状况不同又发生了森林、草原与荒漠类型的差异，使内蒙古地区的自然环境与自然资源表现出显著的多样性及多方面的优势与限制。

1.2 内蒙古主要自然资源

内蒙古有着丰富的资源条件，但是大部分地区处在干旱、半干旱气候区域，强烈地受到蒙古高压气团的控制，由此造成干旱、寒冷的气候环境，寒潮、风雪、旱涝等灾害时有发生。水资源总量不够丰富，地区分布和年内时间分布上又很不均衡。广大草原和荒漠地区自然生态环境脆弱，生物产量不高，自我调节能力很弱，土地沙化、退化、盐渍化、水土流失等现象极易发生。因此，内蒙古发展农牧业和工矿业的资源条件好，但生态环境脆弱，对破坏扰动的承受力低[1]。

1.2.1 草场资源

内蒙古天然草场面积辽阔，是我国重要的畜牧业生产基地。草原总面积达 8666.7 万 hm^2，占全国草原总面积的 21.7%，其中可利用草场面积达 6800 万 hm^2，约占内蒙古总土地面积的 60%。内蒙古有呼伦贝尔、锡林郭勒、科尔沁、乌兰察布、鄂尔多斯和乌拉特 6 个草原，生长有 1000 多种饲用植物，饲用价值高、适口性强的有 100 多种，尤其是羊草、羊茅、冰草、无芒雀麦、披碱草、野燕麦、黄花苜蓿、山野豌豆、野车轴草等禾本和豆科牧草非常适于饲养牲畜。从类型上看，内蒙古东北部的草甸草原土质肥沃，降水充沛，牧草种类繁多，具有优质高产的特点，适宜饲养大畜，特别是养牛；内蒙古中部和南部的干旱草原降水较为充足，牧草种类、密度和产量虽不如草甸草原，但牧草富有营养，适口性强，适宜饲养马、牛、羊等各种牲畜，特别适宜放羊；阴山北部和鄂尔多斯高原西部的荒漠草原气候干燥，牧草种类贫乏，草产量低，但牧草的脂肪和蛋白质含量高，是小畜的优良放牧场地；内蒙古最西部的荒漠牧草稀疏且产量低，但气候温和，牧草具有带刺、含盐、灰分高的特点，很适宜发展骆驼。美的草原孕育出丰富的畜种，内蒙古著名的三河牛、三河马、草原红牛、乌珠穆沁肥尾羊、敖汉细毛羊、鄂尔多斯细毛羊、阿尔巴斯白山羊等优良畜种，在区内外闻名遐迩，毛皮肉等畜产品在国内外也占有重要地位。

1.2.2 森林资源

内蒙古自治区是国家重要的森林基地之一。全区森林总面积约为 1866.7 万 hm^2，占全国森林总面积的 11%，居全国第 1 位。森林覆盖率达 14.8%，高于全国 13.4% 的水平。森林总蓄积量为 11.2 亿 m^3，居全国第 4 位。树木种类繁多，全区乔灌树种达 350 多种，既有寿命长、材质坚硬的优良用材林树种，又有耐旱耐风沙运作防护林的树种，还有经济树种和列入国家保护的珍贵树种。内蒙古森林资源大部分集中在大兴安岭北部山地，原始森林占全区林地面积的 50%，林木蓄积量占全区林地活立木蓄积量的 75% 以上，被誉为"祖国的绿色宝库"。这里盛产的兴安落叶松、白桦、黑桦、色木等均为著名的优质木材。在罕山、阴山、贺兰山等山地也生长着成片的天然次生林。罕山地区的云杉、油松、柞木、山杨林，大青山、乌拉山、蛮汉山的山杨、白桦林，贺兰山的云杉、松树林以及大青沟阔叶林等，都是具有较高经济和科学研究价值的珍贵树种。人工林是内蒙古森林中不可缺少的组成部分，不仅在条件较好的平原区开展造林，而且深入河区、水土流失区及牧区进行造林。防护林、用材林、经济林、薪炭林等林种都得到较快发展。

1.2.3 水资源

内蒙古自治区地表水有黄河、西辽河、嫩江、额尔古纳河 4 个外流水系，流域面积为 52.2 万 km²，年径流量为 673 亿 m³。内流水系有乌拉盖河、塔布河 2 个水系，流域面积为 22 万 km²，年径流量为 9.6 亿 m³。全区地下水分布比较广泛，主要类型有上层滞水、潜水和承压水。据内蒙古自治区水利勘测设计院估算，自治区草原地下水补给量为 97.6 亿 m³，可开采量为 27.5 亿 m³，东部多于西部，山地丘陵多于高原。自治区的天然降水量在 100～450 mm，由东向西递减，其中额济纳旗年降水量不足 50 mm。降雨量多集中在 7—9 月，占全年降水总量的 60%～70%。

1.3 主要生态环境问题

1.3.1 水资源分配不均，旱灾频繁

内蒙古地区属于温带大陆性气候，降水少，降水年际和季节变化大，且蒸发量大，致使旱灾频繁，且影响的地域广阔，内蒙古大部分地区有"十年九旱"说法，旱灾的频繁发生，也导致了内蒙古的农牧业生产水平低且不稳定。内蒙古地区水资源的时空分布不均也严重影响了当地的发展，该地水资源的分布具有东部多、西部少的特点，东部地区每年的春季多旱灾，而秋季多洪灾，西部则是多风灾和旱灾。

1.3.2 草场退化，耕地盐渍化

由于自然环境条件本来就比较脆弱，再加上人为的滥垦滥伐、超载放牧等原因，致使内蒙古地区的草场大面积退化，土地沙化、盐碱化现象也很严重，沙尘暴、旱灾等自然灾害的频繁发生，草原退化后，植物种类、成分发生变化，牧草产量减少，在退化的草地，多年生禾本科牧草和豆科牧草的数量大大减少，毒害杂草数量大大增加，对当地的畜牧业造成了很大的影响。内蒙古自治区第五次荒漠化和沙化土地的监测结果显示，截至 2014 年，内蒙古荒漠化土地面积为 60.92 万 km²，占全区土地总面积的 51.50%。此外，沙化土地总面积为 40.78 万 km²，占全区土地总面积的 34.48%。

内蒙古地区的干燥气候也制约了当地的发展，由于蒸发量大大超过了降水量，加之该地区的浅层地下水以垂直排泄为主，盐分随着降水的蒸发存留下来，并随着浅水层水分的垂直排泄积存下来，而当地的农业灌溉大多是大水漫灌，致使部分农区出现了严重的次生盐渍化，全区有盐碱化耕地 1585.3 万亩，占全区总耕地面积的 11.4%，耕地盐碱化是影响当地农业生产、生态环境和经济社会发展的突出问题，主要分布在河套土默特平原、海拉尔河流域等，其中以西辽河流域和河套平原最为严重。

1.3.3 水土流失严重，荒漠化面积逐渐扩大

内蒙古大部分地处干旱半干旱气候区，土层薄、肥力低、降水量少，植被覆盖率低，加之过度放牧、盲目开垦以及土地抗蚀能力差等原因，导致了内蒙古土地流失现象严重。根据《2018 年全国水土流失动态监测公报》，内蒙古自治区水土流失面积为 59.27 万 km²，其中，轻度侵蚀

面积为 36.34 万 km²,约占水土流失面积的 61%;中度侵蚀面积为 7.0 万 km²,约占水土流失面积的 12%;强烈及以上侵蚀面积为 15.93 万 km²,约占水土流失面积的 27%。

内蒙古地区的荒漠化现象严重,荒漠化土地面积占我国荒漠化土地总面积的近 60%。盲目开垦种地是造成荒漠化的主要原因之一。由于人口的不断增长,为了生存,必须有大量的粮食,于是就不得不进行土地开发,大量向草原要地以扩大耕地面积。受科学技术水平所限,人们不懂得自然规律,不顾环境条件,只为眼前的利益,无计划地乱垦,又无防护林保护,以致造成草原植被破坏,使地表出现裸露,在强大的风力作用下,地表易出现风蚀或堆积,引起土地荒漠化。

长期超载过牧同样是土地荒漠化过程的主要原因之一,即放牧给草地带来的压力超出了土地的自我调节能力和耐受力。由于盲目追求头数畜牧业的发展结果,使牲畜对草地的需求量超出草地的自然供应量,加上放牧制度不合理,致使草地生产力衰退[2]。

1.4 内蒙古生态环境保护和修复

内蒙古地处祖国正北方,横跨"三北",毗邻八省(区),紧靠京津,外接俄蒙,位于大陆北方季风主通道和东北、华北上游水源地。拥有大森林、大草原、大湿地、大沙漠,是我国北方面积最大、种类最全的生态功能区,也是我国生态非常脆弱的地区。生态环境状况不仅关系内蒙古各族人民的民生福祉,而且直接关系到华北、东北、西北乃至全国的生态安全,是我国北方重要的生态安全屏障。内蒙古是我国经济欠发达的地区,同时也是我国生态环境问题较多的地区。内蒙古生态地位极为重要、生态环境极为脆弱,保护和建设好生态环境既是内蒙古实现高质量发展的内在要求,更是维护国家生态安全的战略需要。内蒙古的生态环境问题是全球性环境问题的一个组成部分,因此,保护内蒙古的生态环境应站在全球、全国的高度来考虑,既要考虑内蒙古的现实问题,同时也要承担起保护地球生态环境方面的责任和可以发挥的作用。内蒙古自治区党委、政府高度重视生态环境保护工作,生态环境保护工作取得了明显成效。

1.4.1 构建生态安全格局,完善重点生态功能区建设

近几年,内蒙古深入实施主体功能区战略,出台了自治区国家重点生态功能区产业准入负面清单,43 个旗县(市、区)约 77% 的国土面积确定为重点生态功能区,不断加大重点生态功能区转移支付力度。内蒙古重点生态功能区县域考核工作已经形成了完整的体系和流程,建立了"花钱问效,无效问责"的转移支付资金考核奖惩机制。

1.4.2 严守生态安全底线,加大自然生态保护力度,划定生态保护红线

加大自然保护区内开发建设活动清理整顿力度,加强工矿类开发建设活动整改。加强生物多样性保护,编制完成大兴安岭、呼伦贝尔、西鄂尔多斯—贺兰山—阴山生物多样性保护优先区域规划。推进生态文明建设示范创建,呼和浩特市新城区等旗县区创建工作正在有序开展。

1.4.3 加大生态保护与修复,严防生态破坏,深入实施五大生态和六大区域性绿化等重点生态工程

2012—2017年,内蒙古全区森林面积和蓄积实现"双增长"。全国第八次森林资源清查结果显示,内蒙古森林面积为3.73亿亩*,居全国第一位;活立木蓄积量为14.8亿m^3,居全国第五位;森林覆盖率为21.03%。在森林面积和蓄积实现"双增长"的同时,荒漠化和沙化土地面积持续"双减少",5年累计完成防沙治沙面积7100多万亩,完成水土流失综合治理面积4087万亩,全区荒漠化土地减少625万亩,沙化土地减少515万亩,减少面积均居全国首位。2017年,草原植被平均盖度**为44%,草原生态恶化趋势得到有效遏制。

1.4.4 构筑我国北方重要生态安全屏障规划

为深入践行习近平生态文明思想,全面贯彻习近平总书记对内蒙古工作重要讲话重要指示批示精神,内蒙古于2019年4月正式启动了《构筑我国北方重要生态安全屏障规划(2021—2035年)》编制工作,2021年6月30日由自治区党委、政府正式印发实施。该规划明确了九项重点任务。一是森林植被建设与保护。持续开展大规模国土绿化行动,有效增加森林面积,不断提高森林覆盖率。实施森林质量精准提升工程,采取退化林分修复、森林抚育、灌木林平茬等措施,提高森林生态系统生产力。加强林地和森林资源保护,实行林地总量控制、定额管理和林地审核审批制度。加强国有林采伐限额管理。建立和完善森林经营制度,形成以森林经营方案编制、实施、评价为主要内容的森林经营方案体系。二是草原植被建设与保护。统筹草原生产与生态功能,开展草原生态承载能力界定和草原生态系统健康评价,建立保护、利用、修复相结合的草原空间管制制度,促进人与自然和谐共生。持续开展草原生态修复。落实最严格的草原生态环境保护制度,严禁随意改变草原用途。三是防沙治沙。对可治理沙化土地进行集中治理,推广库布其沙漠治理方式和沙产业发展模式。巩固已治理沙化土地保护成果,加大荒漠植被保护力度,促进荒漠生态系统修复。以干旱半干旱草原等为重点,加强草场改良和人工种草,持续推进沙化草原治理。以小流域为单元,对水土流失和土地沙化严重的农区及农牧交错区开展水土流失综合治理。根据全区盐碱地分布情况,采取排水、灌溉洗盐、放淤改良、种植水稻、培肥改良等措施,对重点地区盐碱地开展综合治理。四是河湖综合治理与湿地保护修复。以黄河、辽河等重要江河为重点,开展流域生态治理,在重要水源地重点建设以水源涵养为主的林草植被,加强水源地外围、湖泊水系上游偏远山区封育保护。加大湿地保护和恢复力度,以水体污染治理为重点,实施退牧还湿、退耕还湿、湿地恢复、水资源保护、富营养化治理等生态修复工程。五是自然保护地体系建设与生物多样性保护。建设以国家公园为主体的自然保护地体系,推进呼伦贝尔、贺兰山等国家公园建设。科学整合各类自然保护地,完成自然保护地勘界立标工作。制定自然保护地建设项目负面清单,构建统一的自然保护地分类分级管理体制。开展野生动植物保护行动,将珍稀濒危野外种群及其栖息地全面纳入保护范围,推进野生动物重要栖息地和关键地带生态廊道建设。定期对自治区重点保护陆生野生动物名录进行评估并动态调整。加强外来有害生物防控能力建设,完善野生动物疫源疫病防控体系。

---

* 1亩≈666.67 m^2,下同。

** 本书中的盖度即覆盖度。

六是农业绿色发展。坚持节水优先、量水而行,完善农业用水节约激励机制和管护机制,建立农业节水和生态发展同步推进的工作机制和技术路径。开展高标准农田建设和保护性耕作。实施控肥增效、控药减害、控水降耗、控膜提效农业"四控行动"。加强黑土地保护,推广"两防""三提"技术路径,建设"一个体系",实施"五大工程",稳步提升黑土地耕地质量和农业综合生产能力。七是损毁土地治理。对损毁林地、草原及湿地开垦耕地的区域,加大退耕还林还草还湿力度,逐步恢复区域森林、草原和湿地生态功能。严格新建矿山准入标准,加快现有矿山改造升级,推进工矿废弃地修复和再利用。推进历史遗留和生产建设活动新增工矿废弃地复垦,促进废弃地高效利用。八是地下水超采治理。把加强地下水超采(超载)治理作为水生态保护最关键的任务,推进地下水超采(超载)区域综合治理,确保到 2025 年三个大型超采区实现采补平衡。严控用水总量,按照区域和水文地质单元,合理确定地下水用水总量和水位管控指标,设定地下水开发利用上限。优化用水结构,加大退耕退灌、农业高效节水和种植结构调整力度,进一步压减农业灌溉用地下水。推进农业水价综合改革和水资源税制度改革,完善城镇供水价格形成机制。九是环境污染防治。坚持源头控制、综合施策,聚焦 $PM_{2.5}$、O_3 等多污染物协同控制,强化区域差异化管控,巩固提升环境空气质量,到 2025 年基本消除重污染天气。统筹水资源利用、水生态保护和水环境治理,实施水污染防治攻坚行动,协同推进地表水与地下水保护治理,稳步改善水生态环境。坚持预防为主、保护优先、风险管控,持续推进土壤污染防治攻坚行动,强化土壤和地下水污染风险源头管控和治理修复。结合实施乡村振兴战略,推进农村牧区环境综合整治,改善农村牧区人居环境,建设生态宜居美丽乡村[3]。

1.5 生态气象研究的目的和意义

随着科学技术的发展,人们已经深刻认识到陆地生态系统对气候有着重要的反馈作用,生态系统同时也影响微气候、气候过程、区域气候和全球气候。2002 年,美国环境与气候学家戈登·伯南出版了《生态气候学》(*Ecological Climatology*)一书,正式提出"生态气候学"的概念。他认为生态气候学主要研究景观与气候之间相互影响的物理、化学和生物过程。其核心主题是陆地生态系统是气候的重要决定因素。

关于生态气象学(Ecometeorology)的定义虽未完全统一,但没有本质上的差异。按陈怀亮[4]的定义,生态气象学是应用气象学、生态学的原理与方法研究天气气候条件与生态系统其他诸因子间相互作用关系及其规律的一门科学,是气象学、生态学、环境科学等学科交叉形成的一门边缘科学,也是一门新兴的专业气象科学。按周广胜等[5]的定义,生态气象学是生物气象学的分支,它以生态系统为中心,主要研究天气与气候过程对生态系统结构与功能的影响及其反馈作用的科学。

1992 年,联合国环境与发展大会把可持续发展作为全球共同的发展战略和行动指南。从生态学的角度看,可持续发展的思想基础的核心是建立一个人与自然和谐相处的新文明。生态文明观主张在发展经济、满足人类的需要和改善人类生活质量的同时,要合理利用生物圈,使之既要满足当代人最大持久的利益,又要保持其潜力以满足后代人的需要。从生态学角度看就是"寻求一种最佳生态系统,以支持生态系统的完整性和人类愿望的实现,使人类的生存环境得以可持续"。

根据可持续发展的理论,气象生态环境也应该是可持续的。人类生存于自然界中,人类无时无刻不受到气象生态环境的制约,而人类生产生活行为反作用于气象生态环境,人类活动对气象生态环境的影响主要体现在对气象要素的影响,这些气象要素的变化决定着气象生态环境的优劣。气候、气候变化及其影响问题不仅是科学问题,也是关系人类生存、资源与环境保护、可持续发展以及国际环境外交中的热点问题。随着国民经济的进一步发展,人类社会面临的生态环境问题将会更加突出,生态与环境的保护、修复和改善任务将会更加繁重。这对农业气象观测网、研究内容与服务范围提出了更高的要求,传统的气象与农业气象业务服务需要进一步向生态环境领域拓展,生态气象研究与业务服务工作也就应运而生。因此,开展生态气象监测与评价工作,在保护生态环境、保障粮食安全生产和防灾减灾中就显得十分必要。

党的十九大报告指出,建设生态文明是中华民族永续发展的千年大计,坚持人与自然和谐共生是新时代坚持和发展中国特色社会主义的基本方略之一。习近平总书记在2019年全国"两会"指出:"内蒙古的生态状况如何,不仅关系全区各族群众生存和发展,也关系东北、华北、西北乃至全国的生态安全。"

围绕内蒙古自治区社会经济发展需求,更好地服务于"三农三牧"和保障生态与粮食安全,2004年,内蒙古气象局建立了全国最大规模的省级生态与农牧业气象观测和遥感监测站网,形成了地基、空基、天基综合观测体系。在全区118万 km^2 面积范围内,对森林、草原、荒漠、农田、湿地等不同生态类型区域实施科学、有效的监测,增强了自治区防灾减灾能力和生态环境保护与建设的需要。

但是,内蒙古没有完善的生态环境监测评估系统,特别是针对生态文明建立的服务系统,一些重要生态系统的监测评估开展得比较零散,现有的生态气象监测评估体系无法开展及时有效的生态监测评估服务需求,故亟须建设综合集成的生态监测评估系统,提高生态气象的业务化水平。

生态文明建设和可持续发展面临着与气象相关的大气环境污染、气候变化、生态环境恶化以及资源环境破坏等气候环境问题的影响和制约,气象部门不仅在气象防灾减灾、生态治理工程效果宏观监测、人工影响天气等方面发挥着其他部门不可替代的作用,在科学利用气候资源、大气污染防治等方面科学、及时的气象保障服务也发挥了重要作用。因此,充分发挥气象科技优势,紧紧围绕自治区生态文明建设部署,做好生态文明建设气象保障服务既是气象部门履行责任义务,更是为自治区生态文明建设做出贡献。及时有效地开展内蒙古生态气象的监测和评估,对提高各生态系统的气候变化适应能力、保障社会经济的可持续发展具有重要的指导意义。

第 2 章
内蒙古气候概况

2.1 内蒙古基本气候特征

内蒙古自治区地处祖国北部边疆,地貌以高原为主,大部分地区海拔在 1000 m 以上,东部是大兴安岭林区,南部是嫩江平原、西辽河平原和河套平原,西部是腾格里、巴丹吉林、乌兰布和沙漠,北部是呼伦贝尔、锡林郭勒草原。由于地理位置和地形地貌的影响,内蒙古形成以温带大陆性季风气候为主的复杂多样的气候特征。内蒙古四季分明,冬季严寒漫长,春季气温回升快,夏季短促温热,秋季气温骤降。内蒙古气温年较差和日较差大;降水东多西少,夏季多阵性降水,且强度大;春季多大风和沙尘天气;冬春季强冷空气和寒潮天气频发;日照充足,各地年日照时数在 2600~3400 h。

根据 1960—2020 年内蒙古 119 个测站(剔除了记录年代不够长的 8 个测站),对 111 个经过订正校验后的测站分析气温、降水空间分布和季节特征。全年的四季划分:12 月至次年 2 月为冬季;3—5 月为春季;6—8 月为夏季;9—11 月为秋季。

2.1.1 气温

1960—2020 年内蒙古年平均气温在 −4.3(图里河)~9.8 ℃(乌海市)。锡林郭勒盟东北部、兴安盟西北部、呼伦贝尔市气温偏低,年平均气温普遍在 0 ℃ 以下;东南部的赤峰市、通辽市和西部地区的鄂尔多斯市、巴彦淖尔市西部、南部气温偏高,年平均气温在 5~9.8 ℃(图 2.1)。

春、夏、秋、冬各季平均气温分布特征与年平均气温分布基本一致,东北部地区气温偏低,东南部和西部地区气温偏高。

春季平均气温在 −1.9(图里河)~11.5 ℃(乌海市),呼伦贝尔市东北部地区平均气温在 0~2 ℃;中西部地区的呼和浩特市南部、鄂尔多斯市、巴彦淖尔市、阿拉善盟和东南部地区的赤峰市、通辽市平均气温在 7~11 ℃。

夏季平均气温在 15(图里河)~26.1 ℃(拐子湖);锡林郭勒盟东北部、兴安盟、呼伦贝尔市和中部地区的锡林郭勒盟中部、乌兰察布市、呼和浩特市北部平均气温低于 20 ℃,东南部偏南地区的赤峰市东南部、通辽市南部和西部地区平均气温在 23~24 ℃。

秋季平均气温在 −4~9.5 ℃,呼伦贝尔市北部平均气温低于 0 ℃,通辽市南部、赤峰市南部、呼和浩特市南部、包头市南部、鄂尔多斯市、巴彦淖尔市、阿拉善盟平均气温高于 7 ℃。

冬季平均气温在 −26.6~6.3 ℃,呼伦贝尔市北部平均气温低于 −20 ℃;通辽市南部、赤峰市南部、呼和浩特市南部、包头市南部、鄂尔多斯市、巴彦淖尔市西部、阿拉善盟平均气温高

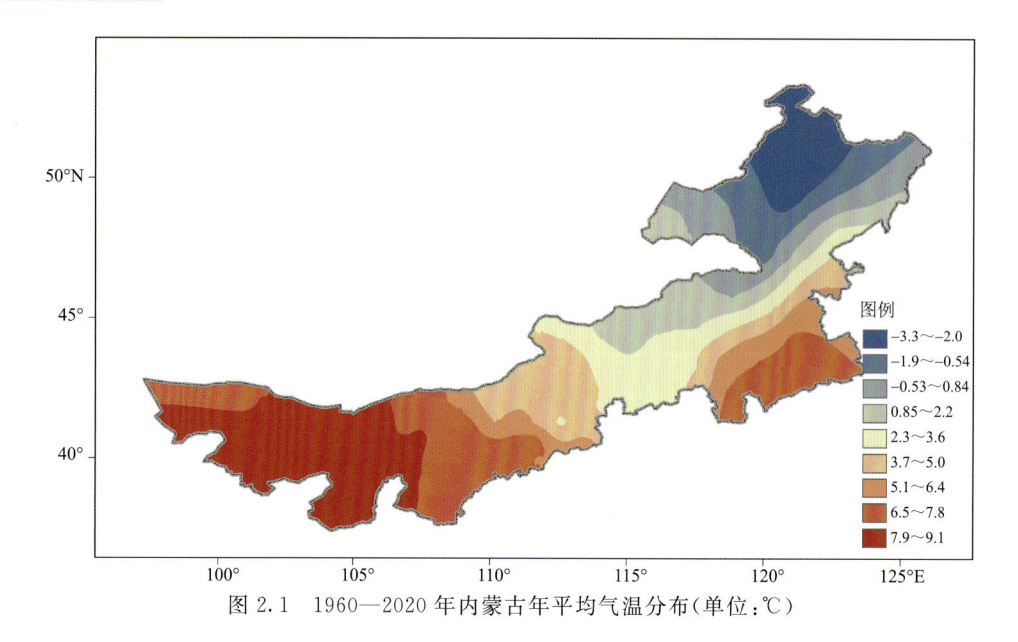

图 2.1　1960—2020 年内蒙古年平均气温分布(单位:℃)

于-10 ℃(图 2.2)。

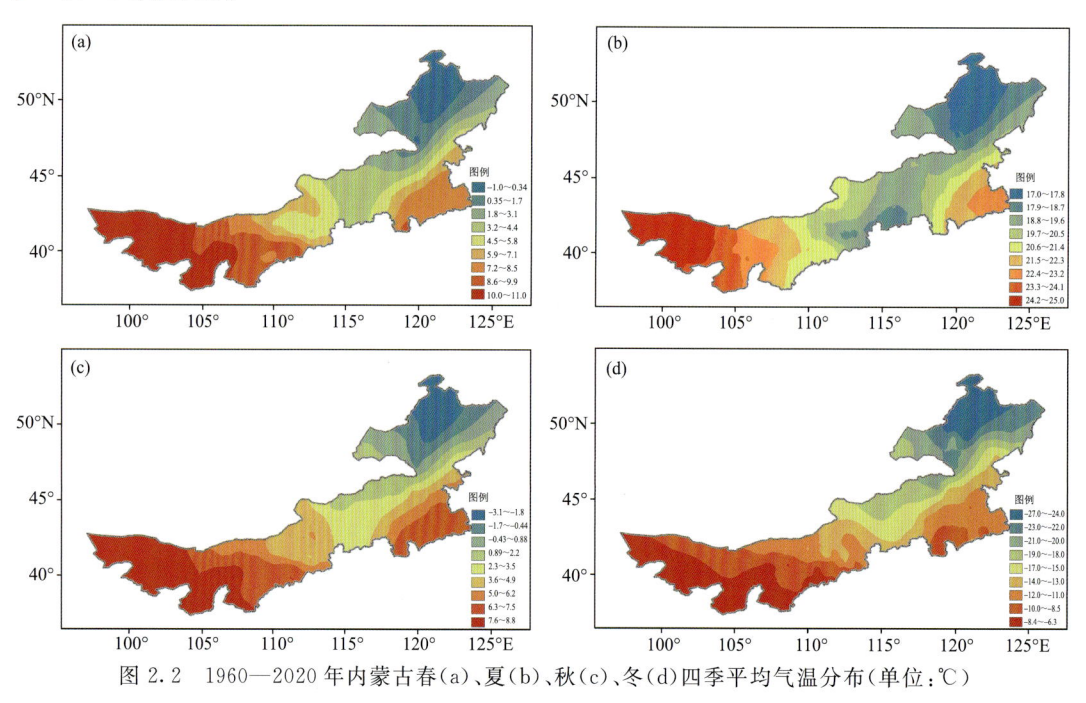

图 2.2　1960—2020 年内蒙古春(a)、夏(b)、秋(c)、冬(d)四季平均气温分布(单位:℃)

内蒙古气温日较差大,呼伦贝尔市大兴安岭北端气温日较差>16 ℃,阿拉善盟中西部地区气温日较差在 15~16 ℃,通辽市南部、赤峰市东南部、鄂尔多斯市东南部气温日较差<12 ℃,其余广大地区气温日较差均在 12~14 ℃。

2.1.2　降水

1960—2020 年内蒙古年平均降水量在 34.1(额济纳旗)~520.8(鄂伦春自治旗)mm,降水自西向东渐增加(图2.3)。350 mm以上的降水量主要在呼伦贝尔市中东部、兴安盟大部、通辽市大部、赤峰市大部、锡林郭勒盟东南部、乌兰察布市南部、呼和浩特市南部、鄂尔多斯市东北部;其中,大于400 mm的降水量主要分布在呼伦贝尔市东部地区、兴安盟东北部、通辽市南部偏南地区和赤峰市大部、呼和浩特市南部部分地区。降水量小于300 mm的地区在呼伦贝尔市西部偏西地区、锡林郭勒盟北部和中西部、乌兰察布市北部、呼和浩特市北部、包头市、鄂尔多斯市西部和北部、巴彦淖尔市、阿拉善盟;阿拉善盟中西部降水最少,年降水量不足100 mm,部分地区不足50 mm。

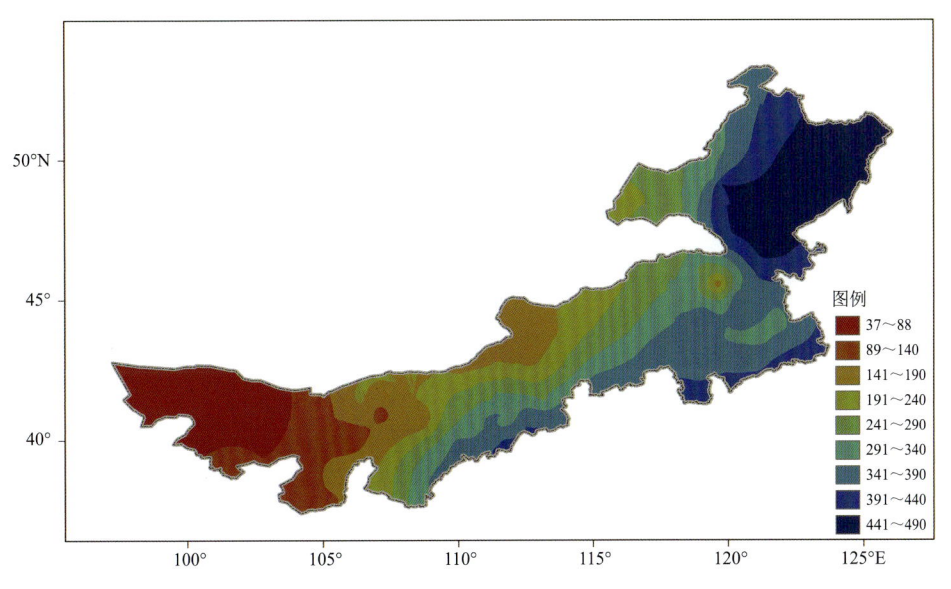

图2.3 1960—2020年内蒙古年平均降水量分布(单位:mm)

春、夏、秋3个季节降水量的分布特征与年平均降水量分布特征相似;自西向东降水量增加。降水主要集中在夏季,降水量最多,年平均为219 mm;秋季次之,为57 mm;冬季最少,不足10 mm。春季平均降水量在5.4(额济纳旗)~69.3(阿尔山)mm,大于50 mm的地区主要在呼伦贝尔市中东部、兴安盟北部、通辽市南部、赤峰市南部、锡林郭勒盟东南部、乌兰察布市西南部、呼和浩特市南部、鄂尔多斯市东北部;降水量小于20 mm的地区主要在锡林郭勒盟西北部、巴彦淖尔市西北部、阿拉善盟大部。夏季平均降水量在22.7(额济纳旗)~372(扎兰屯)mm,夏季大于300 mm的降水量主要在呼伦贝尔市东部、兴安盟东部、赤峰市南部偏南、呼和浩特市南部偏南地区;秋季降水量在7.0(额济纳旗)~88.0(清水河)mm;秋季大于60 mm的降水量在呼伦贝尔市中东部、兴安盟东北部、赤峰市南部偏南、锡林郭勒盟南部偏南、乌兰察布市西南部、呼和浩特市南部、鄂尔多斯市东北部。冬季降水量在0.1(额济纳旗)~19.4(阿尔山)mm;冬季大于10 mm的降水量在呼伦贝尔市中部和北部、兴安盟西北部,不足5 mm的降水量主要在赤峰市中部、通辽市中部、巴彦淖尔市大部和阿拉善盟大部地区(图2.4)。

2.1.3 日照

内蒙古日照充足,各地年平均日照时数在2500~3400 h,与我国西北地区同属于全国日照高值区。年日照时数除呼伦贝尔市、兴安盟大部、通辽市南部、赤峰市南部、锡林郭勒盟东

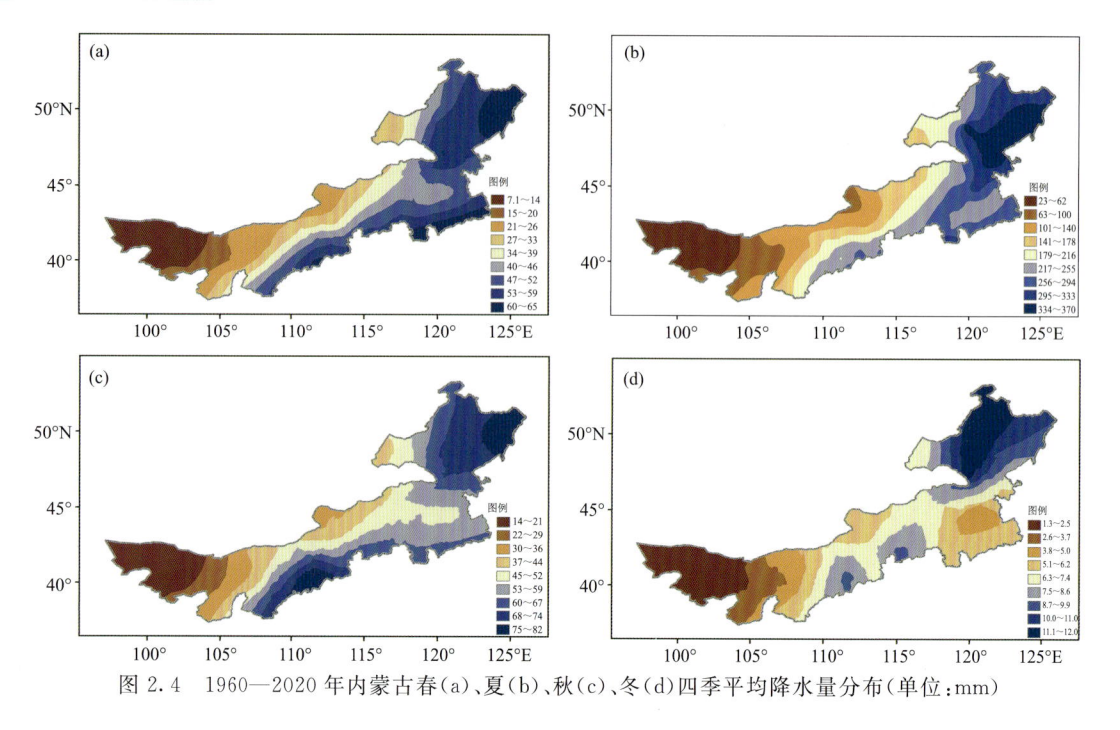

图 2.4　1960—2020 年内蒙古春(a)、夏(b)、秋(c)、冬(d)四季平均降水量分布(单位:mm)

部、乌兰察布市南部、呼和浩特市南部、包头市南部地区不足 3000 h 外,其余大部地区超过 3000 h,阿盟善盟在 3100 h 以上,其中,额济纳旗年日照时数近 3400 h,是全区日照时数最多的站点(图 2.5)。

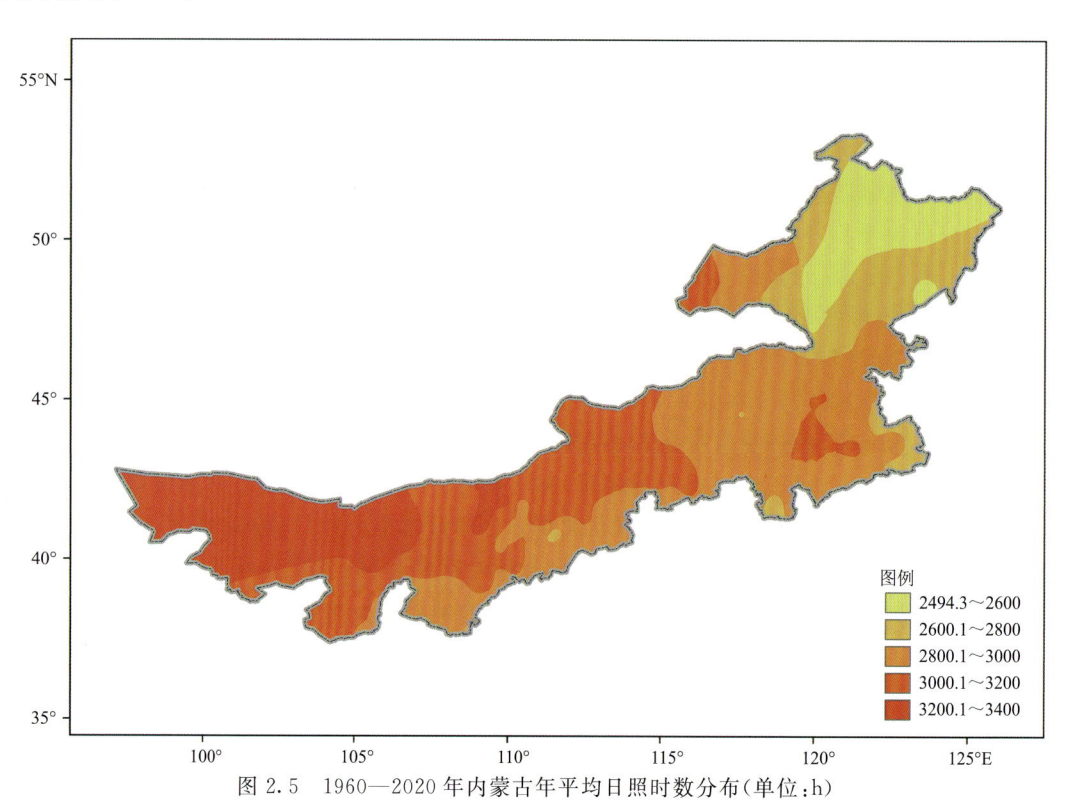

图 2.5　1960—2020 年内蒙古年平均日照时数分布(单位:h)

2.1.4 大风

内蒙古大风日数呈现"中部多、东北西南少"的空间分布。中部地区是大风易发生地区,尤其是锡林郭勒盟与乌兰察布市交界处,乌兰察布市北部大风日数最多。西部地区的阿拉善盟东北部、巴彦淖尔市西北部、包头市北部也是大风多发区。另外,东部地区的赤峰市北部是大风的高发区。锡林郭勒盟西部、包头市北部等地区大风日数在 270 d 以上。内蒙古东北部和西部是大风发生极少的地区,尤其是呼伦贝尔市的根河,只在 1976 年的 5 月 3 日出现了一次风速为 22 m/s 的大风。呼伦贝尔市北部、巴彦淖尔市南部以及鄂尔多斯市南部等地区大风日数均在 10 d 以下。内蒙古一半以上地区大风日数在 0~120 d,10%~20% 的地区在 180 d 以上。年平均大风日数最高的地区在阿拉善盟东北部、巴彦淖尔市西部、包头市北部、乌兰察布市北部和东部偏西、锡林郭勒盟西部、赤峰市东北部,年平均 45 d 以上(图 2.6)。

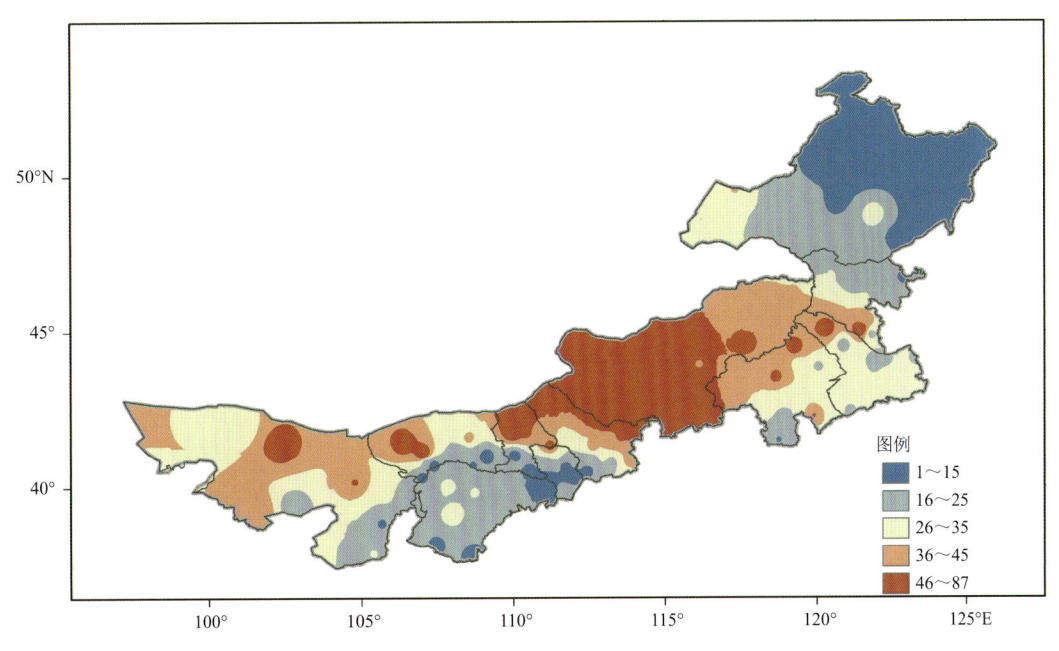

图 2.6 1960—2020 年内蒙古年平均大风日数分布(单位:d)

2.1.5 无霜冻日数

内蒙古西部和东南部地区无霜冻日数最多,大于 126 d。无霜冻日数大于 146 d 的地区主要分布在阿拉善盟、鄂尔多斯市大部、巴彦淖尔市西北部和南部、赤峰市南部、通辽市中部和南部,内蒙古农区无霜冻日数在 106 d 以上。无霜冻日数最短的地区在呼伦贝尔市北部和大兴安岭地区(图 2.7)。

2.1.6 稳定通过 0 ℃ 积温分布特征

稳定通过 0 ℃ 积温低于 2200 ℃·d 的地区主要在呼伦贝尔市北部和大兴安岭地区。高于 3200 ℃·d 地区分布在内蒙古西部和东南部地区。阿拉善盟大部、巴彦淖尔市西北部、鄂

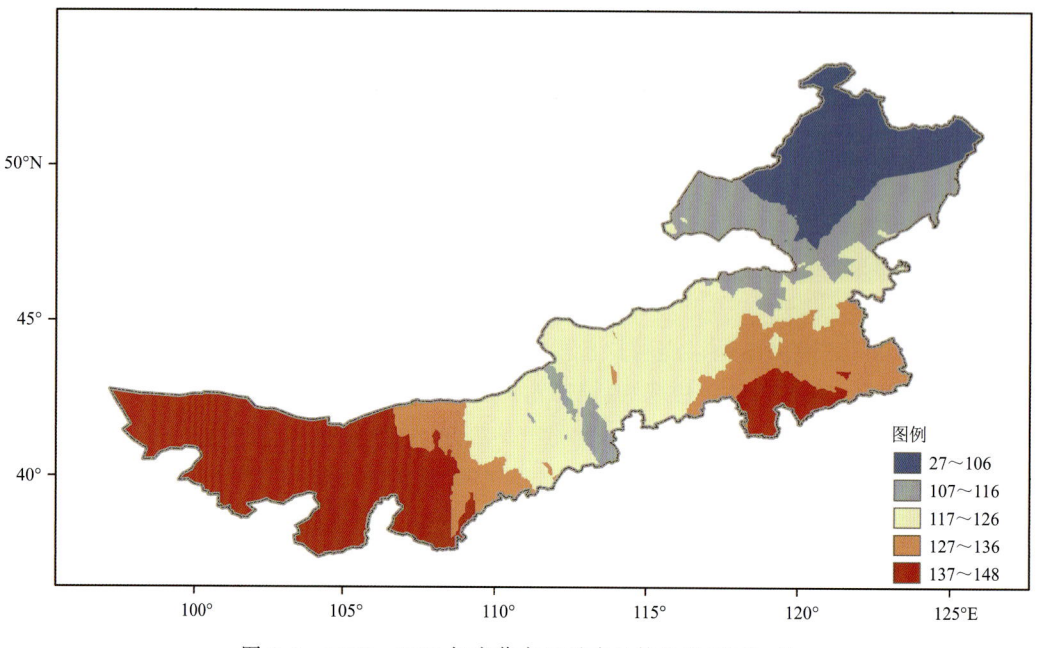

图 2.7 1960—2020 年内蒙古无霜冻日数分布(单位:d)

尔多斯市南部和北部、通辽市南部的大部分地区在 3700～4562 ℃·d(图 2.8)。

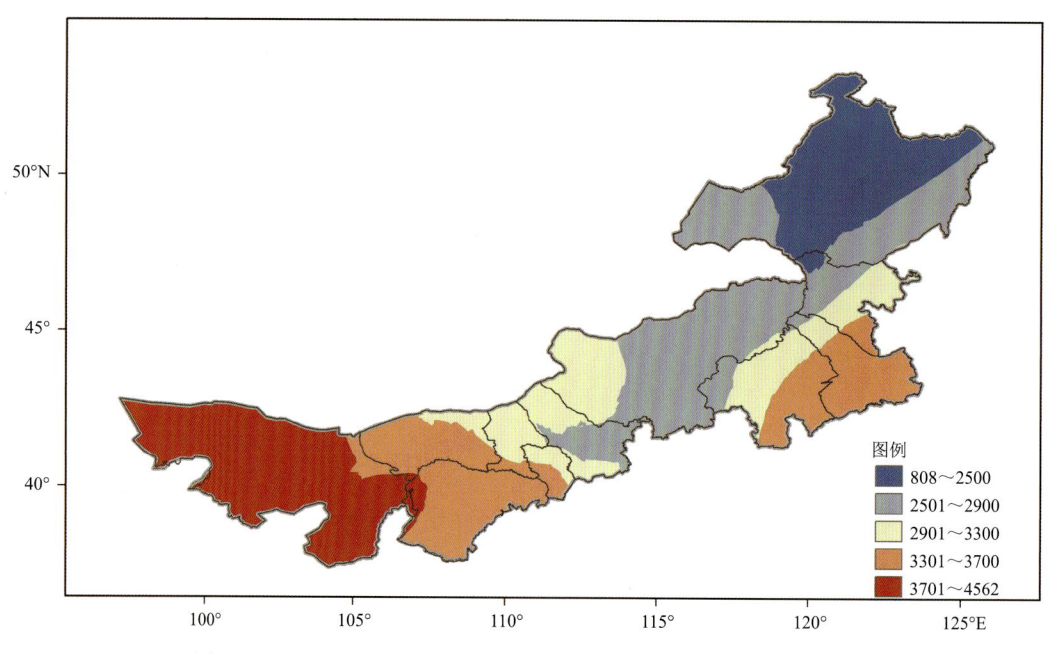

图 2.8 1960—2020 年内蒙古稳定通过 0 ℃积温分布(单位:℃·d)

2.2 内蒙古气候变化事实

由于自然作用和人类活动的影响,以全球变暖为主要特征的气候变化已成为公认的事实。对于近100年来气候是否变暖曾经存在着两种不同的观点:联合国政府间气候变化专门委员会(Intergovernmental Panel on Climate Change,IPCC)认为,20世纪中叶以来全球平均温度上升非常可能是人类活动造成的温室气体浓度增加的结果,而非政府间国际气候变化专门委员会(Nongovernmental International Panel on Climate Change,NIPCC)则认为,全球气候甚至可能并没有变暖[6]。但是,NIPCC的代表性学者辛格的立场有所转变,开始讨论变暖是自然原因还是人类活动造成的,这就意味着人们普遍接受了全球气候变暖这个事实。IPCC在第五次评估报告中指出,根据过去100年的线性趋势估计,全球陆地平均温度上升了0.85±0.20℃,最近的30年可能是最热的30年。各地变暖速率不尽相同。一般说来,大陆变暖甚于海洋,中高纬度陆地区域变暖甚于低纬度地区。如西伯利亚到蒙古一带的北亚大陆就是近百年变暖最剧烈的区域之一,升温速率超2℃/(100 a)。不同区域生态系统对气候变暖的响应敏感性有所不同,因而区域气候变化的大小、快慢会影响当地的应对决策。定量评估区域气候变化是有益且必要的。

本节采用Mann-Kendall(M-K)检验方法,研究1960—2020年内蒙古降水、气温的变化趋势。

在M-K的趋势检验中,原假设H_0为时间序列数据$(X_1,X_2,\cdots,X_n)$,是n个独立的、随机变量同分布的样本;假设H_1是双边检验,对于所有的$i,j \leq n$,且$i \neq j$,X_i和X_j的分布是不相同的。定义检验统计量(S):

$$S = \sum_{i=2}^{n} \sum_{j=1}^{i-1} \text{sign}(X_i - X_j) \tag{2.1}$$

式中,sign()为符号函数。当$X_i - X_j$小于、等于或大于0时,sign($X_i - X_j$)分别为-1、0或1。S为正态分布,其均值为0,方差Var(S)=$n(n-1)(2n+5)/18$。

M-K统计量公式S大于、等于、小于0时分别为:

$$\begin{cases} Z = (S-1)/\sqrt{n(n-1)(2n+5)/18} & (S>0) \\ Z = 0 & (S=0) \\ Z = (S+1)/\sqrt{n(n-1)(2n+5)/18} & (S<0) \end{cases} \tag{2.2}$$

在双边趋势检验中,对于给定的置信水平α,若$|Z| \geq Z_{1-\alpha/2}$,则原假设H_0是不可接受的,即在置信水平α上,时间序列数据呈明显上升或下降趋势。Z为正值表示增加趋势,负值表示减少趋势。当Z的绝对值大于或等于1.28、1.64、2.32时,表示分别通过了信度90%、95%、99%显著性检验。

2.2.1 气温变化趋势

利用M-K检验方法对1960—2020年平均气温的变化趋势看,计算内蒙古自治区111个气象观测站的Z,得出111个站点的Z均大于2.32,且通过99%显著性检验。因而内蒙古自治区平均气温全部呈现出显著的上升趋势(图2.9)。全区各测站在2000年后的平均气温比20世纪60年代都有所增加,以河套地区和锡林郭勒盟的西部地区的增温最为显著,多数测站的增温幅度在 1.5～2.8 ℃,城镇增温尤其明显。

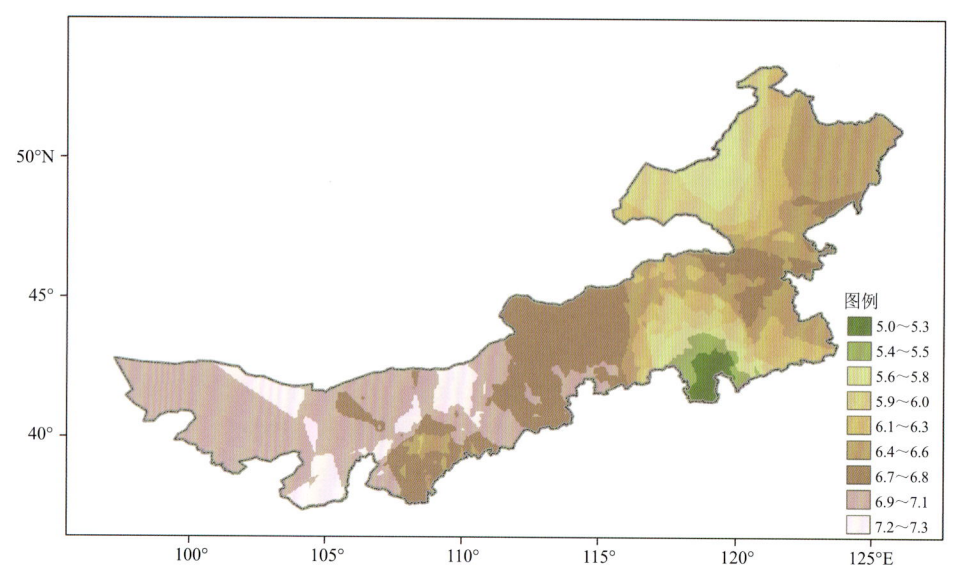

图 2.9　1960—2020 年内蒙古平均气温的变化趋势(单位:℃)

从季节的演变趋势看,春季平均气温(图 2.10a)为显著上升趋势,其中 111 个站点的 Z 均大于 2.32,且通过了 99% 的显著性检验;夏季,111 个站点中除了鄂尔多斯市东南部的 3 个测站、呼和浩特市南部 1 个测站、赤峰市的西南部 1 个测站的 Z 的绝对值小于 2.32,其余地区 Z 均大于 2.32,且通过了 99% 的显著性检验,利用 ARGIS 采用双线性对平均气温变化趋势进行插值计算,得出全区平均气温为上升趋势(图 2.10b);秋季,全区有 4 个测站(1.64<|Z|<

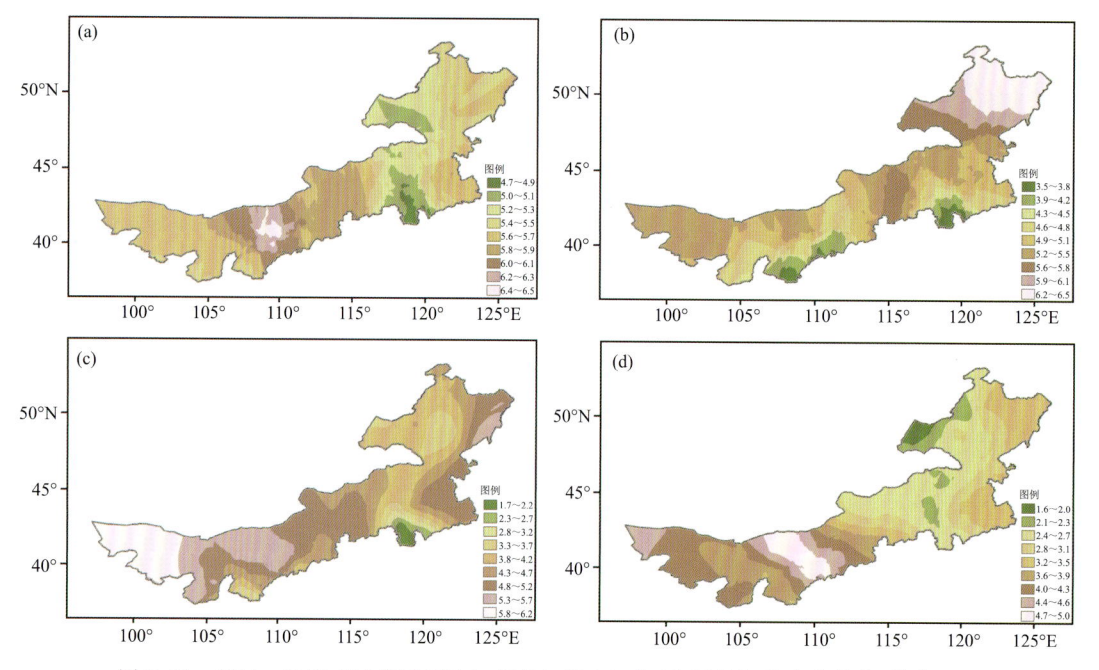

图 2.10　1960—2020 年内蒙古春(a)、夏(b)、秋(c)、冬(d)平均气温变化趋势(单位:℃)

2.322),主要分布在赤峰市和鄂尔多斯市的西南部地区,其余测站均大于2.32,且通过了99%的显著性检验,全区大部地区平均气温上升趋势明显(图2.10c);冬季,有16个站点Z小于2.32,主要分布在锡林郭勒盟东部和呼伦贝尔市的西部地区部分地区,其余70%的区域范围Z大于2.32,平均气温有显著上升趋势,根据插值计算得出全区平均气温趋势图(图2.10d)相比春、夏、秋季节,冬季平均气温上升趋势明显的范围较其他季节小。全区春、夏、秋、冬季的Z均大于0,因而全区四季的平均气温是增加趋势。

将内蒙古地区按照经纬度划分成4区域:东北部(内蒙古境内118°E以东,47°N以北),包括:呼伦贝尔市、兴安盟和锡林郭勒盟东北部地区;东南部(内蒙古境内118°E以东,47°N以南),包括:通辽市和赤峰市的中东部地区和锡林郭勒盟的东部地区;中部(内蒙古境内108°E以东至118°E以西),包括锡林郭勒盟的中西部地区,乌兰察布市,呼和浩特市;西部(内蒙古境内111°E以西),包括包头市、鄂尔多斯市、巴彦淖尔市、乌海市和阿拉善盟。

从4块区域的气温变化看,东部和中部地区升温最快(图2.11a,d),东部地区增加最为显著,突变时间在1990年,较1982年增加了0.8℃。中部地区从20世纪80年代末开始显著增加,突变时间在1987年。东南部地区气温增加虽然平缓,但为上升趋势(图2.11b)。西部地区从20世纪80年代末开始上升趋势明显,突变时间在1987年,与姜艳丰[7]研究了1961—2014年内

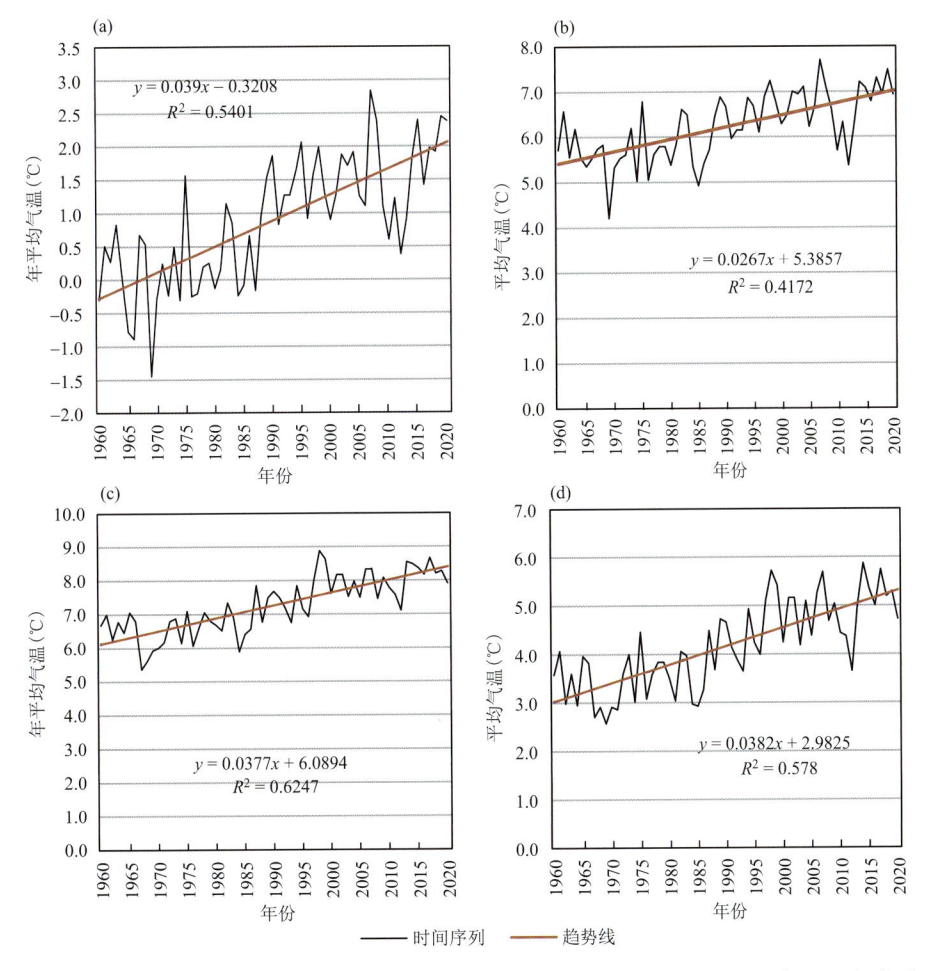

图2.11 1960—2020年内蒙古东北部(a)、东南部(b)、西部(c)、中部(d)地区气温逐年序列

蒙古地区最高、最低气温的变化趋势得出的结论相同。内蒙古地区年平均最高气温和年平均最低气温的突变时间分别为1993年和1987年,年平均最低气温开始上升时期早,突变时间也早。从1961—2014年内蒙古地区年平均最高、最低气温变率均呈显著或极显著增温趋势,且增温速率大于0.18 ℃/10a,但整体上,全区年平均最高气温增温幅度明显小于年平均最低气温增温幅度[8]。

2.2.2 降水变化趋势

从降水量变化趋势来看,内蒙古自治区111个测站中有16个站为非显著性下降($-1.96<Z<0$)的趋势,主要在内蒙古东部地区的赤峰市西部、通辽市大部和呼伦贝尔市西部部分地区。在111个测站中有12个站为显著上升($Z>2.32$)趋势,主要分布在东部地区的呼伦贝尔市中东部和西部地区;其余83个站降水量的变化呈现出非显著性上升($0<Z<1.96$)趋势,在内蒙古中西部的大部地区(图2.12)。

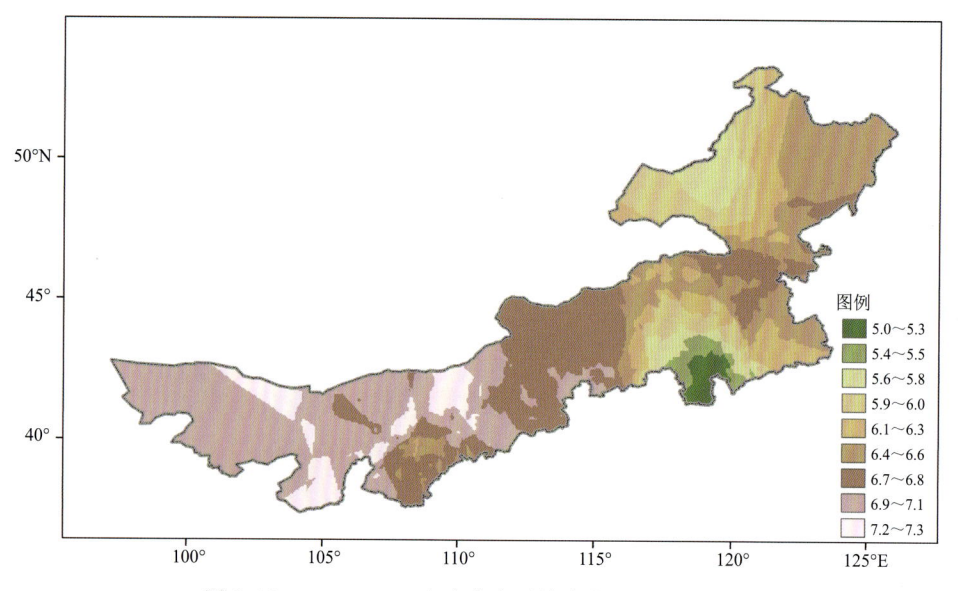

图2.12 1960—2020年内蒙古平均降水量的变化趋势

分析不同季节内蒙古降水量变化趋势得出:春季降水量有37个站为显著上升趋势($Z>2.32$),通过了99%的显著性检验,主要在内蒙古东部地区,包括锡林郭勒盟东南部、赤峰市大部、通辽市大部、兴安盟东南部和呼伦贝尔市西部部分地区。有58个测站的降水量的变化呈现出非显著性上升($0<Z<1.96$)趋势,主要分布在内蒙古东北部和中西部地区,即呼伦贝尔市大部和乌兰察布市以西地区。另外有3个测站降水量为非显著下降趋势($-1.96<Z<0$),主要在呼和浩特市的南部地区(图2.13a);春季的这种变化趋势与年变化趋势有显著差异。夏季,只有1个阿拉善盟的巴彦诺尔公站降水为显著上升趋势($Z=2.71$)。有57个测站的降水量的变化呈现出非显著性上升($0<Z<1.96$)趋势,主要在东北部和乌兰察布市以西地区。有55个站降水量为非显著下降趋势($-1.96<Z<0$),主要在内蒙古的锡林郭勒盟的西南部、赤峰市、通辽市(图2.13b);秋季,有14个站降水量为显著上升趋势($Z>2.32$),通过了99%的显著性检验,主要分布在西部地区的包头市以西地区。有64个测站的降水量的变化呈现出非显著性上升（$0<Z<1.96$）趋势，主要分布在内蒙古锡林郭勒盟大部和呼伦贝尔市大部地区。有 11 个站的降水量为非显著下降趋势（$-1.96<Z<0$），在赤峰市的东南部和通辽市（图 2.13c）。冬季，有 55 个站降水量为显著上升趋势（$Z>2.32$），主要分布在内蒙古中东部大部地区。有 6 个站的降水量为非显著下降趋势（$-1.96<Z<0$），在赤峰市分西南部和乌兰察布市西南部局部地区（图 2.13d）。

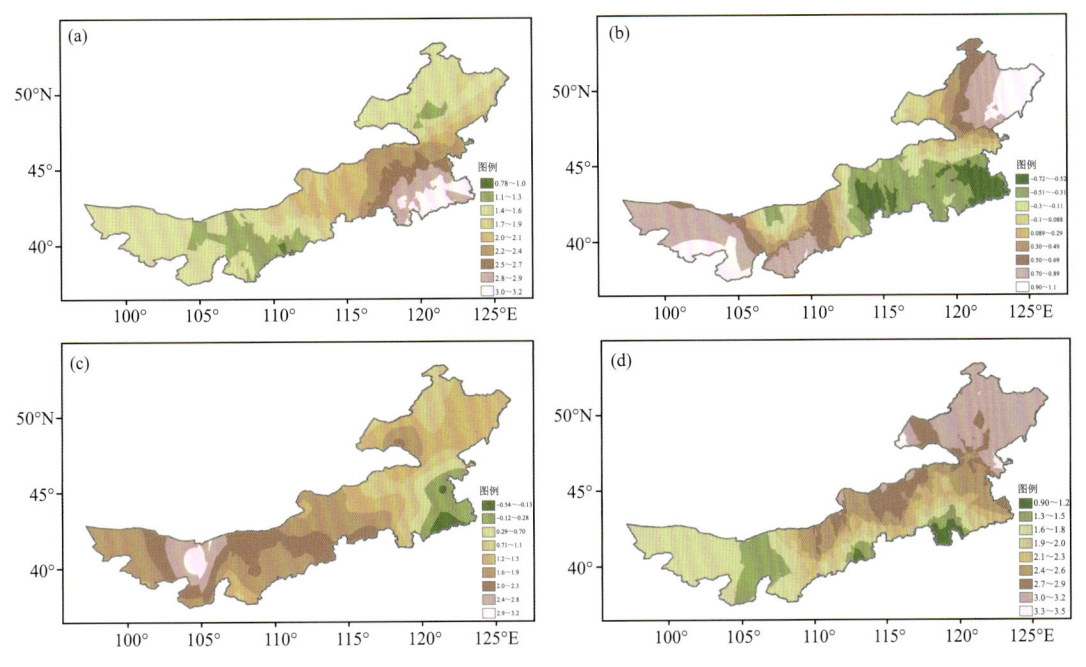

图 2.13　1960—2020 年内蒙古春(a)、夏(b)、秋(c)、冬(d)平均降水量的变化趋势

按照内蒙古地区经纬度划分成 4 区域分别分析不同区域降水量的时间序列和变化趋势（图 2.14）得出：内蒙古东北部（图 2.14a）和西部地区（图 2.14d）降水量为上升趋势，东北部地区在 1998 年之前是逐步上升，到了 1998 年出现降水量偏多的拐点，之后开始下降到 2013 年又出现上升的突变，之后下降到 2017 年降到最低值，之后进入上升趋势，可以看出 1998 年之后出现明显的升降波动。中部地区降水量趋势不明显（图 2.14b）。东南部地区总的降水量趋势是下降的，与夏季的 M-K 检验相一致，因内蒙古的降水量主要集中在夏季。西部地区降水量为上升趋势，21 世纪以后降水量的上升趋势明显，降水总量减少（图 2.14d）。高涛等[8]分析了 1961—2007 年内蒙古地区降水的变化特征得出：内蒙古自治区降水总量的时间变化趋势不明显，20 世纪 60—70 年代略偏少，80—90 年代略偏多，最大变化幅度为 10.7 mm，但值得关注的是，在 21 世纪的前 7 年，全区总降水量比常年偏少 35.5 mm。

宁忠瑞等[9]研究了 1964—2016 年全球主要气象要素演变特征及空间分布格局，得出全球大部分地区呈现出变暖的趋势。从降水与蒸发变化的年内分布来看，大部分地区趋向于分布得不均匀，极端降水等气候事件发生的概率增大。

在全球变暖的大背景下，内蒙古自治区为了应对复杂气候条件和气候变化的严峻挑战、完成节能减排任务，大力开展生态修复和生态建设。开展气候变化的事实研究非常必要。研究分析本地区气候变化的实际情况，可以为气候变化应对策略的制定提供科学依据，因此具有重

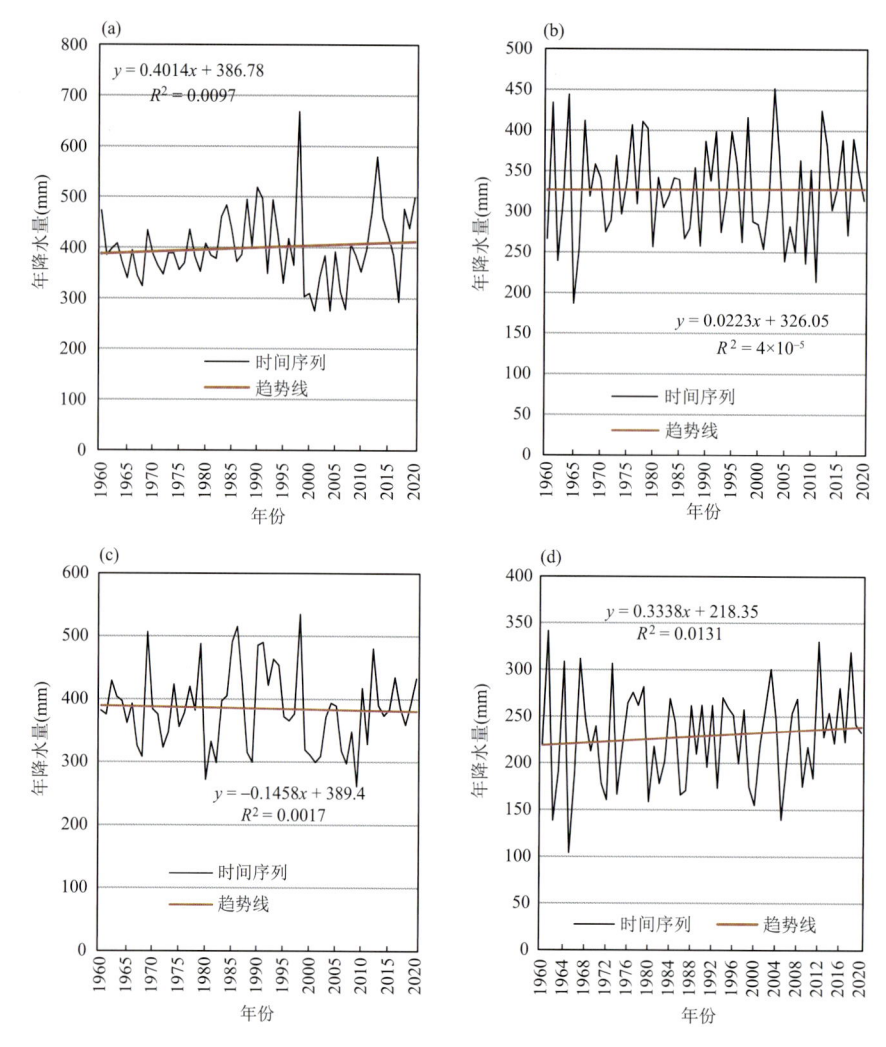

图 2.14　1960—2020 年内蒙古东北部(a)、中部(b)、东南部(c)、西部(d)地区降水量逐年序列

要的科学和实用价值。

2.3　本章小结

本章介绍了内蒙古基本气候特征和气候变化事实。基本气候特征是根据 1960—2020 年内蒙古自治区 119 个观测站,统计分析了气温、降水量、日照、大风、无霜冻日数、稳定通过 0 ℃积温的分布特征。在全球变暖的大背景下,内蒙古自治区为了应对复杂气候条件和气候变化的严峻挑战、完成节能减排任务,大力开展生态修复和生态建设。开展气候变化的事实研究非常必要。本章采用 M-K 检验方法,研究了 1960—2020 年内蒙古地区降水量、气温的变化趋势,得出的结论,可以为气候变化应对策略的制定提供科学依据,为内蒙古地区生态环境保护提供科学参考。

(1)内蒙古地区年平均气温和春、夏、秋、冬各季平均气温分布特征基本一致,特点是东北部地区气温偏低,东南部和西部地区气温偏高;冬季严寒漫长,春季气温回升快,夏季短促温热,秋季气温骤降;气温年较差和日较差大。

(2)降水东多西少,夏季多阵性降水,且强度大,短时强降水和冰雹天气时有发生;降水自西向东逐渐增加,350 mm 以上的降水量主要在呼伦贝尔市中东部、兴安盟大部、通辽市大部、赤峰市大部、锡林郭勒盟东南部、乌兰察布市南部、呼和浩特市南部、鄂尔多斯市东北部;其中,大于 400 mm 的降水量主要分布在呼伦贝尔市东部地区、兴安盟东北部、通辽市南部偏南地区和赤峰市大部、呼和浩特市南部部分地区。阿拉善盟中西部降水最少,年降水量不足 100 mm,部分地区不足 50 mm。

(3)日照充足,各地年日照时数在 2500～3400 h,与我国西北地区同属于全国日照高值区。

(4)大风日数呈现"中部多、东北和西南少"的空间分布。中部地区是大风易发生地区,尤其是锡林郭勒盟与乌兰察布市交界处,乌兰察布市北部大风日数最多。西部地区的阿拉善盟东北部、巴彦淖尔市西北部、包头市北部也是大风多发区。

(5)内蒙古西部和东南部地区无霜冻日数最多,大于 126 d。无霜冻日数最少的地区在呼伦贝尔市北部和大兴安岭地区。

(6)稳定通过 0 ℃ 积温低于 2200 ℃·d 的地区主要在内蒙古呼伦贝尔市北部和大兴安岭地区。

(7)利用 M-K 检验法计算 1960—2020 年内蒙古地区平均气温的变化趋势,得出内蒙古自治区平均气温全部呈现出显著的上升趋势。全区各测站在 2000 年后的平均气温比 20 世纪 60 年代都有所增加,以河套地区和锡林郭勒盟的西部地区的增温最为显著,多数测站的增温幅度在 1.5～2.8 ℃,城镇增温尤其明显。

(8)内蒙古自治区 111 个测站中有 16 个站的降水为非显著性下降($-1.96<Z<0$)的趋势,主要在内蒙古东部地区的赤峰市西部、通辽市大部和呼伦贝尔市西部部分地区。在 111 个测站中有 12 个站为显著上升($Z>2.32$)趋势,主要分布在东部地区的呼伦贝尔市中东部地区;内蒙古中西部的大部地区降水量的变化呈现出非显著性上升($0<Z<1.96$)趋势。

第3章 生态气象监测

3.1 主要生态系统生态气象监测方法

内蒙古自治区地处欧亚大陆,为蒙古高原的一部分,属于干旱半干旱气候向东南沿海湿润半湿润季风气候的过渡带,降水呈现由东北向西南递减的趋势,温度呈现由东北向西南递增的趋势,年平均气温为 0~8 ℃。按照降雨量和温度的梯度变化,植被类型也自东向西划分为东部的森林、中部的草地和西部的荒漠,其中草地占到了全区总面积的一半以上[10]。因幅员辽阔,生态系统多样,兼有森林生态系统、草原生态系统、荒漠生态系统、湿地生态系统、农田生态系统。

3.1.1 森林生态系统监测方法

森林生态系统不仅包括高大的乔木,还包含着林下茂密的灌木和草本植物形成的下木和活着的地被物以及林地上富集的枯枝落叶,也包含深厚疏松的森林土壤,因为它保持着很高的生物多样性,对周围地区的生态环境起着良好的调节作用,还能够截持和储蓄大量降水,从而对降水进行重新分配,发挥特有的水文生态效益。

内蒙古自治区森林资源分布不均衡,从东向西递减。除大兴安岭原始林区外,还有 11 片次生林区,即岭南次生林区和宝格达山、迪彦庙、克什克腾、罕山、茅荆坝、大青山、蛮汉山、乌拉山、贺兰山、额济纳次生林区。

3.1.1.1 森林草原火灾监测

森林草原火灾是一种对森林、草原生态环境有巨大破坏力的灾害,它是指在自然条件下由于自然的或人为的原因导致森林、草原燃烧的一种灾害。森林火灾是森林生态系统常见灾害,监测森林火灾对于森林生态系统具有重要意义。

(1)仪器设备

直尺、米尺、便携式 GPS(全球定位系统)、铁锹、数码相机。

(2)监测和调查的时间和地点

在本地的范围内出现森林、草原火灾后进行实地观测调查。

(3)监测和调查的内容

野外观测调查主要监测被毁林木的种类、被毁林木的受害程度、火灾现场的地形、森林草原的过火面积、火灾发生的位置、火灾级别;当年或次年夏季到火灾发生地监测植被的恢复状况。

(4)监测和调查的方法

火灾级别:主要分火警、一般火灾、重大火灾、特大火灾(表3.1)。

表 3.1 火灾等级划分指标　　　　　　　　　　　　单位:hm²

火灾等级	森林火灾	草原火灾
火警	<1	<100
一般火灾	1～100	100～2000
重大火灾	100～1000	2000～8000
特大火灾	≥1000	≥8000

被毁林木种类:主要指树种名称。

林木受害程度:主要包括地表植被被烧除、树干局部被烧毁、树干大部分被烧毁、树干和根部被烧毁。

火灾发生地的地形:山地、坡地、平地、沟壑、山脊。

火灾发生点的位置:利用GPS进行定位。

过火面积:估算过火面积为多少公顷。

植被恢复情况:春季火灾需要在当年夏季观测植被恢复状况;秋季火灾需要在次年观测植被恢复状况。恢复状态主要包括林木完全恢复、林木70%以上恢复、林木50%恢复、林木30%恢复、林木没有恢复。

(5)监测数据记录

主要记录监测调查被毁林木的种类、被毁林木的受害程度、火灾现场的地形、森林的过火面积、火灾发生的位置、火灾级别、火灾类型、火灾发生时间(年月日时分)、起火原因、火源记载、火灾发生日本地气象台站的气象要素(日最高气温、最小相对湿度、日最大风速、连续晴雨日数、火灾发生期的降水量)、当年或次年夏季到火灾发生地监测植被的恢复状况。

3.1.1.2 森林可燃物监测

1. 森林可燃物的分类

所谓的森林可燃物,通常是指森林中所有能够燃烧的物质,包括树木的大枝、小枝、叶片、地面枯枝落叶等以及地表层的草本、地衣和苔藓类等到地下层的土壤的腐殖质和泥炭等。由于森林可燃物种类的复杂多样性,国内外学者为了更有针对性地对它们进行研究,将这些不同类型的可燃物进行了划分,具体的划分方法有:

(1)可燃物可以按照物种的不同进行划分:死地被物(如枯枝落叶、无生活力的苔藓等)、草本植物、灌木、乔木和林内其他可以燃烧的物质等。不同物种其燃烧特点也有所不同。

(2)可燃物按空间的分布位置不同进行划分:地表层、地下层和林冠层。3种层次的可燃物分布位置使得发生火灾时可能产生的火灾种类有树冠火、地表火等。

(3)可燃物按其易燃程度进行划分:较易燃烧的可燃物、缓慢燃烧的可燃物和难以燃烧的可燃物三大类。

(4)可燃物在燃烧时的消耗不同进行划分:总的可燃物、有效可燃物和燃烧剩余物,三者有前者等于后两者之和的一种函数关系。

(5)可燃物按其挥发程度进行划分:有高、中、低3个层次的挥发性,是由燃烧中可以逸出的挥发性物质的数量、速率等因素决定的。火行为也受到挥发性的影响而表现有所不同。

(6)可燃物按生活力进行划分:主要由活可燃物和死可燃物组成。一般来说,引发森林火灾的多为死可燃物,因此对死可燃物的划分也较为详细。死可燃物根据其时滞的不同分为:直径在 0~0.6 cm 的 1 h 滞枯枝、直径在 0.6~2.5 cm 范围内的 10 h 滞枯枝、直径在 2.5~7.6 cm 的 100 h 滞枯枝和直径大于 7.6 cm 的 1000 h 滞枯枝,以及枯叶这 5 类。在研究中,多采用时滞等级这种分类方法。其中,1 h 滞枯枝和枯叶枯草因其对环境的敏感性较强,变化速度较快,我国火险预报中经常把它们作为重要预测因子。

2. 监测环境选择及要求

森林可燃物监测,采用以调查取样为主的方法,主要对固定林区进行随机取样。取样点的周围环境要求:

(1)调查所选的区域必需没有人为扰动的痕迹。

(2)监测点必须深入林内 50 m 的地方。

(3)取样点尽量选各种地形特征的点,主要包括阴坡和阳坡、坡地、沟壑、山脊、山腰等。

(4)所监测的植被类型必须能够代表林内植被的平均状态。

对监测环境要记录说明,记录各个林地周围的环境状况、人为扰动情况以及监测点的地理位置、海拔高度、植被类型、面积等。

3. 样点的选择

在本地范围选择面积较大的 3 块林地作为固定监测取样林地。林地之间的距离不少于 3 km。在每块中通过踏查确定 2 处取样点;每个点之间的距离应在 50 m 以上。利用 GPS 定位,测量单位采用度(°,保留 4 位小数)。

4. 仪器设备及监测时间

仪器设备:便携式 GPS、米尺、直尺、铁锹、小铁铲、阿斯曼通风干湿表、天平、杆秤、地温表、编织袋。

监测的时间:一般在春秋季防火期开始的前一月进行实地调查测量,具体时间为春季融雪 1 旬以后监测;在每年的 8 月 15 日前后测一次;秋季每年植被完全枯黄后监测一次(草类植被必须完全枯黄,落叶类乔木必须落叶 80% 以上);观测当天必须为晴天,地被物的收集测量和温度测量一般在每日的 13—15 时(北京时,下同)。

5. 监测内容及方法

监测内容:主要观测森林中枯枝落叶层的厚度;森林植被的类型;林内 1 m² 样方内枯枝落叶物的重量;森林中灌木的高度;森林内灌木的覆盖度;林内的气温和湿度;枯枝落叶层的温度和含水量,主要地形特征;观测地点的经纬度[11]。

监测方法:

①森林植被的类型:记录森林植被的类型。

②枯枝落叶层厚度监测:用铁锹垂直挖开枯枝落叶层,直到土壤表面,用直尺测量地被物的厚度,以厘米(cm)为单位取整数。

③枯枝落叶层含水量的监测:在样点区域内,用米尺选定 1 m×1 m 的样区 2 处,利用小铁铲收集枯枝落叶,称量总重后,搅拌均匀,取 300 g 样品带回称重烘干,称其干重,计算枯枝落叶含水百分率、地被重量,求取平均值。

$$枯枝落叶层含水率(\%)=(样品湿重-样品干重)/样品干重\times100\% \quad (3.1)$$

④森林中灌木的高度监测:用米尺测量灌木的高度,确定森林中主要灌木的种类,并分别

选择各种灌木 10 株,测量其高度,求各种灌木的平均。

⑤森林内灌木的盖度:主要用目测的方法,估测灌木的盖度、郁闭度。

⑥主要地形特征的记载:监测取样点周围的地形特征,主要分山坡、丘陵、坡地、沟壑、山脊、山腰、阴坡、阳坡等。

⑦林内的空气环境气温和湿度:在 14—15 时,利用阿斯曼通风干湿表测量 1.5 m 处的空气温度、相对湿度(仅在一块林地进行)。

⑧枯枝落叶层温度的监测:用铁锹挖开地表的枯枝落叶层,测量其厚度,使用插入式地温表,在枯枝落叶层中间位置选点,将地温表插入该层,进行枯枝落叶层温度监测,并记录插入层距地面的距离。

监测数据记录:

主要记录森林中枯枝落叶层的厚度;森林植被的类型;林内 1 m² 内枯枝落叶物的重量;森林中灌木的高度;森林内灌木的覆盖度;林内的气温和湿度;枯枝落叶层的温度;枯枝落叶层的湿重、枯枝落叶层的干重和枯枝落叶层的含水量,主要地形特征;取样地点的经纬度。

3.1.2 草地生态系统/气象监测方法

内蒙古拥有面积为 8666.7 万 hm² 草原,占全区总土地面积的 67%,草地生态系统构成了本区生态类型的主体。掌握和了解草地生态系统的现状及发展趋势对开展生态保护和建设具有十分重要的意义。

3.1.2.1 天然草场牧草监测场地环境要求

天然草场牧草监测区,选择在能够代表本地区主要草场类型和牧草生长平均状况且比较平坦的放牧场上,监测区四角用水泥柱打桩做标记,用 GPS 定位仪定位,面积为 5 km×5 km。在天然草场牧草监测区内,用网围栏围建牧草监测场地,草原区(草甸草原、典型草原、荒漠化草原)面积为 50 m×50 m,草原化荒漠区面积为 100 m×100 m。天然草场牧草监测区的选择,既要考虑代表性又要方便管理保持其连续性,要远离定居点、水体和道路。每年牧草黄枯后,要在牧草监测场地内进行放牧,以保持与当地放牧场具有同等的利用程度。

(1)天然草场牧草监测场地环境说明

①天然草场监测区 4 个界桩所在的经纬度、监测场地海拔高度、草场所属牧户名称。

②草场类型(草甸草原、典型草原、荒漠化草原、草原化荒漠等)、土壤类型(土壤质地、土壤性质)、地形(平原、山地、丘陵等)、地势(平地、坡地等)、地下水位深度、草场的利用状况等。

(2)天然草场牧草监测场小区划分

天然草场牧草监测地段分为:天然草场牧草监测区(放牧场)和天然草场牧草监测场地,天然草场牧草监测区主要用来监测天然草场的利用现状。天然草场牧草监测场地既能反映草场的围封恢复效果,又可用于监测天然草场牧草的生长速度、地上生物量的动态监测。

草原区牧草监测场地内划分牧草发育期和高度监测小区,小区面积 1 m×22 m,共 4 个重复。盖度和地上生物量监测小区,小区面积 1 m×1 m,共 4 个重复[12]。小区之间及小区与围栏之间要留有 2 m 的保护带。此外,在天然草场牧草监测场地以外的牧草监测区内同时进行牧草高度、覆盖度和现存生物量的动态监测,方法同牧草监测场地内的相同(小区布局详见图 3.1)。

草原化荒漠区主要生长着灌木、半灌木植物。牧草监测场地内划分两个小区,每个小区面

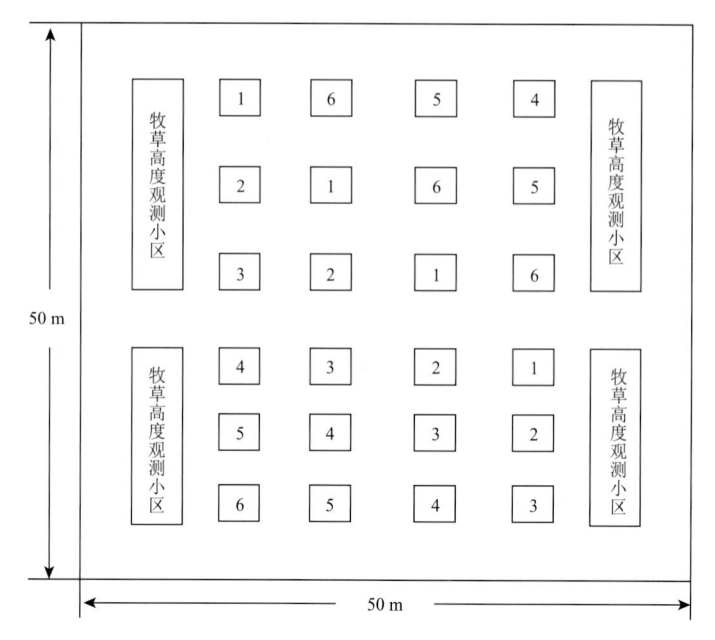

图 3.1 草原区牧草监测场地内划分示意图

积 100 m×50 m。分别监测牧草发育期、新生枝条长度、盖度、密度和地上当年生物量动态变化。在牧草监测区内同时监测新生枝条长度、覆盖度、丛幅和现存生物量动态变化,方法同牧草监测场地的相同。

3.1.2.2 天然草场牧草发育期监测

牧草发育期监测是根据牧草外部形态变化,记载牧草返青、开花、黄枯 3 个主要发育普期出现的日期。

(1)监测时间

在牧草生长季内进行,以不漏掉发育期为原则,根据牧草的生长规律由台站具体掌握,但每旬逢 8 必须巡视或观测。

(2)监测地点

牧草发育期监测是在牧草监测场内的发育期监测小区内进行,采取定点不定株的方式监测,若气象局(站)附近或院内植被具有较好的代表性也可就近监测。

(3)监测方法

监测第一种牧草和建群种、优势种牧草返青普期以及建群种、优势种牧草开花普期和大部牧草黄枯普期[13]。

返青期:地上牧草长出绿芽(灌木、半灌木芽开放,植株花芽突起,鳞片开裂,或叶芽露出鲜嫩的小叶)达 50%,则为返青普遍期。

开花普期:监测牧草开花达 50%。

黄枯普期:监测小区内 50% 的牧草地上部分约有 2/3 枯萎变色(灌木、半灌木为当年生枝条老化,叶片变色或触及易脱落)。

(4)监测数据记录

在牧草发育期监测记录栏中,填写牧草各发育普期出现的日期。

3.1.2.3 牧草高度(新生枝条长度)监测

牧草高度包括牧草绝对高度和草层自然高度。

(1)监测设备

直尺。

(2)监测地点

牧草绝对高度在牧草监测场地内的牧草发育期和高度监测小区进行。草层自然高度在天然草场牧草监测区内和牧草监测场地内进行。

(3)监测内容

建群种、优势种牧草的绝对高度和草层自然高度(灌木、半灌木只监测绝对高度)。

(4)监测时间

5—8月每旬末。

(5)监测方法

牧草绝对高度,用直尺垂直于地面,禾本科牧草测至植株最高叶片的顶端(芒除外);豆科牧草测至最高(长)枝条的顶端。每小区每种测量10株(丛),共40株(丛),以cm为单位取整数。

灌木、半灌木测量新生枝条的长度,每株丛测量4个方位的一支新生枝条长度,每小区测量5株丛,共40支(茎),以cm为单位取整数。

草层自然高度的测定,将直尺垂直于地面,平视草层自然状态的草层高度,对突出的少量叶和枝条不予考虑,测量点间距不小于10 m,共测4个重复,以cm为单位取整数。

(6)监测数据记录

牧草绝对高度:草本植物记录40株牧草绝对高度,求其平均值,取整数记载。灌木、半灌木记录40支(茎)新生枝条长度,求其平均值并取整数记载。

草层自然高度:记录4个重复的草层高度,求其平均值并取整数记载。

3.1.2.4 牧草盖度和地上生物量监测

牧草盖度,是指在一定面积(长度)内,牧草对地面的投影面积(长度)占总面积(长度)的百分比(灌木、半灌木采用线段法测定)。

牧草地上生物量的监测是指单位面积地上所有牧草的总重量。

(1)监测设备

1 m×1 m样方框、剪刀、布袋、天平、测绳、米尺、直尺。

(2)监测地点

牧草监测场地和牧草监测区内进行。

(3)监测内容

牧草盖度、地上生物量。

(4)监测时间

草原区5—8月每月末,荒漠区5—10月每月末。

(5)监测方法

①草本植物盖度的监测

分别在牧草监测场内和牧草监测区内各确定4个样方测定,在牧草地上生物量测定前,先在样方内采用目测法,从牧草的上方与地面垂直目测估计混合牧草的盖度,如 1 m² 内的牧草覆盖度达 50% 时,则盖度记为 50%。

②草原化荒漠区灌木、半灌木盖度的监测

灌木、半灌木盖度采用线段法测定。在牧草监测场内和牧草监测区内各测定 2 个地段,取长度 50 m,两个重复(每小区一个),共 100 m。将测绳在植株上方水平拉过,垂直观测皮尺下植株覆盖地面的各段长度,以 cm 为单位取整数,计算植株覆盖地面的各段长度总和占长度的百分比。

$$盖度 = 植株覆盖地面的长度总和(cm) \times 100\% / 100 \times 100 (cm) \quad (3.2)$$

③草原区牧草地上生物量的监测

在牧草监测场内和牧草监测区内各确定 4 个样方(如图 3.1 所示,5 月末测定样方 1,6 月末测定样方 2……),将样方框平整、垂直地放在测点上,使方框两侧的整株草隔开,将框内全部牧草沿地表剪取,装入布袋及时用感应量为 0.1 g 的天平称取鲜重,以 g 为单位,取小数 1 位。待风干后称重记入干重栏内。最后求算出牧草监测场和牧草监测区每公顷牧草生物量。

$$混合牧草重量(g/m^2) = 4 个样方混合牧草重量/4 \quad (3.3)$$

$$混合牧草重量(kg/hm^2) = 混合牧草重量(g/m^2) \times 10 \, m^2 \quad (3.4)$$

④草原化荒漠区灌木、半灌木密度及牧草地上生物量的监测

灌木、半灌木分种密度的监测:

在牧草监测场内确定 2 个 25 m×4 m 的样地,分别测定主要灌丛的株丛数,求出每公顷分种总株丛数。

$$分种总株丛数/hm^2 = 50 \times 2 个样地分种株丛数之和 \quad (3.5)$$

灌木、半灌木地上生物量监测:

在牧草监测场内和牧草监测区内,各确定 2 个样地(25 m×4 m),测定灌木、半灌木地上生物量。

在每个样地内,对主要灌木品种根据地段株丛数量多少、体积大小,选定大、中、小 3 株丛,做上标记,用于地上生物量监测。监测时用两根渔网线将单株灌丛分成 6 等份,每次贴老枝干时,按顺时针方向剪取该株丛的六分之一,将当年生长的新枝叶(或新茎)装入布袋,用感应量为 0.01 g 的天平称取鲜重和风干重。求出每株丛鲜干重。灌丛间的一年生或多年生草本植物,则应在每个小区测定 2 个样方,共 4 个样方,将框内全部牧草沿地表剪取,装入布袋及时称重,以 g 为单位取小数 1 位。待风干后称重,记入杂草栏。最后求算 4 个样方的平均值以及每公顷灌丛新生枝条的增长量、每公顷地上杂草的生物量。

计算方法:

$$分种单株丛重(g) = 6 \times 1/6 株丛平均重 \quad (3.6)$$

$$分种单株丛平均重(g) = 6 株丛重量和/6 \quad (3.7)$$

$$分种灌丛增长量(kg/hm^2) = 分种单株丛平均重量(g) \times 分种密度(株丛/hm^2)/1000 \quad (3.8)$$

$$灌丛总增长量 = 各分种灌丛增长量之和 \quad (3.9)$$

$$杂草重(kg/hm^2) = 1 \, m^2 杂草重(g/m^2) \times 10 \quad (3.10)$$

(6)监测数据记录

牧草盖度、密度(灌木、半灌木)和牧草地上生物量鲜(干)重的监测数据,分别记录相应栏

内,盖度以%记录,密度以总株丛数/ hm² 牧草地上生物量分别以 g/m² 和 kg/hm² 记录。

3.1.2.5 天然草场植物物种多样性的监测

(1)监测时间:7月中旬。

(2)监测内容:样地和固定样方中的植物种类。

(3)植物物种多样性的监测方法

①种饱和度的监测方法

分别在围栏内外随机设定4个1 m×1 m 固定样方(以草本植物为主的样地采用1 m×1 m 的样方,以灌木为主的采用10 m×10 m 的样方,以乔木为主的采用50 m×50 m 的样方),分别记录各样方中的植物种类。

②样地内植物种类的调查方法

在样地范围内进行全面勘查,记录植物种类。

(4)仪器与工具

标本夹、放大镜、解剖镜、军用锹和镐、GPS。

注:野外无法确定的种类,采集压制标本后,回实验室内鉴定。

3.1.2.6 草场放牧强度监测

(1)监测时间:5—8月的月末进行。

(2)监测地点:牧草监测场地和牧草监测区内进行。

(3)监测内容:放牧强度。

(4)监测方法:利用每月末牧草监测场地内和牧草监测区内牧草地上生物量资料计算而得,计算公式为:

$$y=(a-b)/a\times100\% \tag{3.11}$$

式中,y 为采食率,a 为牧草监测场地内牧草地上生物量,b 为牧草监测区内牧草地上生物量(放牧场)。

(5)监测数据记录:记录每月末采食率。

3.1.2.7 土壤水分监测

土壤水分是土壤成分的重要组成部分,是植物生理需水主要来源。土壤水分状况是指水分在土壤中的移动、各层中数量的变化以及土壤和自然环境间的水分交换现象的总称。选择有代表性的地段进行土壤水分及土壤特性监测,掌握土壤水分和土壤其他有关特性的变化规律,对生态环境保护和建设具有重要意义。

(1)土壤重量含水率

土壤重量含水率是表征土壤中含水量多少的物理量。土壤重量含水率的测定采用烘干称重法,即用土钻从监测地段取回各个要求深度所有重复的土样,称重后送入一定温度的烘箱或微波炉中烘干再称重,两次重量之差即为土壤含水量,土壤水量与干土重的百分比即为土壤重量含水率。

①监测地段选择

农业区选择在农作物生长发育状况监测地段上;林区选择在有代表性的森林地段上;牧区选择在有代表性的天然草场监测地段内。一经选定即保持长期稳定。

②监测设备

土钻、刮土刀、土盒、微波炉、电子天平。

③监测时间

从春季土壤0~10 cm冻土层完全融化起,农业区到作物成熟期、牧区到牧草黄枯期、林区到土壤冻结达到10 cm时结束,期间每旬逢8测定。农业区与牧区要在冬季土壤冻结达到10 cm时加测一次。

④地段设置与监测深度

将监测地段划分为4个区域作为4个重复,每次取土各小区选取1个重复,取土地点应距前次1~2 m。监测深度为50 cm,即0~10 cm、10~20 cm、20~30 cm、30~40 cm、40~50 cm 5个层次。

⑤监测方法

第一步:取样。

垂直顺时针下钻,按所需深度,由浅入深顺序取土。当钻杆上所刻深度达到所取土层下限并与地表平齐时,提出土钻,即为所取土层的土样,如取30~40 cm的土样,当钻杆上的刻度40位置处与地表平齐时即可,将钻头零刻度以下和土钻开口处的土壤及钻头口外表的浮土取掉,然后将土钻钻杆平放,采用剖面取土的方法,迅速地用小刀刮取土样40~60 g,放入土盒内,随即盖好盒盖,再将钻头内的余土刮净。按上述步骤依次取出每个重复各个深度的土样。每个重复的土样取完后将剩余的土按原来土层顺序填入钻孔中。所有土样取完后将土钻擦净,以备下次使用。

第二步:称玻璃容器与湿土共重。

土样取完带回室内,擦掉土盒外表泥土,首先称量玻璃容器的重量,把铝盒中的土样倒入玻璃容器中,注意玻璃容器标号与铝盒一致。然后校准天平,逐个称重,以g为单位,取一位小数,然后复称检查一遍。

第三步:烘烤土样。

在核实称重无误后,把盛有土样的玻璃容器有序分批地排放在微波炉内,将定时按钮旋至12 min处,把强度开关拧至高档,关上炉门并按启动钮。12 min后,将盛有土样的玻璃容器抽取3~4个称重,并记录首次结果。再将称过重量的盛有土样的玻璃容器放入微波炉,继续烘烤2 min,拿出再次称重,如与前次重量差≤0.2 g时,即取后一次的称重值作为最后结果,如重量差>0.2 g,则继续烘烤,直到前后两次重量差均≤0.2 g为止。

第四步:称玻璃容器与干土共重。

烘烤完毕,将开关闭合待盛有土样的玻璃容器冷却后,迅速称重。当全部计算完毕,经确认无误后,倒掉土样,擦净土盒,以备下次使用。

⑥监测数据记录与计算

计算土壤重量含水率:即土壤含水率占干土重的百分率,其计算公式如下:

$$W = (G_2 - G_3)/(G_3 - G_1) \times 100\% \qquad (3.12)$$

式中,W表示土壤重量含水率(单位:%);G_1表示玻璃容器(单位:g);G_2表示玻璃容器与湿土共重(单位:g);G_3表示玻璃容器与干土共重(单位:g)。

先算出各个深度每个重复的土壤重量含水率,再求出各个深度4个重复平均值,均取1位小数。

计算相对湿度:以土壤重量含水率与田间持水量百分比表示。计算公式如下:

$$R = w/f_c \times 100\% \tag{3.13}$$

式中，R 表示土壤相对湿度(单位：%)，取整数记录；w 表示土壤重量含水率(单位：%)；f_c 表示田间持水量(单位：%)。

计算土壤水分总贮存量：土壤水分总贮存量是指一定深度(厚度)的土壤中总的含水量。计算公式如下：

$$L_z = \rho \times h \times w \times 10 \tag{3.14}$$

式中，L_z 表示土壤水分总贮存量(mm)，取整数；ρ 表示地段实测土壤容重(单位：g/cm^3)；h 表示土层厚度(单位：cm)；w 表示土壤重量含水率(单位：%)；

计算土壤有效水分贮存量：土壤有效水分贮存量是指土壤中含有的大于凋萎湿度的水分贮存量。

计算公式：

$$L_y = \rho \times h \times (w - w_k) \times 10 \tag{3.15}$$

式中，L_y 表示土壤有效水分贮存量(单位：mm)；ρ 表示地段实测土壤容重(单位：g/cm^3)；h 表示土层厚度(单位：cm)；w 表示土壤重量含水率(单位：%)；w_k 表示凋萎湿度(单位：%)。

(2)土壤田间持水量

田间持水量是在地下水位较低情况下，土壤所能保持的毛管悬着水的最大量是植物有效水的上限。田间持水量是衡量土壤保水性能的重要指标[14]。

监测地段选择：在土壤重量含水率监测地段上进行。

监测设备：测定土壤重量含水率设备一套、米尺、水桶、秤。

监测时间：每 5 年监测一次，在地下水位较低的条件下进行。

监测方法：田间持水量的测定多采用田间小区灌水法，当土壤排除重力水后，测定的土壤湿度即为田间持水量。

①测定场地的准备：在监测地段上量取面积为 4 m^2(2 m×2 m)的平坦场地，铲掉杂草，稍加平整，周围做一道较结实的土埂，以便灌水。

②灌水前土壤湿度的测定：在离准备好的场地 1~1.5 m 处，深度为 50 cm，取 2 个重复的土样测定土壤湿度，并求出所有测值的平均。

③灌水与覆盖：小区灌水量一般按下式求算：

$$Q = 2(\alpha - w)\rho \times s \times h/100 \tag{3.16}$$

式中，Q 表示灌水量(单位：m^3)；α 表示假设所测深度土层中的平均田间持水量，一般沙土取 20%，壤土取 25%，黏土取 27%，以百分值表示；w 表示灌水前所测深度的各层平均土壤重量含水率，以百分值表示。ρ 表示所测深度的平均土壤容重，一般取 1.5 g/cm^3；s 表示灌水场地面积(单位：m^2)；h 表示所要测定的深度(单位：m)；2 是保证小区需水量的保证系数。

干旱地区可适当增加灌水量。所有水应在一天内分次灌完，为避免水流冲刷表土，可先在小区内放一些蒿草再灌水。当水分全部下渗后，再盖上草席和塑料布，以防止蒸发和降水落到小区内。

④测定土壤湿度：灌水后当重力水下渗后，开始测定土壤湿度。第一次测定土壤湿度的时间可根据不同土壤性质而定，一般沙性土灌后 1~2 d，壤性土 2~3 d，黏性土 3~4 d 以后。每天取一次，每次取 4 个重复，下钻地点不应靠近小区边缘。

⑤确定田间持水量：每次测定土壤湿度后，逐层计算同一层次前后两次测定的土壤湿度差

值,若某层差值≤2.0%,则第二次测定值即为该层土壤的田间持水量,下次测定时该层土壤湿度可不测定。若同一层次前后两次测定值＞2.0%,则需继续测定,直到出现前后两次测定值之差≤2.0%时为止。

(3)土壤容重

土壤容重是在没有遭到破坏的自然土壤结构条件下,取体积一定的土样称重,取样烘干,计算单位体积内的干土重。是计算土壤水分总贮存量及土壤有效水分贮存量的换算常数。

监测地段选择:在土壤重量含水率监测地段上进行。

监测设备:由钻筒、固定器、推进器、木槌、铁铲、布袋、游标卡尺、测定土壤重量含水率设备一套、感量为0.1 g,载重量为1~2 kg的天平1台。

监测时间:每5年监测一次,在土壤比较湿润且可塑的状态下进行。

监测方法:

①称取钻筒重量、量取钻筒容积。每次测定前称出重量,并用卡尺量出钻筒内径(R)得出半径r,高度(H),求出容积(V),以 cm³ 为单位,取2位小数。

$$V = \pi r^2 \times H \tag{3.17}$$

②挖掘土壤剖面坑。首先清除测点地面上的植被(勿用手拔),再挖一个土壤剖面坑,坑的深度、长度、宽度根据测定深度而定,以便于操作为宜,坑壁要垂直。

③登记土壤质地。沿着土壤剖面坑划分土壤层次,记载各层不同深度的质地状况。

④采取土样。首先取4个重复。先把固定器平放在平整过的地面上,再把第一个钻筒放入固定器的圆筒中,然后把推进器放在钻筒上,用木槌正砸推进器(当它接近固定器圆筒时轻打)直至其贴上固定器圆筒,拿起推进器和固定器。按上述步骤和钻筒序号,以15 cm的间隔把其他3个钻筒砸进土中。

其次用铁铲取出第一个钻筒,很快地清除其外表上的浮土,小心地把立柱下端削得与钻筒下沿平齐。对其他3个钻筒按顺序重复上述工作,铲掉上层土壤削平后再去下层土样。相邻两层钻筒的放置位置应互相错开。各层测定深度必须准确,钻筒下沿达到规定的深度。

⑤称重及烘烤。每层钻筒取出后,立即逐个称量钻筒与湿土共重,再从钻筒中取出40~60 g土样装入土盒称重、烘烤,以备测定土壤湿度。各项称量结果经复查无误后,将钻筒内剩余土样装入编好序号的布袋中,供测定凋萎湿度使用。然后擦净钻筒,再用其取下一层次。

监测数据计算与记录:按下式计算土壤容重

$$\rho = M \times 100 / [V \times (100 + W)] \tag{3.18}$$

式中,ρ 表示土壤容重(单位:g/cm³);V 表示钻筒容积(单位:cm³);M 表示钻筒内湿土重(单位:g,土柱与钻筒重减去钻筒重所得差);W 表示钻筒内土壤重量含水率,以百分值表示。

先求各个层次每个重复的土壤容重,再求平均,取两位小数记载。

(4)土壤凋萎湿度

生长正常的植株仅由于土壤水分不足,致使植株失去膨压,开始稳定凋萎时的土壤湿度即为凋萎湿度。凋萎湿度是植物有效水分的下限和计算田间有效水分贮存量的换算常数。

监测地段选择:与土壤容重监测地段相同。

监测设备:

①玻璃容器:直径3 cm、高10 cm、容积约70 cm³的玻璃容器20个,并标好号码用于栽培植物。

②培养皿或瓷盆:用于指示作物的先期发芽。
③配制营养液的氮、磷、钾肥。
④指示作物的种子,数量为播种所需要的 2~3 倍。
⑤烘干称重法测定土壤湿度所需仪器一套(土钻除外)。
⑥石蜡和蜡纸、细砂。
⑦土壤筛:孔径 3 mm。
⑧阿斯曼通风干湿表。

监测时间:每 5 年监测一次,在作物生长季内进行。

监测方法:凋萎湿度的测定是采用栽培法,把指示作物栽种到土表封闭的玻璃容器中,当指示作物的所有叶片出现凋萎且空气湿度接近饱和,蒸腾最小的情况下仍不能恢复时,测定容器中的土壤湿度。

应选择对土壤湿度不足反应最敏感,凋萎特征明显容易鉴别的植物作为指示作物,如大麦、燕麦等基本具备这些条件,是常用的指示作物。

①准备土样:将测定土壤容重时用布袋带回的土样分层压碎并风干(注意各层土切勿混合),然后用土壤筛过筛,筛孔为 3 mm 的土筛。

②指示作物的种子先期发芽:在播种前 2~3 d 把准备好的种子放在培养皿或瓷盆中发芽。

③配制营养液:在 2.5 kg 的水中加入适量的氮、磷、钾等营养物,营养物各种成分的比例以不改变土壤本身酸碱度和满足作物育苗期生长需要量为原则(一般情况下,$NH_4H_2PO_3$:KNO_3:NH_4NO_3 为 1:(1.24~1.32):(1.54~2.00)),营养液的浓度不超过千分之一。

④装培养料:在播种前一天,按每层 4 个重复取样,将培养料装入标好号码的玻璃容器内。每个容器中先装入 10 cm^3 的水,再装土样至容器的 1/2 高度后注入 5 cm^3 的营养液,接着又装土至容器口,再注入 5 cm^3 的营养液,然后盖上一层土,放置一天即可播种。

⑤播种:在每个装有土样的玻璃容器正中播一粒种子,种子根向下,入土 2~4 cm 深,播种后盖上厚纸,幼芽芽鞘露出土面时去掉纸,用中间剪有小圆孔的圆形蜡纸覆盖上,让幼苗从孔中穿出,蜡纸上再盖一层细砂,然后放在光、温、湿度条件都适宜的生长环境,样本开始出苗后每日 08 时和 14 时观测容器内植株的发育期和生长状况,并对植株叶面高度处进行空气温度、相对湿度的观测。

⑥测定凋萎湿度:当观测植株某叶面积开始卷曲、下垂时为开始凋萎;全部叶片失去膨压卷曲或下垂,且移至温度比较稳定,湿度接近饱和的阴暗条件下,于次日早晨任一叶片都没有恢复膨压时,即为稳定凋萎。此时倒出细沙,除去蜡纸及上面的 2 cm 厚的土层,然后把土壤从容器中倒在光滑的厚纸上,迅速清除植物及全部根系。立即对所有土样进行土壤湿度的测定。这时的土壤湿度即为凋萎湿度。如将植株移至阴暗条件后,有的叶片恢复了膨压,仍应将容器移至原处,直到不再恢复为止。

(5)土壤质地

土壤质地是根据土壤的机械组成或土壤矿物质颗粒的粗细程度划分的土壤类型。土壤质地的类型和特点,主要继承了成土母质的类型和特点,但它又受人们耕作、施肥、灌溉、平整土地等活动的直接影响。进行土壤质地监测能够了解和掌握土壤结构的特征及其演变情况。

监测地段:同土壤重量含水率监测地段。

监测设备:土钻和刮土刀。

监测时间:每5年监测一次。

监测方法:在监测地段内选取有代表性的4个点,作为4个重复,并做好标记,每次的监测在标记四周10 m之内进行。采用土钻钻取土样,每10 cm为一个层次,即:0~10 cm、10~20 cm、…、40~50 cm,观测记载每个层次的土壤质地。

监测结果记录

按照下述土壤质地分类标准进行判断并记载。

黏土:质地极细,搓成条后可弯成小环不断裂。泥球压成饼,边缘无裂缝。

重壤土:湿时搓成条,可弯成环,泥球压饼,边缘有小裂纹。

中壤土:湿时可搓条,但不能弯环,泥球压饼,边缘有裂缝。

轻壤土:手摸感觉有沙粒,不能搓成条,湿时能捏成球,但不能压饼。

沙壤土:大部分为细沙,不能搓成条,湿时也不能压饼。

沙土:多为沙粒,有刺手感觉,不能搓成条,湿时也不能捏成球。

(6)干土层

干土层的深浅是干旱程度的标志,每次测定土壤湿度时都要做干土层的测定。

监测地段:同土壤重量含水率监测地段。

测定时间:与土壤湿度测定同时进行。

监测方法:在地段有代表性处,取4个重复,用铁锹切一土壤垂直剖面,以干湿土交界处为界限用直尺量出干土层厚度,以cm为单位,取整数记载。如降水渗透后湿土下有干土层,仍应观测记载干土层。

(7)降水渗透深度

在干旱季节观测降水渗透深度,对了解旱情解除程度和分析土壤水分状况有十分重要的意义。

监测地段:在台站地面观测场周围进行。

测定时间:在土壤干土层厚度≥3 cm,日降水量≥5 mm或过程降水量≥10 mm,降水后根据降水量大小,待雨水下渗后及时测定。

监测方法:在地段有代表性处,取4个重复,用铁锹切一土壤垂直剖面,以干湿土交界处为界限用直尺量出湿土厚度,以cm为单位,取整数记载。

(8)地下水位

地下水位表明地下水的丰富程度及收支平衡状况。对地下水位进行监测有利于为合理开发地下资源及调控改良盐碱地提供科学依据。

监测地段:选择能够代表当地地下水位、供灌溉或饮水使用的水井进行监测。

a. 人工手动监测:

设备:测绳、铅锤、皮尺。

监测时间:每月末监测一次。为准确测量,监测时间要选在早晨。当水井因灌溉或饮用等人为因素发生变化时,应在水井水位恢复到正常时进行补测。

监测方法:测定时将下端坠有铅锤的测绳缓慢放入井中,直至能够判断绳头已深入水面以下时(如地下水位很深时采用空心铅锤),记录井沿的测绳刻度,然后提起测绳,仔细检查测绳下端水迹位置的刻度,两者的差值即为地下水位深度。以米(m)为单位,取2位小数记载。

b. 自动监测：

设备：HOBO 水位温度记录仪。

监测时间：地下水位受自然因素、人为因素或其他因素共同的影响，具有时空变化特点，为监测地下水位的动态过程随时间变化的特点，监测时段步长为每小时整点时监测一次。

监测方法：启动水位计，设置采样间隔。将水位计帽与水位计旋紧。用线穿过水位计帽上的小孔，然后将水位计沉入水中，即可自动进行数据监测。定期从观测井提取出水位计，将数据导出，测量数据为水位计传感器到水面的距离。

3.1.3　水体湿地生态系统监测方法

水是湿地生态环境系统中最活跃、影响最广泛的要素。它既是生命的源泉，也是工农业生产中不可缺少的重要资源。内蒙古自治区地域辽阔，地形复杂，在大陆性季风气候影响下，降水量由东北向西南递减，可分为多雨、湿润、半湿润、半干旱、干旱 5 个地带。全区有 80% 以上的地域处于降水量小于 400 mm 的干旱半干旱地带。降水量的地区分布很不均匀，造成了由降水补给的地表水和地下水的地区分布也很不均匀，并且同样具有由东北向西南递减的规律。自治区境内大部分为季节性河流，水资源匮乏。由于气候干旱，部分河流出现断流，湖泊面积缩小，有的已经干涸，对生态环境产生了严峻的影响。因此，对水体监测对自治区生态环境保护工作具有十分重要的意义。

3.1.3.1　监测内容与时间

（1）水体监测的环境要求

监测水体应选择在对当地生态环境有一定影响的主要水体，监测位置尽量受人为扰动较少；尽量选择在没有排污口的区域设点；如果有排污口，观测点必须分布在排污口的上下游，并且距离排污口 2 km 以上；对水体本身物理性质和化学性质的观测，测点可以设在水面中心位置，也可以选择距离岸边水深 2～3 m 处；监测时可以建立观测架定点观测；对于河岸线和湖岸线的位置测量环境要求不大，条件允许时可以沿着河边或湖边进行细致测量。河流取样点在符合观测环境的河流两岸各选 3 个位置，3 点之间的距离应在 2 km 以上。定点测量单位采用度（°，保留 4 位小数）。湖泊样点选择在符合观测环境的湖泊东西南北方向任意选择 3 个方位点进行定位观测，定点测量单位采用度（°，保留 4 位小数）。

另外，对于河道较宽时，应垂直河流设立一条断面线，如水面宽在 50～100 m 时，分别在左右近岸有明显水流处设立垂向取样点位置；当水面宽超过 100 m 时，应在左、中、右 3 处设立垂向取样点位置。

在进行水体监测工作时，必须配备救生衣、救生索等相应的救生措施。

（2）水体监测测场说明

主要包括观测场周围环境状况，人为扰动情况，有无排污口，观测点的经纬度、海拔高度，观测时使用测定架还是船只等。

（3）水体监测的时间

在每年的春季水体解冻后的 5 月中旬，夏季 8 月中旬，秋季水体封冻前 10 月中旬监测。

（4）水体监测的内容

监测的主要内容有：水域面积、水位变化、水质、水体的 pH、水体盐度、水体透明度、水体水色、水体温度等。

(5)仪器设备

便携式 GPS(全球卫星定位系统)、测量皮尺、米尺、标度杆(或水尺)、透明度板、精密 pH 试纸或 pH 电位计、250 mL 水样瓶一组、大注射器和伸长管或水质采样器、500 mL 量筒、烧杯、水色计一组(或铂钴标准比色卡)、水温表及救护设施。

3.1.3.2 水体监测的方法

水域面积就是水体所覆盖的面积,一般以平方千米(km^2)为单位。水位是反映水面位置变化的物理量,是指某一地点某一时刻海洋、江河、湖泊的自由水面及地下水面在任定基面零点以上的高度,称为该地该时刻的水位。基面有时取在平均海平面。一般以米(m)为单位。

(1)水域面积的监测

遥感监测主要是利用中高分辨率遥感影像,通过计算水体指数统计计算水域面积,或直接通过人机互助目视解译来进行水体面积提取统计。

地面监测主要是利用 GPS 定位仪对水体的河岸线和湖岸线的位置进行定位。定位点(拐点)要求尽量靠近水边;如果人员不能靠近水边,应当在本点附近另选点进行测量。测量以度(°)为单位,保留 4 位小数。

(2)水位变化的监测

水位基准面的确定,可以到水文部门调查本水体的基准面的高度;也可以在确定监测场址时选定一水体底部坚固稳定的河床(最好为基岩)设定基准点标记,并用精确 GPS 测量基准点处高程作为基准面,以米(m)为单位,保留 2 位小数。

选择具有刻度的标杆(或水尺),将标杆插入固定深水点位置,要求标杆露出水面 2～3 m,直接读取标杆上水面处数据。

3.1.3.3 水体水质监测

(1)取样

在观测地点利用大注射器和伸长管采集水样,有条件时应用手工采样器或自动水质采样器,深水区用深水采样器,在水面下 0.5 m 处(水深不足 1 m 时,在 1/2 水深处)采集水样,利用 250 mL 聚四氟乙烯或聚乙烯水样瓶(如测砷、硼等项目,应用硼硅玻璃瓶)装水样,水样采集的原则为能控制区域内 80% 的水面,一般应在河心或湖心,如果条件不允许的话,可以在距离岸边水深 2～3 m 有明显水流处或避开岸边有明显悬浮物拥挤处取水加盖待测。取样瓶数可以根据检测项目的多少而定,取样点不少于 3 个,每个点最少取 1 瓶(250 mL),总数不少于 3 瓶。

具体方法:第一,用水样清洗大注射器和伸长管或采样器 2～3 次,洗涤完的废水不得重新倒入水体中,以免搅起水中的悬浮物;第二,将深长管安装在大注射器的注射口上;第三,将深长管深入水中 0.5 m 处,并抽取此处的水进入大注射器,然后从大注射器中推出吸入的水,此过程反复进行 3 次;第四,抽取一针筒水,将伸长管垂直提出水面,并将注射器中的水注入水样瓶;第五,水样瓶加盖密封准备送样检测。

水质取样时应根据水深不同分层取样,当水深小于 5 m 时,在水面下 0.5 m 处取样(水深不足 1 m 时,在 1/2 水深处取样);水深在 5～10 m 时,分别在水体表层和底层上下 0.5 m 处以及水面下 10 m 处(中层)取样;水深大于或等于 15 m 时,应在表层和底部上下 0.5 m 处以及斜温层上下取样。

(2)水体 pH 的测定

pH 表示的是水体的酸碱度,是影响水生生物生长发育的一个综合因素,也是测量水质好坏的重要指标。

测量工具为精密 pH 试纸或 pH 电位计和烧杯。

测量方法:将取样瓶中的水倒入烧杯中适量,将 pH 试纸垂直插入水中(具体使用方法见 pH 试纸使用说明),将 pH 试纸显示的颜色与比色卡比较,确定 pH 的大小。

也可以采用玻璃电极法测量,主要仪器为 pH 电位计,pH 电位计的测定原理是,以玻璃电极和甘汞电极为两极,在 25 ℃时,每相差 1 pH 单位,产生 59.1 mV 的电位差,因此可以由电位差显示 pH 读数。在操作使用 pH 电位计时,首先需要正确地安装,将仪器平稳安置,电源连接正确,电流平稳,仪器地线接触良好;电极支架连接牢固,并且注意保持电极插空和电导电极的清洁和干燥,不得用手触摸,以免影响测量的稳定性和精度;观测前用纯净水清洗器皿和测量的电极,并用滤纸吸干,然后将取样瓶中的水倒入烧杯,插入电极进行测量。

一般将 $6.5<pH\leqslant8.0$ 确定为中性水;$5.0<pH\leqslant6.5$ 为弱酸性水;$8.0<pH\leqslant10.0$ 为弱碱性水;$pH\leqslant5.0$ 为强酸性水;$pH>10.0$ 为强碱性水。

(3)水体盐度的测定

水体盐度是指水中溶解盐类的总量,以重量的千分比表示。盐度对水生生物的生活和分布都有重要影响。淡水水体的盐度在 0.1%以内,0.1%以上的水体属半咸水和盐水体。

主要测量水中的全盐量、氯化物、硫化物等,取 250 mL 水样 3 瓶送检。

(4)水体透明度观测

透明度表示光透入水中的深度,是衡量水体中太阳光能大小的一种间接度量。透明度只能在白天进行观测,观测方法是利用塞氏盘法,观测工具是透明度板。

监测时间要求:在晴天的天气条件下,10 时 30 分—11 时 30 分进行。

透明度板(又称塞奇板)为一直径 25 cm 漆成黑白相间的金属圆板。圆板中间打孔系绳,绳上做深度标记。观测时先将透明度板慢慢沉入水中,直到恰好看不见时记下水深,然后缓慢提起至恰好看见圆板,记下水深,两次水深的平均值为该水体的透明度。

(5)水体水色观测

水色是指位于透明度一半深处,透明板白色部分所显示水的颜色。水体的水色主要是由水中浮游生物的种类和数量造成的。根据水色可以大致了解水中浮游生物的情况,同时在一定程度上反映水体的溶解盐类含量和有机物质的概况。

观测时间要求:在晴天的天气条件下,10 时 30 分—11 时 30 分进行。

测定水色采用水色计(或铂钴标准比色卡)和透明度板。

水色计是由蓝、黄、褐 3 种颜色的溶液按不同比例混合配成的 21 种不同色级的溶液,分别密封在 22 个无色玻璃管中。用肉眼观测时,可按浅绿、草绿色略带黄色,油绿或黄褐色,蓝绿色或绿色带状或云块状"水华"记载。浅绿色水体透明度可达 60~70 cm 或以上,表示水中浮游生物少,水质清澈。草绿色略带黄色水体透明度一般达 40~60 cm,表示水中含较多易为鱼类消化的浮游生物,水质较肥。油绿色或黄褐色水体透明度一般为 20~40 cm,表示水中有充足的,鱼类易消化的硅藻、隐藻、金藻等浮游植物,水质较肥。蓝绿色或绿色带状或云块状"水华"水体透明度一般达 20~30 cm,是在肥水基础上发展而成的,表示水体中有大量鱼类难以消化的浮游植物(如蓝藻、裸藻等),说明水质已经恶化。

3.1.3.4 水体温度观测

水温是水生生物最重要的环境条件,水温的高低直接影响养殖对象的生存和生长发育。测定不同水层的水温变化,也是了解水体对流状况的有效办法。

观测仪器:表层水用表层水温表,深层水温用闭端颠倒水温表。也可采用半导体点温计。半导体点温计的感应头与记录器之间的引线可随测定深度加长,测定时又不破坏水体的自然状况,并可实现多点连续观测。

本监测主要测距表层水深 50 cm 处(水深不足 1 m 时,在 1/2 水深处)的温度。

监测时间:在晴天的天气条件下,11—15 时进行。

3.1.4.5 监测数据记录

取样点坐标、拐点、水域面积、水位、水质(全盐量、氯化物含量和硫化物含量)、水体 pH 值、水色、水体透明度、水体温度、取样瓶数。

3.1.4 沙丘监测方法

沙丘移动监测是沙漠生态监测的主要内容。沙地(丘)流动性是指有风沙流活动的沙丘、流沙或其他裸露的地表面的疏松土壤、沙砾,在风的吹动下,沿着地表面向风的下游方向移动,掩埋下游农田、道路、灌区、河道、草原等的自然现象。沙丘的移动,完全是由于风沙流的运移而引起的。迎风坡和丘顶上的沙子不断被风逐层吹走并降落在背风坡形成滑动面,使得整个沙丘向前移动。由于背风坡前回流区强大的卷吸作用,使落下的沙子不脱离沙丘而塌移,从而保持了沙丘的相对稳定性。显然,沙丘处于稳定状态时,它上面各点的前移速度是相同的,处于非稳定状态时则有所不同。从实用观点来说,人们最关心的是背风坡丘脊线前沿点的移动速度,故定义它为沙丘的移动速度。根据沙丘的移动速度,将其划分为 3 个类型。

①慢速类型:沙丘平均年前移距离小于 5 m。

②中速类型:沙丘平均年前移距离在 5~10 m。

③快速类型:沙丘平均年前移距离大于或等于 10 m。

(1)环境要求

选择沙漠边缘有流动沙丘的典型地域进行。

(2)仪器设备

便携式 GPS、经纬仪、测量皮尺、米尺、扦插标志物、定标刻度尺。

(3)监测时间

沙丘移动监测每年 3 月至 6 月上旬按要求监测一次。

(4)监测内容

沙丘移动的速度和方向以及沙丘高度的变化。

(5)监测方法

沙丘移动主要有野外观测法和遥感分析法。野外观测法主要通过利用电子全站仪对沙丘形态测量及通过布设观测桩或者应用 RTK 测定沙丘垂直断面的水平移动来确定移动距离。

选择具有代表性和影响力的沙质地表或较大的流动沙丘 3 处为监测对象。在距离沙丘侧面 500 m 的地方选择观测点并用界桩固定。在垂直沙丘走向的迎风坡脚以及丘顶和背风坡脚分别插上界桩(钢钎),界桩顶部离沙面 100~150 cm 为宜,用 GPS 进行定位,为便于识别界桩,将界桩的顶部用红色油漆涂饰。间隔一定的时间,进行测量并记录其位置及标杆高度的变化,便可得出沙丘的移动方向、速度以及沙丘不同部位的蚀积状况。

沙丘越高大,其移动速度越慢。观测示意图如图 3.2 所示。

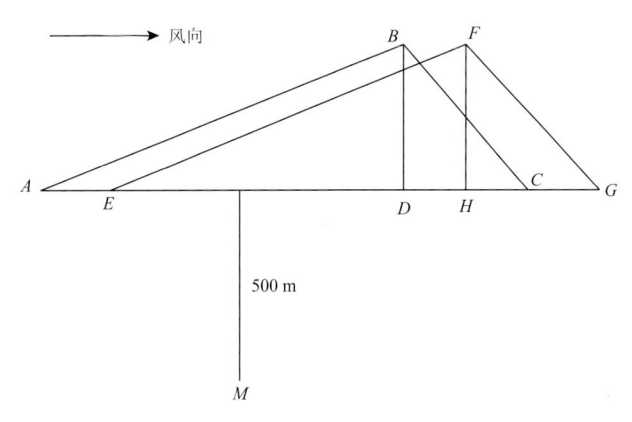

图 3.2　沙丘移动测算示意图

图 3.2 中,M 点为距离沙丘 500 m 的固定观测点;A、B、C 三点为初始状态时在垂直沙丘走向的迎风坡脚以及丘顶和背风坡脚分别扦插的界桩(钢钎);E、F、G 三点分别为经过一段时间沙丘移动后迎风坡脚以及丘顶和背风坡脚的位置。

①被监测的沙丘选择好后,按图中所示的位置扦插界桩,选择好固定的观测点 M,用经纬仪确定 M 点的正北方向,分别量出 M 点到 A 点、B 点、C 点的角度。用 GPS 系统测量出沙丘所在地的经度、纬度、海拔高度和沙丘的距地相对高度。记录在监测记录表中(距离的精度为 0.1 m,角度、经度、纬度的精度精确到秒(s),保留 2 位小数,下同)。

②监测时用卷尺量出沙丘移动后 E 点到 A 点、G 点到 C、F 点到 B 点的距离,用经纬仪分别测量 M 点到 E、F、G 点的角度,记录在监测记录表中。

③用 GPS 系统测量出移动后沙丘所在地的经度、纬度、海拔高度和沙丘的距地相对高度。记录在监测记录表中。

④同时收集监测站点的风向、风速资料,记录在监测记录表中。

遥感监测方法:地面观测方法较为直接,但是这种方法难以在大范围的空间上展开同步观测。高分辨率遥感影像的出现克服了观测空间、时间的限制,给沙丘移动变化的观测带来了新的方式。以两期高分辨率遥感影像为数据源,利用目视解译的方法,选择坡脚线明显的沙丘,矢量化沙丘的坡脚线,对比两期沙丘坡脚线顶点的位移量,以此计算沙丘的移动距离和移动速度。

3.2　生态气象业务能力建设

内蒙古自治区是我国生态大省,生态系统多样,作为祖国北方生态屏障其生态地位极为重要。内蒙古自治区气象局从 2004 年开始在全区 117 个气象站开始布设生态气象地面观测项目,对我区生态环境状况进行监测、评估。该工程运行十多年来,对我区农牧业生产起到了举足轻重的作用,为生态气象业务提供了坚实的地面数据支撑。

内蒙古区域生态环境脆弱,生态环境质量有待提高。在全球气候变暖的背景下,虽然经济和科技快速发展,生态系统退化问题依然严重,生态保护形势日益严峻。而内蒙古自治区幅员广阔、地广人稀,运用地面调查监测方式监测效果难以满足现阶段的监测需求,遥感监测手段具有监测范围广、监测时效性好的特点,在生态环境监测中已广泛发挥作用。构建内蒙古高分辨率生态环境遥感监测平台,实现了对内蒙古生态系统质量状况和变化趋势的监测分析,客观认识生态系统结构与功能,确定重点保护区域以及存在的潜在威胁,发掘生态系统质量变化的驱动作用,对提升内蒙古自治区生态气象业务能力具有重要意义。

内蒙古生态环境遥感监测平台采用 B/S 结构,充分应用多源异构数据统一读取框架、多源数据应用处理通用算法封装技术、基于多核计算体系和 GPU 的气象卫星资料并行处理技术和资源分级调度技术等先进技术,将内蒙古生态环境遥感监测平台中涉及的有关气象数据、环境专题数据、遥感影像等多源数据多方面的产品处理和应用服务环节集成为一个统一的平台(图 3.3),具备处理速度快、专业性和针对性强的多源数据处理分析能力。

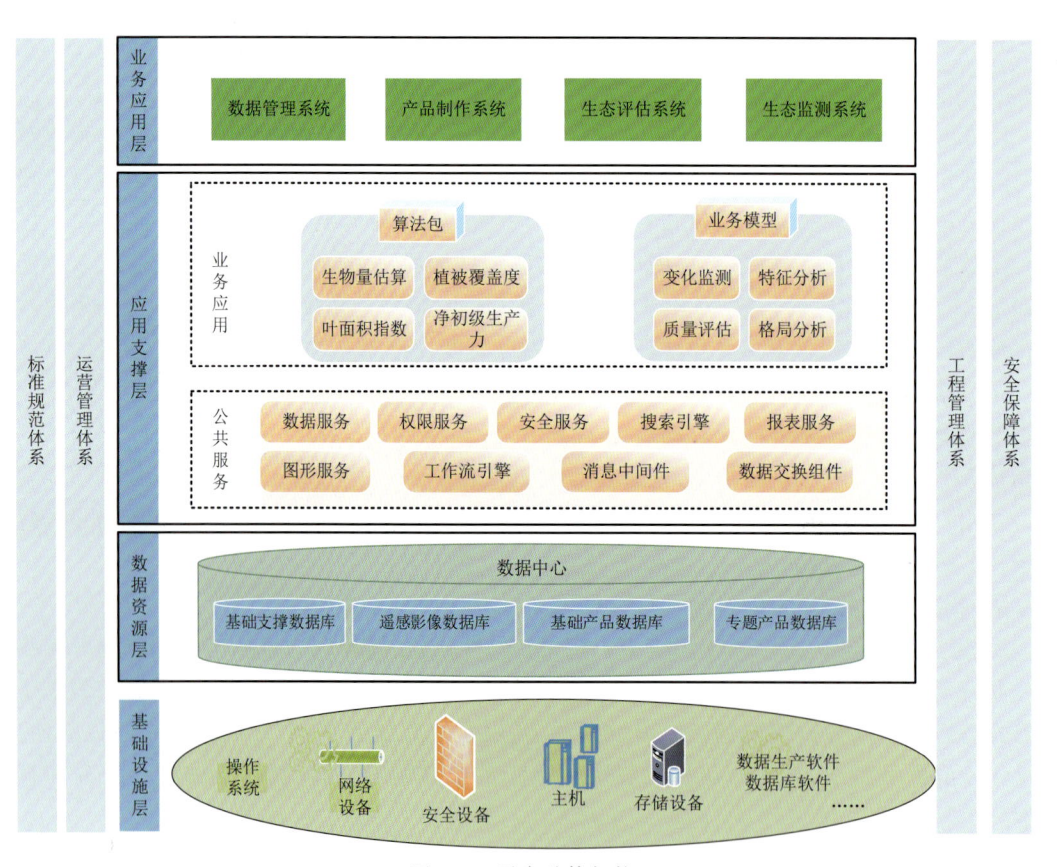

图 3.3 平台总体架构

内蒙古生态环境监测平台以产品制作与平台管理系统与数据管理系统为基础,实现数据的收集与管理、数据及产品的生产及管理控制、遥感数据及产品的标准化,而后将处理过的数据通过调用产品制作与平台管理系统的算法,进行生态系统类型及分布产品、生态系统质量评估产品、典型区域生态遥感监测和评估产品、生态系统服务功能评估产品的生产,制作各类产品专题图,进而完成对全区生态系统类型、分布、比例与空间格局的监测和对各类型生态系统相互转化特征的查询、展示和监测分析。对生态系统的生物量、叶面积指数、植被覆盖度、净初级生产力、地表蒸散量等生态系统质量参数的变化状况及其空间格局变化进行评估分析,明确生态系统质量变化趋势与特征;对生物多样性维持功能、土壤保持功能、水源涵养功能、防风固沙功能等生态系统的服务功能进行查询、展示和评估分析。

平台分为如下几个子系统:

(1)数据管理系统

数据管理系统实现对内蒙古生态环境监测平台的用户、角色和字典的管理,对用户权限进行设置,并实现对系统日志的管理,能够对数据的获取、归档入库和数据类型查看等资源进行管理。

(2)产品制作与平台管理系统

产品制作与平台管理系统实现基础产品生产、生态系统类型及分布产品、生态系统质量评估产品、典型生态遥感监测和评估产品、生态系统服务功能产品的制作等功能,能够进行产品制作的管理、产品管理、算法管理和运行监测等。

(3)生态遥感监测系统

生态遥感监测系统实现生态监测产品的查询、浏览和展示,并支持对监测产品从生态系统构成监测、生态系统构成变化和生态系统格局特征进行监测分析,实现生态系统类型、面积、分布、比例与空间格局等进行监测分析,针对生态系统格局进行空间分析与计算,并对生态系统类型转换、方向、强度等特征进行计算与分析,以及对生态系统景观格局进行计算和空间分析。具备生态系统类型与分布监测、生态系统构成与比例变化监测、生态系统类型转换特征分析与评价、生态系统格局特征分析与评价等功能。

(4)生态质量评估系统

生态质量评估系统实现评估产品的查询、检索、浏览和展示,并支持生态系统功能和生态系统质量的评估分析。评估内容包括对生态系统的生物量、叶面积指数、植被覆盖度、净初级生产力、地表蒸散量等参量进行统计,分析其变化状况及其空间格局变化,明确生态系统质量变化趋势与特征。对生物多样性维持功能、土壤保持功能、水源涵养功能、防风固沙功能进行统计分析,最终对生态系统服务功能进行综合评估和分析,并对生态系统服务功能及变化进行成果展示和对比分析。

3.3 本章小结

本章针对内蒙古森林、草地、湿地、沙地等主要生态系统,介绍了森林可燃物、天然牧草发育期、牧草高度、牧草盖度和生物量、土壤水分、地下水位、湖泊水体面积和水质以及沙丘移动等方面生态气象监测方法,最后简要介绍内蒙古生态气象业务系统建设情况。

第 4 章
森林生态气象

4.1 内蒙古主要森林分布及特征

内蒙古森林资源的地理分布不均衡。内蒙古东西横跨超过 2400 km,自然条件差异很大,森林资源的地理分布极不平衡,全区天然林主要集中在东北地区,其他区域主要分布在 11 个次生林区。而人工林遍布全区,中东部乔木林多,西部灌木林多。森林资源总的趋势是从东向西逐渐减少。森林资源总量不足,结构不合理,森林覆被率低于全国平均水平。全区幅员辽阔,生态区位极其重要,但除东北林区有相对稳定的森林生态系统外,其他区域受自然条件的影响,森林资源少,而且灌木林分布多,生态系统极不稳定。森林质量不高,结构不合理,从全区的森林资源分布来看,天然林少,人工林多;乔木林少,灌木林多;防护林多,用材林少。

4.1.1 大兴安岭寒温带针叶林

内蒙古大兴安岭寒温带针叶林区位于自治区的东北部,西部与呼伦贝尔草原相邻,东部与松嫩平原相接,南部以狭长形伸至阿尔山一带。地带性植被以兴安落叶松构成的明亮针叶林为主,在排水良好的缓坡伴有少量的白桦。本区西北部分布有成片的樟子松林,在南部分布有较多的蒙古栎、黑桦,北部的高海拔河谷地段分布有红皮云杉。

4.1.2 大兴安岭山地北部一般用材水源涵养林区

该区的地理位置为 $47°15'\sim50°52'$N,$119°28'\sim122°29'$E。在树种分布上,白桦面积占 46.06%,落叶松面积占 33.26%,其次是黑桦、柞树和山杨等。白桦和落叶松占优势。区域内森林资源总量较多,树种单一,纯林多,天然次生林较多。

4.1.3 大兴安岭东麓水源涵养林区

该区的地理位置为 $46°22'\sim49°3'54''$N,$119°46'57''\sim123°32'54''$E。区域内有林地以兴安落叶松、云杉、樟子松、榆树、柞树、黑桦、白桦、山杨、杨树、柳树等,为优势树种。落叶松针叶林、针阔树种组基本上分布在呼伦贝尔市的北部和西北部,而南部则以阔叶树黑桦为主,柞树集中分布于中部和东南部。

4.1.4 大兴安岭中部水土保持水源涵养林区

该区的地理位置为 $45°42'07''\sim47°20'52''$N,$119°28'34''\sim123°37'27''$E。从林种结构上看,

防护林占绝对优势,用材林、特用林、经济林、薪炭林比重较小。区域内天然林比重大,蓄积量低;用材林树种单一,蓄积量、生长量低,主要树种为杨树。

4.1.5 大兴安岭南部山地水源涵养林区

大兴安岭南部山地水源涵养林地理位置为42°01′20″～46°52′08″N,117°22′43″～121°56′05″E。该区是东亚阔叶林向岭北泰加林和草原向森林、草原向科尔沁沙地的双重过渡带,是岭南山地重要的次生林区。主要有山地森林植被、山地灌木丛和半灌木丛植被、草原植被、沙生植被、草甸植被、沼泽植被和人工植被。

4.1.6 呼伦贝尔高原北部水源涵养牧防林区

呼伦贝尔高原北部水源涵养牧防林区位于蒙古高原东缘,地处大兴安岭北段支脉的西坡,额尔古纳河右岸。地理位置为50°01′～49°46′N,119°07′～121°49′E。呼伦贝尔高原北部水源涵养牧防林区土地总面积为1949440 hm²,森林覆盖率为24.1%。

4.1.7 呼伦贝尔沙地防风固沙牧防林区

该区地处呼伦贝尔草原的核心区域,呈不规则状分布,其地理位置为47°20′～49°50′N,117°12′～121°E。林地资源较少,森林覆盖率低。森林覆盖率为5.87%,且分布不均。白桦、山杨集中分布在东南部的乌布尔宝力格苏木和诺门汗布日德苏木,樟子松、榆树呈零星或块状分布在固定和半固定沙地上,落叶松片状或零星分布,杨树主要分布在村屯周围。

4.1.8 科尔沁沙地防风固沙果树林区

科尔沁沙地防风固沙果树林区地理位置为41°54′45″～45°09′53″N,118°00′16″～123°13′37″E。该区森林草原植被共4种类型。①山地森林草原植被。②低山丘陵干旱草原植被。③沙丘、沙地草原植被。④河阶地、低洼草甸植被。

4.1.9 七老图山山地水源涵养果树林区

该三级区地处七老图山脉东麓,是大兴安岭山脉和燕山山脉的交接地带,地理位置为41°17′～42°14′N,118°08′～119°25′E。纯林多,乔木比重大,树种单一。人工林多,天然林少,林分质量不高。灌木林面积大,经济灌木林比较少。经过多年的造林,形成了大面积的生态林,经济价值低。

4.1.10 浑善达克沙地防风固沙林区

本区地理位置为42°26′32″～44°52′34″N,112°08′10″～118°23′46″E。从优势树种面积来看,榆树面积最大,占有林地面积的41.8%,白桦次之,占有林地面积的35.1%,其次为山杨、落叶松和杨树,占有林地面积的9.3%、6.6%和3.8%。

4.1.11 浑善达克沙地南部山地水土保持水源涵养林区

该区位于锡林郭勒西南部,其地理位置为42°15′～41°35′N,114°45′～116°15′E。本区地貌以低山丘陵为主体,南高北低,海拔高1150～1800 m。优势种有贝加尔针茅羊草、线叶菊、百里香、狼毒等,天然灌丛以小叶锦鸡儿为最普遍,还有小黄柳、山杏、沙棘、铁杆蒿等。乔木树种有杨、柳、榆,均属人工栽培。

4.1.12 阴山南麓黄土丘陵水土保持林区

该区地处内蒙古自治区中西部,地理位置为39°35′~40°50′N,111°21′~113°02′E。植被主要由内蒙古典型草原区的干草原和森林草原组成。森林草原分布在东部海拔1700 m的山地,由天然次生林白桦、山杨、蒙古栎等树种和山刺槐、胡枝子、地榆、蕨菜、硬质早熟禾、羊草等灌木和草本植物构成。人工造林、种草主要种类有杨树、华北落叶松、油松、沙棘、山杏、柠条、沙打旺、紫花苜蓿、草木樨等。

4.1.13 阴山山地中段生物多样性自然保护林区

阴山山地中段生物多样性自然保护区地理位置为40°29′~41°20′N,109°00′~112°56′E。该区地处阴山山地,属于黄土高原土石质山类型区,山地、丘陵占到总面积的80%~90%。该区的植被为内蒙古区系旱生森林型,共有种子植物63科185属346种,主要乔木和亚乔木有油松、侧柏、白桦、山杨、灰榆、杜松等。

4.1.14 阴山北麓防风固沙水土保持林区

阴山北麓风蚀沙化防风固沙林及水土保持林区地理位置为40°49′~42°17′N,106°24′~114°48′E。区域内植被类型主要有干旱半干旱草原、高山草甸草原、草甸草原和盐生植被,人工植被主要有华北落叶松、云杉、樟子松、杨树、白桦、山杨、蒙古栎、油松、侧柏、杜松、山榆、黄刺梅、山樱桃、绣线菊、虎榛子、山杏、柠条、沙棘等。

4.1.15 阴山山地南麓东段水土保持林区

该区地处内蒙古自治区中部的乌兰察布市,区域范围包括兴和县、丰镇市、集宁区、察右前旗的全部,地理位置为40°18′27″~41°26′27″N,112°47′31″~114°07′47″E。该区域以人工林为主,乔木从树种分布上以杨树、榆树、落叶松为主,灌木以柠条为主。天然林主要分布在区域南部,以白桦次生林为主,有少量的山杨和榆树。

4.1.16 河套平原农田防护工业原料林区

该区位于巴彦淖尔市南部,地理位置为40°26′~41°30′N,106°34′~109°20′E。该区由北部阴山山前冲积扇、中部黄河冲积平原和南缘黄河河漫滩3部分组成。天然植被属于荒漠化草原类型,主要有芨芨草、白茨、红柳和一些禾本科、蓼科菊科植物,山前冲积扇有锦鸡儿、冷蒿等。人工林植被主要有杨、柳、榆、苹果梨、枸杞等。

4.1.17 土默特平原农田防护果树林区

地理位置为40°5′~40°57′N,109°23′~112°10′E。该区森林资源以人工林为主,树种以杨、柳、榆和中小型苹果、杏、李、梨、葡萄等果树为主,还有少量油松林,果树主要分布在沿山地区,杨、柳、榆树主要分布在国铁、国道、河流和干渠两侧以及平原区农田林网,灌木树种主要为枸杞、柽柳,分布在南部平原黄灌区。

4.1.18　西鄂尔多斯荒漠防风固沙果树林区

地理位置为 39°02′~39°56′N，106°36′~107°07′E。本区属于干旱荒漠区，森林资源贫乏，天然树种主要有沙枣、胡杨、四合木、沙冬青、绵刺、霸王、锦鸡儿、白刺、半日花、乌柳等，在西桌子山陡壁上零星分布的天然树种有山榆、黑桦、杜松、山杏、蒙古扁桃等。人工乔灌木树种主要有沙枣、杨树、刺槐、榆树、柽柳等。

4.1.19　鄂尔多斯高原黄土丘陵水土保持果树林区

鄂尔多斯高原黄土丘陵水土保持、果树林区，地理位置为 38°46′~40°39′N，109°01′~111°26′E。该地区植被类型较复杂，植被类型有干草原沙生植被、干旱草原植被、草甸草原植被、盐生植被、多年生旱生中温带草本植被和草甸草原植被。

4.1.20　毛乌素沙地防风固沙工业原料林区

毛乌素沙地防风固沙工业原料林区位于鄂尔多斯高原东南边缘地带。地理位置为 37°38′~39°58′N，107°10′~110°25′E。该地区植被类型较复杂，植被类型主要有沙生植被和荒漠草原植被。植被组成以超旱生的灌木半灌木为主，典型植被有柠条锦鸡儿、藏锦鸡儿、小叶锦鸡儿和麻黄等，人工植被稀少，以沙柳、杨柴、柠条、柽柳、旱柳、杨树、沙枣、榆树为主。

4.1.21　鄂尔多斯高原西部荒漠草原封禁保护区

鄂尔多斯高原西部荒漠草原封禁保护区，地理位置为 38°15′~40°52′N，106°29′~109°12′E。境内著名的西鄂尔多斯国家级自然保护区内有被称为植物大熊猫的珍稀植物四合木和半日花。植被类型较复杂，植被类型有荒漠草原植被、草原化荒漠植被、沙生植被和草甸草原植被。植被组成以超旱生的灌木半灌木为主，典型植被有天然锦鸡儿、沙冬青、白沙蒿、甘草、藏锦鸡儿等，人工植有杨树、柳树、榆树、沙柳、杨柴、柠条等。

4.1.22　乌兰布和沙漠东缘防风固沙护岸林区

乌兰布和沙漠东缘防风固沙护岸林建设区。地理位置为 39°21′~40°22′N，105°54′~106°53′E。地处典型荒漠地带，植被为典型荒漠植被类型。其中植物组成以旱生、超旱生、盐生和沙生的灌木、小灌木为主，列入《内蒙古珍稀濒危保护植物名录》的有 26 种。一级保护植物有梭梭、肉苁蓉、四合木、沙冬青 4 种；二级保护植物有斑子麻黄、蒙古扁桃、大叶细裂槭、甘草、贺兰山丁香、白花蒿 6 种；三级保护植物 16 种。

4.1.23　阿拉善高原荒漠灌丛封禁保护区

阿拉善高原荒漠灌丛封禁保护区，位于内蒙古自治区阿拉善盟和巴彦淖尔市乌拉特后旗部分地区，地理位置为 37°36′~42°50′N，97°10′~109°29′E。大部分植物具有旱生和超旱生特点，以矮化灌木、半灌木的植物群落出现。乔木树种有：白榆、箭杆杨、旱柳、小叶杨、新疆杨等。灌木和半灌木有：梭梭、花棒、柠条、沙拐枣、白刺、鬼箭锦鸡儿、小叶金露梅、银露梅、珍珠、红砂、蒙古扁桃、泡泡刺、霸王等。

4.1.24 弱水流域额济纳绿洲自然保护林区

弱水流域额济纳绿洲自然保护林区。地理位置为 40°54′~42°19′N,97°59′~101°24′E。该区属内陆干旱气候区,年降水量稀少。区域内大部分地区,植被稀疏,种群单一,且分布不均,主要建群优势树种为胡杨、柽柳、沙枣及梭梭,伴生有白刺、红砂、泡泡刺、苦豆子、甘草等。区域内有 29888 hm² 的国家级胡杨林自然保护区一处。

4.1.25 贺兰山山地水源涵养自然保护林区

地理位置为 38°20′50″~39°12′13″N,105°41′54″~106°05′03″E。按照我国植物区系的分区,贺兰山位于泛北极植物区,亚洲荒漠植物亚区,中亚东部地区的西南蒙古地区。贺兰山地是来自蒙古、东北、青藏高原以及其他植物成分相互渗透的汇集地,因此植物种类丰富,区系成分多样,是天然的种质资源宝库。

4.2 森林分布区主要气候特征及变化

内蒙古地区近 46 年降水倾向率增加区域主要集中在呼伦贝尔市东部和乌兰察布市以西大部地区,大兴安岭林区和中西偏西地区森林水分条件较好;近 46 年潜在蒸散量倾向率大部地区偏小,偏大区域仅存在于呼伦贝尔市北部、赤峰市北部及锡林郭勒盟大部地区,主要对大兴安岭南段和阴山山脉东段的森林有影响,上述地区蒸发量增加,容易导致森林干旱发生。大兴安岭西麓和乌兰察布市以西地区湿润度增加明显,暖湿的气候环境有利于当地植被建设和生态恢复,内蒙古东南部、中部偏北和东北部偏西地区有暖干化趋势,上述地区森林存在潜在退化风险。

4.2.1 降水变化

对内蒙古地区多年降水分析,结果表明:呼伦贝尔市东部、兴安盟北部、呼和浩特及其以西大部地区为降水量增加主要区域,大兴安岭林区东北部、阴山山脉中段以西的森林水分条件有所好转,受其影响的阴山中西段森林、鄂尔多斯保护区、贺兰山林区、阿拉善荒漠灌丛和胡杨林水分条件相对好转。降水偏低区主要集中在呼伦贝尔市西部,东部偏南大部、锡林郭勒盟和乌兰察布市地区,受其影响的森林主要有大兴安岭南段到燕山北部的森林、科尔沁沙地防风固沙林、浑善达克的防风固沙林等(图 4.1)。

4.2.2 潜在蒸散量变化

对内蒙古地区多年潜在蒸散量分析,结果表明:1971—2016 年蒸散量大部地区减少,呼伦贝尔市北部、赤峰市北部及锡林郭勒盟大部为增加区,相对于气温的持续增加,内蒙古大部地区存在明显的"蒸发悖论"(图 4.2),受其影响的大兴安岭林区东北部及南段部分森林蒸发量加大。

4.2.3 湿润度变化

整体来看,1971—2016 年湿润度呼伦贝尔市西北部、兴安盟南部、通辽市和赤峰市北部、

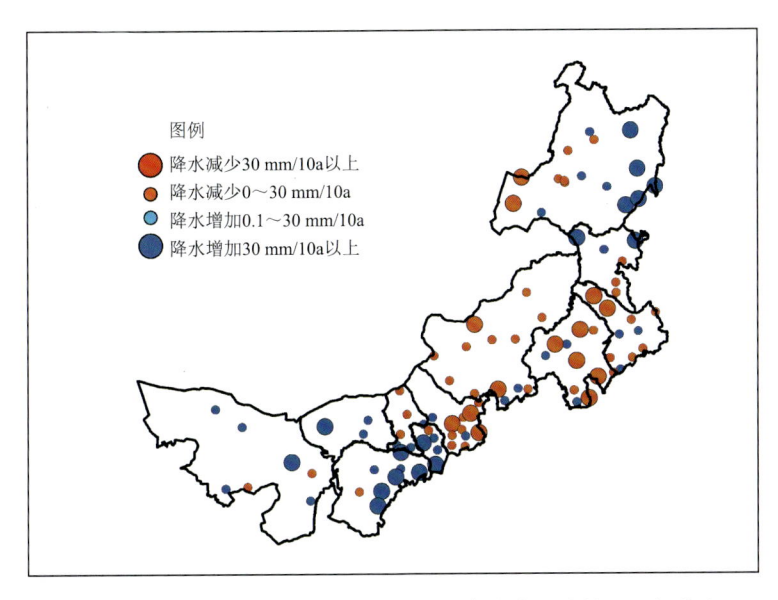

图 4.1　1971—2016 年内蒙古降水倾向率变化及趋势和空间分布

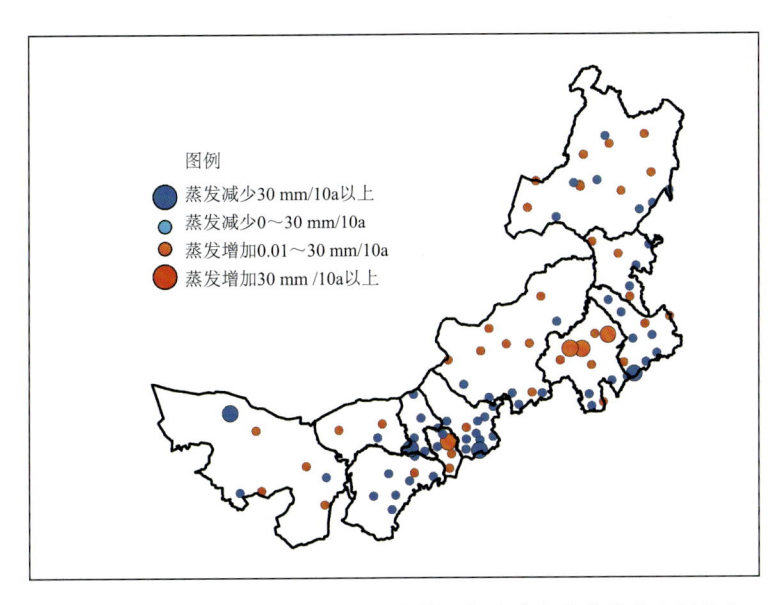

图 4.2　1971—2016 年内蒙古潜在蒸散量倾向率变化趋势和空间分布

锡林郭勒盟大部地区降低趋势明显,中西部地区有增加趋势(图 4.3),受其影响的内蒙古中西部地区森林水分条件相对较好,受其影响的森林主要有大兴安岭南段森林、呼伦贝尔沙地南缘的防风固沙林、科尔沁沙地防风固沙林、浑善达克的防风固沙林等,上述地区森林干旱风险较大。

4.2.4　不同植被类型生态建设优势气候背景分析

内蒙古大部地区属干旱半干旱区地区,水分条件是地区植被恢复和生态建设的主要限制因子,地区干湿环境变化是决定未来植被建设气候背景优劣重要指标。结合内蒙古下垫面植

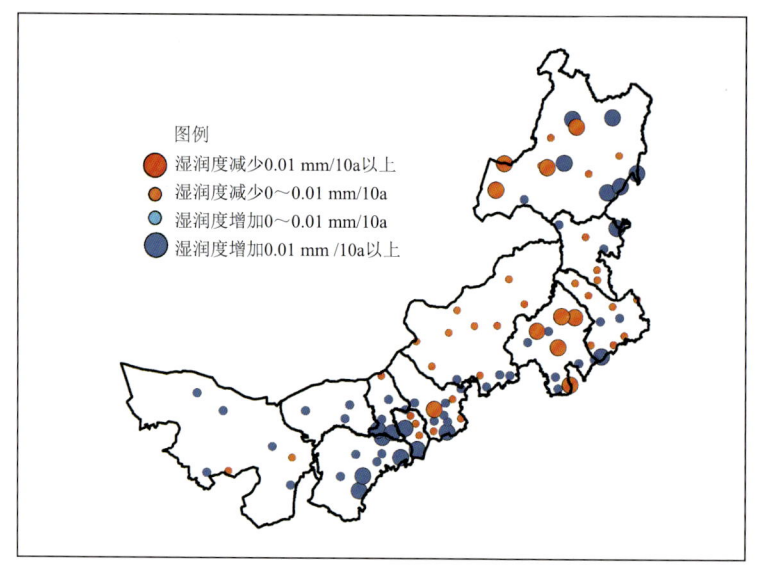

图 4.3　1971—2016 年内蒙古湿润度倾向率变化及趋势和空间分布

被分布,1971—2016 年内蒙古生态建设气候背景优势区主要分布在东北林区、西部荒漠、草原化荒漠和荒漠草原区,上述地区降水增多的贡献较大。呼伦贝尔市西部、赤峰市北部山地以及锡林郭勒盟草原区气候大背景不利于当地植被恢复和生态建设,气候背景相对偏干,主要是由降水偏少和蒸散增加共同作用,导致地区湿润度降低,该地区应加强自然封育和草原区生态稳定的维持,减少人为干扰,不适宜在偏干的气候背景下进行大规模人工植被建设。西部区林草建设处于优势气候背景条件下,应积极开展地区植被恢复和生态建设工程,也要考虑人工植被在气象条件不利的那个周期阶段,尤其是历史上湿润度较低阶段,只有度过波动中有弊的周期,才能保证人工植被的平稳过渡,地区生态稳定性才能得以维持。综合来看,近 20 年内蒙古地区西部区荒漠、草原化荒漠和荒漠草原区处于偏湿的气候背景,处于生态建设相对有利的气候阶段,这也是近几年西部区植被覆盖率明显增高的原因。内蒙古主要典型草原区呼伦贝尔草原和锡林郭勒草原处于阶段偏干状态。内蒙古东南部的赤峰市和通辽市农区,以及科尔沁沙地周边气候变化比较剧烈,多以增加和减少的镶嵌分布为主,蒸散量由于以增加为主,加之北部降水减少,气候灾害风险加剧;大兴安岭林区东部气候相对偏湿,主要是降水偏多引起,岭上镶嵌分布,干湿变化整体趋势不明显。

4.3　森林可燃物分析与评估

可燃物、助燃物和火源是发生森林火灾必须同时具备的 3 个条件。可燃物是由生物量积累而成,主要是地上部分的叶、干、枝及地下的根系和森林死地被物层以及土壤中的泥炭层。在春秋季防火期开始以前开展森林可燃物的地面监测,摸清地被物的分布和覆盖状况,将有利于防火部门对下垫面资料了解得更加详细,对森林火灾的预防具有重要意义。

4.3.1　森林可燃物的分类

所谓的森林可燃物,通常是指森林中所有能够燃烧的物质,包括树木的大枝、小枝、叶片、地面枯枝落叶等以及地表层的草本、地衣和苔藓类等到地下层的土壤的腐殖质和泥炭等[15]。由于森林可燃物种类的复杂多样性,国内外学者为了更有针对性地对它们进行研究,将这些不同类型的可燃物进行了划分,具体的划分方法如下。

(1)可燃物可以按照物种的不同进行划分:死地被物(如枯枝落叶、无生活力的苔藓等)、草本植物、灌木、乔木和林内其他可以燃烧的物质等。不同物种其燃烧特点也有所不同[16]。

(2)可燃物按空间的分布位置不同进行划分:地表层、地下层和林冠层。3种层次的可燃物分布位置使得发生火灾时可能产生的火灾种类有树冠火、地表火等[17]。

(3)可燃物按其易燃程度进行划分:较易燃烧的可燃物、缓慢燃烧的可燃物和难以燃烧的可燃物这3大类[18]。

(4)可燃物在燃烧时的消耗不同进行划分:总的可燃物、有效可燃物和燃烧剩余物,三者有前者等于后两者之和这样一种函数关系。

(5)可燃物按其挥发程度进行划分:有高、中、低3个层次的挥发性,是由燃烧中可以逸出的挥发性物质的数量、速率等因素决定的。火行为也受到挥发性的影响而表现有所不同。

(6)可燃物按生活力进行划分:主要由活可燃物和死可燃物组成。一般来说,引发森林火灾的多为死可燃物,因此对死可燃物的划分也较为详细。死可燃物根据其时滞的不同分为:直径在0~0.6 cm的1 h滞枯枝、直径在0.6~2.5 cm的10 h滞枯枝、直径在2.5~7.6 cm的100 h滞枯枝和直径大于7.6 cm的1000 h滞枯枝,以及枯叶这五类。在现有的研究中,多采用时滞等级这种分类方法。其中,1 h滞枯枝和枯叶枯草因其对环境的敏感性较强,变化速度较快,我国火险预报中经常把它们作为重要预测因子。

4.3.2　森林可燃物含水率影响因子

森林可燃物是森林火灾传播的主要物质载体。可燃物的燃烧除取决于火源和氧气外,其本身的尺寸大小、结构状态、理化性质和数量分布影响着森林火灾的发生、发展程度[19];可燃物的着火点、发热量、密度和化学特性决定着林火的燃烧现象,而火行为主要受可燃物的载量及含水率等的影响[20]。

活可燃物含水率与死可燃物含水率对于森林火险研究的意义是不同的。活可燃物通常是植物有机体的一部分,在处于生长季节的森林中,可燃物绝大部分为活可燃物,其含水率在植物水平衡的生理作用下比较稳定,通常在120%左右,并且通常比死可燃物的含水率更高。与死可燃物含水率相比,活可燃物的含水率不会在短时间内随气象条件的改变有明显的波动,而是受季节、昼夜更替和植物自身生理特性的影响较大。一般认为,植物的叶子是活可燃物中最易燃烧的,已有许多研究[21,22]通过遥感影像对生长季中的森林活可燃物含水率进行估算,以预测其发生林火后的潜在蔓延速度和火强度。

死可燃物含水率直接影响可燃物着火的难易程度,间接影响火蔓延速度、火强度及有效辐射[23]。

影响森林可燃物含水率变化的因子较多,是多种要素综合作用的结果,包括稳定因子,如海拔、坡度、坡向等地形因子以及土壤因子等;半稳定因子,如气候的变化和可燃物自身特性等;不稳定因子,如温度、相对湿度、风速、降雨量等气象因子。

4.3.2.1　地形和地势

森林生态系统中地形因子差异会形成不同的局部气候,这种小气候变化进而影响到森林可燃物含水率变化。对可燃物含水率影响较大的地形因子有海拔、坡向、坡度和坡位等。其中,海拔主导着气温的垂直分布,气温随海拔高度增加而下降(每上升100 m,气温大约降低0.65 ℃);坡向主要影响地表接收的太阳辐射,从而改变地表可燃物的温度,阳坡接受太阳辐射多于阴坡,可燃物含水率显著低于阴坡[24];坡度越大,土壤水分越低,可燃物含水率也显著下降[25]。

4.3.2.2 土壤因子

土壤水分可以通过土壤孔隙进行蒸发作用至地表,或多或少对森林地表可燃物含水率产生影响;土壤温度的高低可以影响土壤水分的蒸发速率,当土壤温度较高时,土壤蒸发加快,土壤含水率变小,进而使地表可燃物含水率降低。

4.3.2.3 林分密度

林分密度越大,树冠遮蔽作用越强,相应地,地表可燃物含水率也越高,这是因为林分密度的增加会加剧植物的水分蒸腾作用,从而使空气的相对湿度更高,较高的郁闭度会降低到达林下的净辐射量、衰减地表的风速,较高的生物量也意味着更大的可燃物载量和地表更强的持水性[26]。不同林分内可燃物含水率也存在差异,因不同林分的地表枯落物空间结构不同。

4.3.2.4 温度和相对湿度

森林可燃物内部含有一定的水分,其含量的多少与可燃物周围环境的干湿程度和温度的高低有关。相对湿度对可燃物含水量的变化有着直接的影响。相对湿度越大,可燃物吸收水分的速度就越快,从而使可燃物含水率增加;温度上升会增加蒸散,因为大气保持水分的能力随温度升高而迅速增加[27],间接降低了森林可燃物含水率。

4.3.2.5 风

一方面,风使可燃物水分的蒸发和扩散速率变快,随着风速的增加,可燃物失水速率加快。另一方面,风通过加速空气中水分的运动扩散,使相对湿度降低,从而间接加速了可燃物中的水分向空气中的扩散,达到降低可燃物含水率的效果。

4.3.2.6 降水量

雨水直接作用于可燃物表面,使可燃物含水率迅速增加,降水也能增加空气相对湿度,对可燃物的水分蒸发和扩散起到一定的抑制作用,或多或少地对可燃物含水率产生影响。降水还能使土壤水分增大,其与地表细小可燃物之间的水分交换也会使这些死可燃物含水率增加。

4.3.3 森林可燃物监测与分析

可燃物是森林火灾发生的物质基础和首要条件,其含水率的大小决定森林燃烧的难易程度,是判定林火能否发生和火险等级预报的重要依据[28,29]。另外,可燃物含水率的大小还决定林火蔓延速度、能量释放大小和扑火难度[30-32]。可燃物中的地表死可燃物含水率对林火能否发生的影响最大,其含水率大小是各种气象因子综合作用于森林可燃物的结果[33-35],不同林分和坡向的森林地表死可燃物含水率随着气象条件变化有着不同的干燥速率[36,37]。森林地表死可燃物含水率是森林火险发生等级判定的重要内容[38,39],其已经成为森林火险等级预报系统的核心,同时也是林火科学相关研究的重要内容。本节以大兴安岭为例,分析森林可燃物特征与气象等环境因子的关系。

4.3.3.1 研究区概况

内蒙古大兴安岭林区(119°36′~125°24′E,47°03′~53°20′N)是我国五大重点国有林区之一,在生态区位上,维系着呼伦贝尔大草原、松嫩平原乃至整个东北粮食主产区的生态安全;在生态作用上,是我国最大集中连片明亮针叶原始林,被称为"北疆的绿色长城",被誉为"祖国北方的重要生态屏障"。地跨呼伦贝尔市、兴安盟等9个旗(县)。该地区属于寒温带大陆性季风气候,冬季寒冷干燥,夏季炎热多雨。年平均气温为−3.5℃,极端最低气温达−50.2℃,无霜期为76~120 d,年降水量为300~450 mm。树种主要以兴安落叶松为主,其次为白桦、山杨。

4.3.3.2 数据与方法

以内蒙古地区大兴安岭根河市落叶松(*Larixgmelinii*)林、鄂伦春自治旗蒙古栎(*Xylosmaracemosum*)、白桦(*Betula platyphylla*)和黑桦(*Betula dahurica*)混交林、牙克石市白桦和山杨(*Populusdavidiana*)混交林、阿尔山市白桦和山杨混交林为研究对象,分析不同林型地表死可燃物含水率分布。

选取内蒙古地区大兴安岭根河市落叶松林(阳坡)、鄂伦春自治旗蒙古栎、白桦和黑桦混交林(阴坡)、牙克石市白桦和山杨混交林(阴坡)、阿尔山市白桦和山杨混交林(阳坡)2004—2019年固定监测取样林地(表4.1)地表死可燃物监测数据(地表死可燃物干重/湿重、林分因子、林内气象因子)及当地气象站观测数据(林外因子)。林分因子包括地表死可燃物厚度(单位:cm)、林木高度(单位:cm)、林内郁闭度(单位:%)。

林内气象因子包括1.5 m处的林内气温、相对湿度及地表死可燃物温度。

林外气象因子为气象站观测数据,包括气温、地温、相对湿度、降水量、干旱日数、连续降水日数等。

表4.1 林地信息

站点	林型	地形特征	海拔(m)	经度	纬度
根河	落叶松林	阳坡、山腰和山脊	741.0	121°24′E	50°31′N
鄂伦春	蒙古栎、白桦和黑桦混交林	阴坡、山腰	433.2	123°45′E	50°42′N
牙克石	白桦和山杨混交林	阴坡、山脊	732.0	120°55′E	49°19′N
阿尔山	白桦和山杨混交林	阳坡、山脊	1184.0	119°56′E	47°07′N

地表死可燃物含水率计算公式如下:

$$M = (W_w - W_d)/W_d \tag{4.1}$$

式中,M为可燃物含水率(单位:%);W_w和W_d为可燃物湿质量和干质量(单位:g)。

4.3.3.3 地表死可燃物含水率特征

对2004—2020年各季防火期内地表死可燃物含水率监测数据进行统计(表4.2),落叶松林(阳坡)、蒙古栎、白桦和黑桦混交林(阴坡)、白桦和山杨混交林(阴坡)、白桦和山杨混交林(阳坡)春季防火期地表死可燃物含水率平均值分别为61.6%、104.1%、95.5%和71.3%;夏季防火期地表死可燃物含水率平均值分别为69.8%、148.7%、117.6%和87.9%;秋季防火期地表死可燃物含水率平均值分别为59.5%、142.8%、78.3%和79.6%;总防火期地表死可燃物含水率平均值分别为64.7%、132.3%、99.2%和80.0%。

表 4.2 不同林型地表死可燃物含水率平均值　　　　　　　　　　单位:%

站点	林型	春季	夏季	秋季	总
根河	落叶松林	61.6	69.8	59.5	64.7
鄂伦春	蒙古栎、白桦和黑桦混交林	104.1	148.7	142.8	132.3
牙克石	白桦和山杨混交林	95.5	117.6	78.3	99.2
阿尔山	白桦和山杨混交林	71.3	87.9	79.6	80.0

从地形特征(图 4.4)可以看出,地表死可燃物含水率阴坡＞阳坡;蒙古栎、白桦和黑桦混交林(阴坡)＞白桦和山杨混交林(阴坡)＞白桦和山杨混交林(阳坡)＞落叶松林(阳坡);夏季地表死可燃物含水率最大;落叶松林(阳坡)、白桦和山杨混交林(阴坡)两个林型地表死可燃物含水率春季＞秋季;蒙古栎、白桦和黑桦混交林(阴坡)、白桦和山杨混交林(阳坡)两个林型地表死可燃物含水率秋季＞春季;蒙古栎、白桦和黑桦混交林(阴坡)地表死可燃物含水率观测值变幅最大,白桦、山杨混交林次之,落叶松林最小。

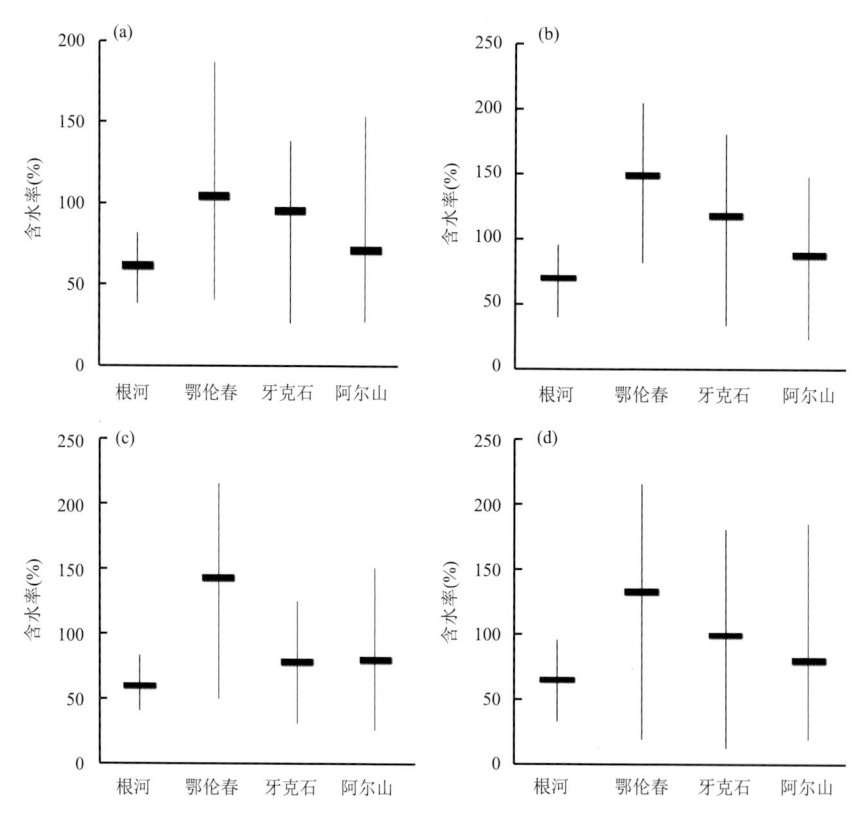

图 4.4 不同林型地表死可燃物分别在春季(a)、夏季(b)、秋季(c)、冬季(d)防火期的含水率分布

4.3.3.4　地表死可燃物含水率与各影响因子关系

(1)与林分因子的关系

表 4.3 列出不同林型地表死可燃物含水率与林分因子的相关系数。可以看出,不同林型可燃物厚度、林木高度与地表死可燃物含水率的相关系数均未通过显著性检验。不同林型林

内郁闭度对地表死可燃物含水率的影响并不完全一致,阳坡的两种林型林内郁闭度与地表死可燃物含水率基本负相关,且夏季防火期白桦和山杨混交林(阳坡)林内郁闭度与地表死可燃物含水率相关系数为$-0.591(P<0.05)$,这可能是因为茂密的林木枝叶对夏季雨水的遮挡作用;阴坡的两种林型林内郁闭度与地表死可燃物含水率基本呈正相关,且夏季防火期蒙古栎、白桦和黑桦混交林(阴坡)林内郁闭度与地表死可燃物含水率相关系数为$0.691(P<0.05)$,这是因为春季气候干旱,较高的林内郁闭度能够减少地表蒸发量,进而减少死可燃物水分损失。

表4.3 不同林型地表死可燃物含水率与林分因子的相关系数

林型	防火期	可燃物厚度	林木高度	林内郁闭度
落叶松林（阳坡）	春季	−0.336	0.026	−0.128
	夏季	−0.071	−0.216	−0.280
	秋季	−0.195	−0.064	−0.265
	春秋季	−0.271	−0.005	−0.200
	总	−0.256	−0.064	−0.222
蒙古栎、白桦和黑桦混交林（阴坡）	春季	−0.154	0.352	0.691*
	夏季	−0.472	−0.106	0.021
	秋季	0.198	0.057	0.078
	春秋	−0.040	0.124	0.138
	总	−0.094	0.046	0.162
白桦和山杨混交林（阴坡）	春季	−0.453	−0.082	−0.152
	夏季	0.529	0.526	0.174
	秋季	−0.168	−0.052	0.318
	春秋季	−0.279	−0.063	−0.022
	总	0.004	0.148	0.041
白桦和山杨混交林（阳坡）	春季	0.391	0.482	0.134
	夏季	0.022	−0.440	−0.591*
	秋季	−0.015	0.071	−0.383
	春秋季	0.174	0.230	−0.150
	总	0.114	−0.039	−0.297

注：* 和 ** 分别表示通过0.05和0.01显著性检验。

(2)与林内气象因子的关系

表4.4列出不同林型地表死可燃物含水率与林内气象因子的相关系数。可以看出,两种阳坡林型地表死可燃物温度、林中气温与地表死可燃物含水率呈负相关,其中春季、秋季、春秋季防火期白桦和山杨混交林(阳坡)地表死可燃物温度、林中气温与地表死可燃物含水率呈显著($P<0.05$)或极显著($P<0.01$)负相关;两种阴坡林型地表死可燃物温度、林中气温与地表死可燃物含水率呈正相关,其中总防火期白桦和山杨混交林(阴坡)的地表死可燃物温度、林中气温与地表死可燃物含水率呈显著正相关($P<0.05$),相关系数分别为0.346和0.391。居恩德等[40]得出白桦林枯落物下层含水率与可燃物温度呈负相关的结论,其原因是白桦林地表死

可燃物上层紧密,且含水率较高,当温度升高,蒸发受表层可燃物的阻挡,因而下层含水率呈增大趋势。

表 4.4　不同林型地表死可燃物含水率与林内气象因子的相关系数

林型	防火期	可燃物温度	林中气温	林内相对湿度
落叶松林（阳坡）	春季	−0.150	−0.335	0.223
	夏季	−0.151	−0.194	0.323
	秋季	−0.149	−0.074	0.935*
	春秋季	−0.151	−0.204	0.523*
	总	0.091	0.077	0.453*
蒙古栎、白桦和黑桦混交林（阴坡）	春季	−0.186	0.060	0.356
	夏季	0.036	−0.366	0.012
	秋季	0.192	0.326	−0.710*
	春秋季	0.083	0.033	−0.049
	总	0.252	0.176	0.034
白桦和山杨混交林（阴坡）	春季	0.196	0.306	−0.522
	夏季	−0.156	−0.299	−0.040
	秋季	0.025	0.426	0.511
	春秋季	0.269	0.391	−0.326
	总	0.346*	0.391*	−0.097
白桦和山杨混交林（阳坡）	春季	−0.732**	−0.748**	0.511
	夏季	−0.257	−0.123	0.557
	秋季	−0.598*	−0.807**	0.402
	春秋季	−0.650**	−0.779**	0.466
	总	−0.093	−0.310	0.444*

注：* 和 ** 分别表示通过 0.05 和 0.01 显著性检验。

两种阳坡林型林内相对湿度与地表死可燃物含水率呈正相关,其中落叶松林（阳坡）秋季、春秋季、总防火期林内相对湿度与地表死可燃物含水率呈显著正相关（$P<0.05$）,相关系数分别为 0.935、0.523 和 0.453；白桦和山杨混交林（阳坡）总防火期林内相对湿度与地表死可燃物含水率相关系数为 0.444（$P<0.05$）；两种阴坡林型林内相对湿度与地表死可燃物含水率基本呈负相关,其中蒙古栎、白桦和黑桦混交林（阴坡）秋季防火期相对湿度与地表死可燃物含水率相关系数为 −0.710（$P<0.05$）。这是因为当地表死可燃物含水率高于外界环境相对湿度时,蒸发量较高,水分向外渗透并蒸发,含水率下降[41]。

（3）与林外影响因子的关系

表 4.5 列出不同林型地表死可燃物含水率与林外影响因子的相关系数。可以看出,秋季、春秋季防火期最高气温与白桦和山杨混交林（阳坡）地表死可燃物含水率极呈显著负相关（$P<0.01$）,相关系数分别为 −0.761 和 −0.675,夏季、总防火期最高气温与白桦和山杨混交林（阴坡）地表死可燃物含水率呈显著相关（$P<0.05$）,相关系数分别为 −0.537 和 0.352；春季、秋季、春秋季、总防火期最高地温与白桦和山杨混交林（阳坡）地表死可燃物含水率呈极显著负

相关（$P<0.01$），相关系数分别为-0.806、-0.746、-0.648和-0.410，夏季防火期最高地温与白桦和山杨混交林（阴坡）及蒙古栎、白桦和黑桦混交林（阴坡）地表死可燃物含水率呈极显著负相关（$P<0.01$），相关系数分别为-0.545和-0.578。

表 4.5 不同林型地表死可燃物含水率与林外影响因子的相关系数

林型	防火期	最高气温	平均相对湿度	最小相对湿度	前3 d降雨量	无降水日数	风速	最高地温
落叶松林（阳坡）	春季	−0.359	0.514	0.416	0.068	0.149	−0.304	−0.225
	夏季	−0.465	0.648**	0.362	0.138	−0.041	0.217	−0.322
	秋季	0.486	0.303	−0.118	0.655	−0.756*	0.114	0.336
	春秋季	0.059	0.259	0.140	0.393	−0.218	−0.079	0.041
	总	0.123	0.473**	0.375*	0.272	−0.198	−0.022	0.041
蒙古栎、白桦和黑桦混交林（阴坡）	春季	0.130	0.198	0.015	0.079	−0.157	−0.176	0.086
	夏季	−0.371	0.114	0.116	0.218	−0.262	0.188	−0.578*
	秋季	0.340	0.500	0.476	0.176	−0.175	−0.307	0.288
	春秋季	−0.039	0.406*	0.215	0.008	−0.194	−0.337	−0.014
	总	0.128	0.443**	0.265	0.122	−0.272	−0.276	0.052
白桦和山杨混交林（阴坡）	春季	0.166	0.062	−0.410	0.283	−0.179	−0.061	0.005
	夏季	−0.537*	0.495	0.565*	−0.161	−0.112	−0.239	−0.545*
	秋季	0.522	−0.041	−0.098	−0.456	−0.027	−0.437	0.204
	春秋季	0.372	−0.131	−0.296	−0.124	−0.081	−0.282	0.224
	总	0.352*	0.210	0.097	0.063	−0.202	−0.346*	0.199
白桦和山杨混交林（阳坡）	春季	−0.514	0.603*	0.654*	0.749**	−0.277	0.485	−0.806**
	夏季	−0.165	0.017	0.067	0.274	−0.461	−0.150	−0.361
	秋季	−0.761**	0.577**	0.687**	0.343	−0.111	0.106	−0.746**
	春秋季	−0.675**	0.572**	0.666**	0.469**	−0.203	0.218	−0.648**
	总	−0.305	0.365*	0.382*	0.293	−0.303	0.040	−0.410**

注：* 和 ** 分别表示通过0.05和0.01显著性检验。

平均相对湿度和最小相对湿度基本与各林型地表死可燃物含水率呈正相关。其中春季、秋季、春秋季、总防火期平均相对湿度与白桦和山杨混交林（阳坡）地表死可燃物含水率相关系数分别为0.603（$P<0.05$）、0.577（$P<0.01$）、0.572（$P<0.01$）和0.365（$P<0.05$），夏季、总防火期与落叶松林（阳坡）地表死可燃物含水率呈极显著正相关（$P<0.01$），相关系数分别为0.648和0.473，春秋季、总防火期平均相对湿度与蒙古栎、白桦和黑桦混交林（阴坡）地表死可燃物含水率相关系数分别为0.406（$P<0.05$）和0.443（$P<0.01$）。春季、秋季、春秋季、总防火期最小相对湿度与白桦和山杨混交林（阳坡）地表死可燃物含水率相关系数分别为0.654（$P<0.05$）、0.687（$P<0.01$）、0.666（$P<0.01$）和0.382（$P<0.05$）；总防火期最小相对湿度与落叶松林（阳坡）地表死可燃物含水率相关系数为0.375（$P<0.05$）；夏季防火期最小相对湿度与白桦和山杨混交林（阴坡）地表死可燃物含水率相关系数为0.565（$P<0.05$）。

春季、春秋季防火期前3 d降雨量与各林型地表死可燃物含水率基本呈正相关，与白桦和山杨混交林（阳坡）地表死可燃物含水率呈极显著正相关（$P<0.01$），相关系数分别为0.749、0.469。

无降水日数和风速与各林型地表死可燃物含水率的相关程度最差。无降水日数与各林型地表死可燃物含水率均呈负相关,而秋季防火期无降水日数仅与落叶松林(阳坡)地表死可燃物含水率相关系数为 0.756($P<0.05$);总防火期风速仅与白桦和山杨混交林(阴坡)地表死可燃物含水率相关系数为 0.346($P<0.05$)。

4.3.4 森林可燃物含水率预测模型

通过对 4 个林型地表死可燃物含水率、林分因子长时间序列的实地监测,结合当地气象观测站资料对内蒙古大兴安岭林区地表死可燃物含水率相关的主要因子进行进一步分析,建立预测模型,以期提高该区森林火险等级预报的准确率。筛选与森林地表死可燃物含水率相关性明显的因子,包括林中气温(X_1)、林中相对湿度(X_2)、平均相对湿度(X_3)、最小相对湿度(X_4)、最低气温(X_5)、林木郁闭度(X_6)、前 3 d 降水量(X_7)、最高地温(X_8),利用逐步回归方法建立各林型不同季节防火期地表死可燃物含水率预测模型,表 4.6 列出预测模型的预测因子及回归系数。可以看出,除落叶松林(阳坡)春季与白桦和山杨混交林(阴坡)秋季防火期地表死可燃物含水率预测模型 F 值外,其余地表死可燃物含水率预测模型 F 值均通过 0.01 或 0.05 显著性检验。地表死可燃物含水率预测模型调整后的判定系数,阳坡(0.18~0.83)>阴坡(0.13~0.43);防火期模型调整后的判定系数:秋季>春季>夏季>总防火期,这与胡海清等[42]的研究结论一致。

表 4.6 不同林型地表死可燃物含水率预测模型的因子及其回归系数

林型	防火期	常数	X_1	X_2	X_3	X_4	X_5	X_6	X_7	X_8	调整后判定系数	F
落叶松林(阳坡)	春季	37.98		0.54							0.22	3.76
	夏季	−1.54		0.94							0.38	9.40**
	秋季	9.54		0.89							0.83	20.95*
	春秋季	41.57		0.42							0.22	5.26*
	总	45.82		0.36							0.18	6.72*
蒙古栎、白桦和黑桦混交林(阴坡)	春季	−213.52						13.16			0.43	9.16*
	夏季	262.63							−2.79		0.27	5.53*
	秋季	179.27		−0.87							0.43	7.10*
	春秋季	65.22			1.08						0.13	4.33*
	总	66.47			1.07						0.17	8.55**
白桦和山杨混交林(阴坡)	春季	31.90				−2.16					0.30	5.26*
	夏季	40.65				2.09					0.26	5.64*
	秋季	107.84					5.21				0.24	3.26
	春秋季	71.67	2.35								0.20	5.58*
	总	75.05	1.82								0.13	6.31*
白桦和山杨混交林(阳坡)	春季	231.00					−4.43				0.62	18.56**
	夏季	441.01							−30.53		0.29	5.38*
	秋季	126.85	−5.10								0.62	20.56**
	春秋季	121.41	−4.67					4.20			0.67	25.47**
	总	97.34		1.04						−1.44	0.31	6.81**

注:* 和 ** 分别表示通过 0.05 和 0.01 显著性检验。

4.4 物候期分布与变化特征

4.4.1 数据来源及处理

物候资料来源于内蒙古自治区气象局的内蒙古农业气象观测数据库,观测年限1980—2020年(最晚开始年份1994年)。选取内蒙古地区广泛分布的树种榆树为研究对象,物候期包括春季和秋季。春季物候期:花芽开放期和展叶始期;秋季物候期:叶完全变色期和落叶末期。利用儒略日换算法将物候观测记录中物候期出现的日期转化为距当年1月1日的实际天数,即年序列累计天数,得到不同物候期的时间序列。文中生长季长度指花芽开放期至落叶末期持续日数。

本研究中所选用的4个物候期主要特征是:花芽开放期,当花芽中的幼叶刚露出一部分的时候称为花芽开放期;展叶始期,植株上顶芽中第一片叶子完全展开时为展叶始期;叶完全变色期,当秋季被观测的落叶植株上大部分叶片已褪绿变为其他颜色时为叶完全变色期;落叶末期,叶片转黄色后,植株上的叶片全部脱落为落叶末期。

4.4.2 空间分布特征

近30年,从空间分布图来看,内蒙古榆树物候期存在明显的地域差异(图4.5),春季物候期(花芽开放期和展叶始期)从西到东从南到北陆续到来,花芽开放期(图4.5a)集中在3月下旬至5月上旬,最早出现在西部孪井滩(3月19日)和乌审召(3月24日),最晚出现在东北部鄂温克(4月29日)和太仆寺旗(5月1日),展叶始期(图4.5b)晚于花芽开放期,集中在4月中旬至5月中旬,最早出现在西部孪井滩(4月20日),最晚出现在太仆寺旗(5月17日)和东北部鄂温克(5月17日)。秋季物候期(叶完全变色期和落叶末期)从东到西从北到南顺序出现,叶完全变色期(图4.5c)集中在9月下旬至10月下旬,最早出现在东北部鄂温克(9月29日),最晚出现在乌前旗(10月27日),落叶末期(图4.5d)集中在10月上旬至11月中旬,最早出现在东北部鄂温克(10月9日),最晚出现在乌前旗(11月13日)。榆树生长季长度大体呈"东短西长北短南长"特点(图4.6),持续日数为163~227 d,平均长度为202 d,最短出现在东北部鄂温克(163 d),最长出现在西部孪井滩(227 d),间隔64 d。

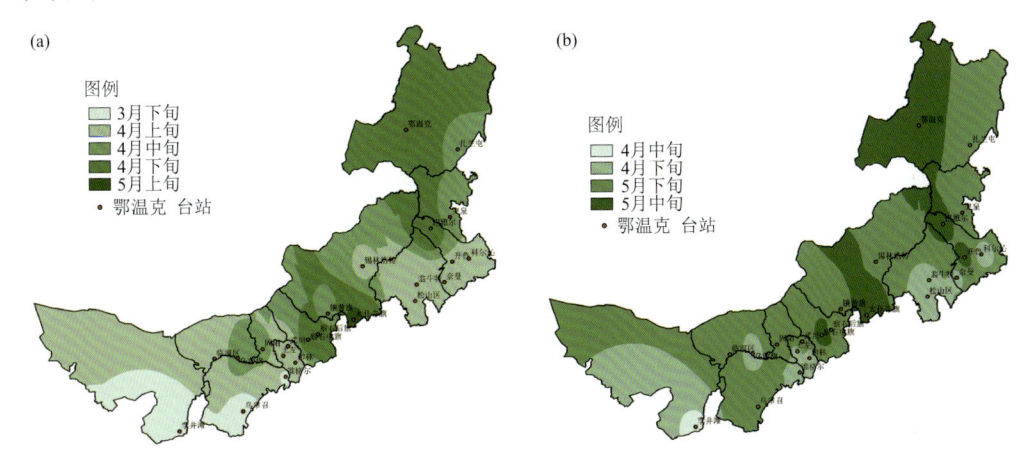

(a)
图例
3月下旬
4月上旬
4月中旬
4月下旬
5月上旬
· 鄂温克 台站

(b)
图例
4月中旬
4月下旬
5月上旬
5月中旬
· 鄂温克 台站

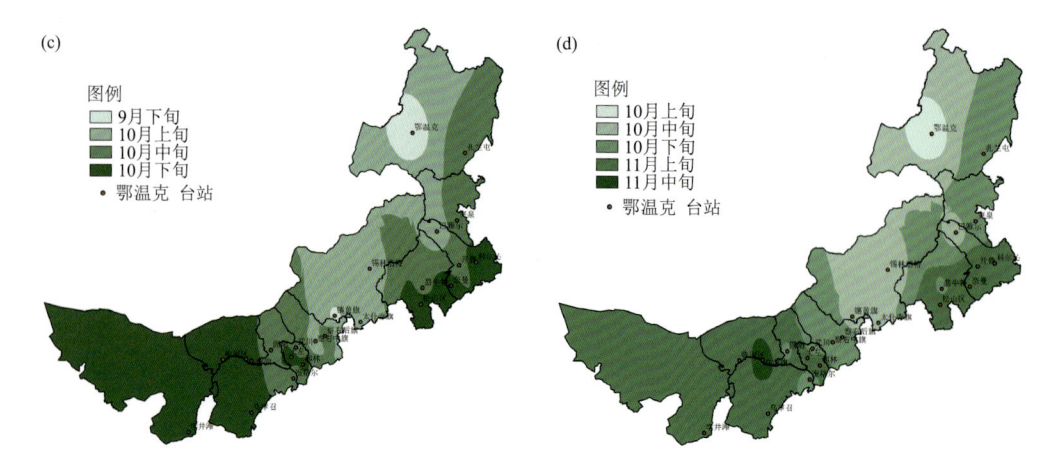

图 4.5 榆树物候期空间分布
(a)花芽开放期,(b)展叶始期,(c)叶完全变色期,(d)落叶末期

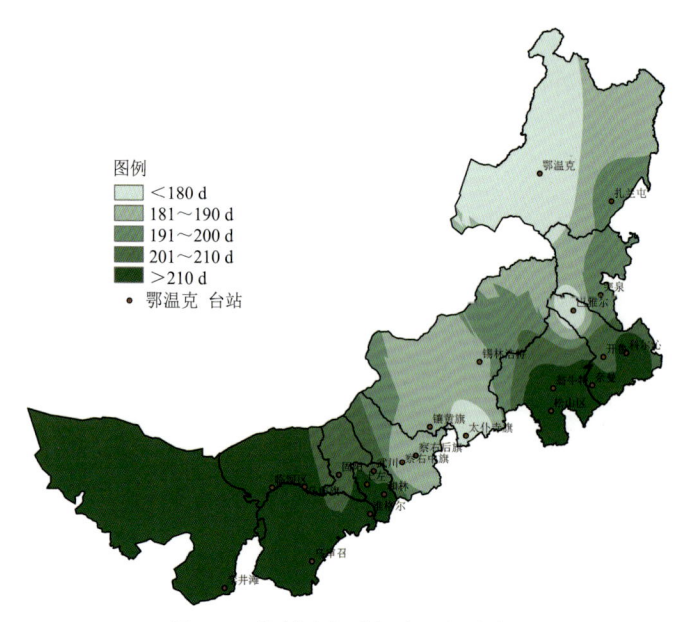

图 4.6 榆树生长季长度空间分布

4.4.3 时间变化特点

2020年榆树物候期,整体来看,春季物候期较历年(1980—2020年)平均提前,秋季物候期较历年平均推迟,生长季相对延长(图4.7)。花芽开放期集中在3月中旬至4月中旬,较历年提前3~19 d(71%站提前),展叶始期集中在4月下旬至5月中旬,较历年平均提前1~9 d(64%站提前);叶完全变色期集中在10月下旬至11月上旬,较历年推迟2~16 d(90%站推迟),落叶末期集中在10月下旬至11月上旬,较历年推迟1~16 d(100%站推迟)。2020年榆树平均生长季长度(花芽开放期至落叶末期)为219 d,较历年平均延长16 d。生长季长度的延长对年累积总初级生产力有一定贡献,春季物候期的提前对上半年森林生态系统总初级生产力的贡献较为突出,秋季物候期的推迟对森林生产力的提高也有一定作用。

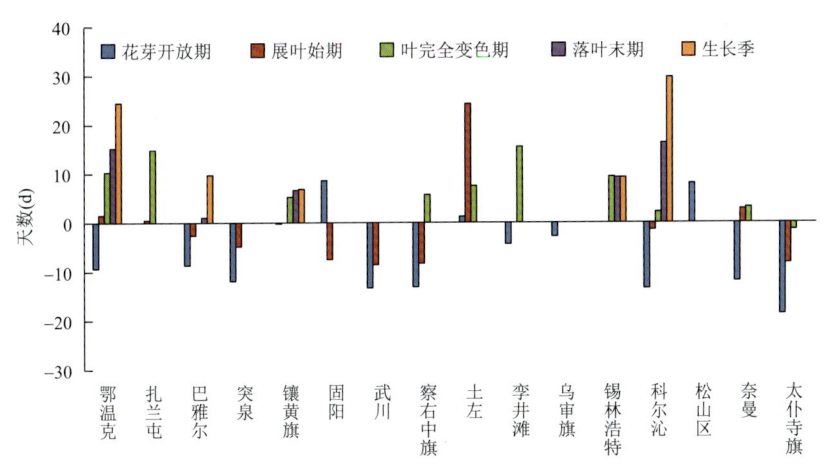

图 4.7　不同台站各物候期及生长季长度变化

注：正值为物候期推迟（生长季延长）天数，负值为物候期提前（生长季缩短）天数

4.5　森林植被生态质量时空变化

4.5.1　植被覆盖度空间分布

4.5.1.1　植被覆盖度算法模型

植被覆盖度采用像元二分法模型，植被覆盖度（VCE）的计算公式如下：

$$\mathrm{VCE} = \begin{cases} 1 & \mathrm{NDVI} > \mathrm{NDVI}_{max} \\ \dfrac{\mathrm{NDVI} - \mathrm{NDVI}_{min}}{\mathrm{NDVI}_{max} - \mathrm{NDVI}_{min}} & \mathrm{NDVI}_{min} \leqslant \mathrm{NDVI} \leqslant \mathrm{NDVI}_{max} \\ 0 & \mathrm{NDVI} < \mathrm{NDVI}_{min} \end{cases} \quad (4.2)$$

式中，NDVI 表示归一化植被指数；NDVI_{min} 表示裸土 NDVI，累积频率 5% 的 NDVI 作为 NDVI_{min}，$\mathrm{NDVI}_{min}=0.05$；NDVI_{max} 表示植被全覆盖下的 NDVI，累积频率 95% 的 NDVI 作为 NDVI_{max}，$\mathrm{NDVI}_{max}=0.90$。

4.5.1.2　植被覆盖度空间分析

植被覆盖度是衡量区域生态环境质量的重要指标。2020 年生长季（4—9 月），内蒙古森林植被覆盖度大体呈"南低北高"态势分布，平均覆盖度为 68.5%，主要集中分布在 40.0%～80.0%。其中大兴安岭中部、北部和东部植被覆盖度较高，达 60.0% 以上，面积约 15.2 万 km²，占林区的 81.9%（图 4.8a）。与近 20 年（2000—2019 年）同期平均值相比，2020 年森林植被覆盖度偏高 3.4%，2000 年以来整体呈增加趋势，平均每年增加 0.4%，约 5.6 万 km² 区域植被覆盖度明显增加，增加幅度大于 0.5%/a，占比约 30.4%（图 4.8b）。

4.5.2　植被生态质量指数分析

4.5.2.1　植被生态质量指数监测模型

植被生态质量指数计算公式如下：

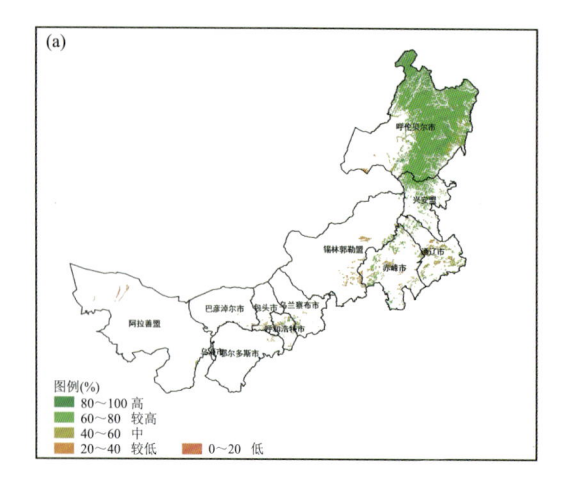

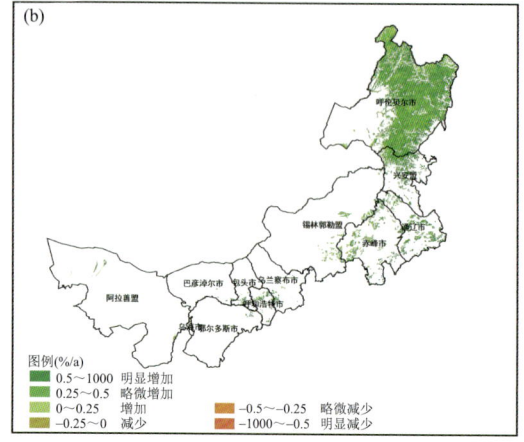

图 4.8　2020 年内蒙古森林植被覆盖度①(a)与变化趋势率(b)

$$Q=100\times(f\_1\times C+f\_2\times NPP/〚NPP〛\_max)\quad(4.3)$$

式中,Q 表示植被生态质量指数,无单位;f_1 表示植被覆盖度的权重系数,取值 0.5;C 表示植被覆盖度;f_2 表示植被净初级生产力的权重系数,取值 0.5;NPP 表示净初级生产力,采用 CASA 模型计算得到;〚NPP〛_max 表示该时段历年同期植被净初级生产力的最大值。

4.5.2.2　植被生态质量指数

植被生态质量指数是植被覆盖度和净初级生产力的综合指数,用来表征植被生态质量好坏。2020 年内蒙古森林植被平均生态质量指数高达 65.3,主要集中分布在 50~80(图 4.9a)。2000 年以来,大部森林区域植被生态质量指数呈增加趋势,约 93.1% 区域植被生态质量得到改善,其中 20% 区域约 3.7 万 km² 改善明显(图 4.9b)。植被生态质量的改善整体上有利于森林生态系统的良性循环和健康发展。

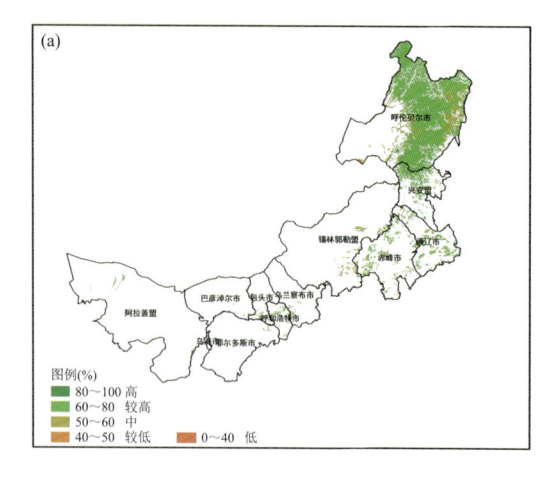

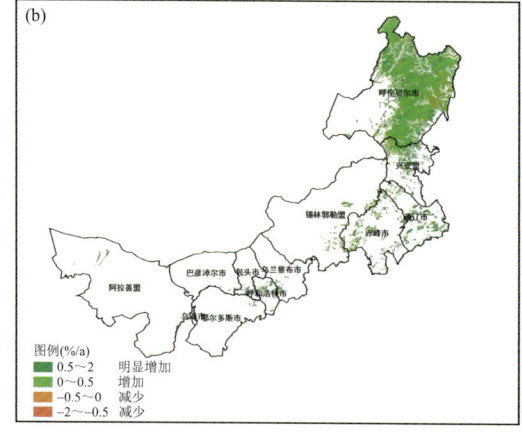

图 4.9　2020 年内蒙古森林植被生态质量指数(a)与变化趋势率(b)

---

① 本书中若无特别说明,0~20 表示大于 0 且小于或等于 20,其他类似,下同。

4.6 本章小结

内蒙古森林资源的地理分布不均衡,天然林主要集中在东北地区,人工林中东部乔木林较多,西部区主要以灌木林多。近46年大兴安岭南段到燕山北部的森林、科尔沁沙地防风固沙林、浑善达克的防风固沙林等地区受降水偏低的影响。阴山以西,尤其是鄂尔多斯高原地区暖湿的气候环境有利于当地人工林建设。森林可燃物的分类和森林可燃物含水率的影响因子,除落叶松林(阳坡)春季和白桦-山杨混交林(阴坡)秋季防火期地表死可燃物含水率预测模型 F 值外,其余地表死可燃物含水率预测模型 F 值均通过 0.01 或 0.05 显著性检验。地表死可燃物含水率预测模型阳坡(0.18~0.83)>阴坡(0.13~0.43);防火期模型调整后的 R^2:秋季>春季>春秋季>夏季>总防火期。森林生长季长度的延长对年累积总初级生产力有一定贡献,春季物候期的提前对上半年森林生态系统总初级生产力的贡献较为突出,秋季物候期的推迟对森林生产力的提高也有一定作用。另外,植被生态质量的改善整体上有利于森林生态系统的良性循环和健康发展。

第 5 章
草地生态气象

内蒙古草原位于中国北方,地跨干旱和半干旱区,在欧亚草原中占有重要的地位,是中国北部重要的生态安全屏障。内蒙古草原分布广泛,在地理位置、气候条件方面存在较大的空间差异。由于干旱的原因,内蒙古草原出现了土壤水分不足、植物水分平衡遭到破坏而减产、草地净初级生产力下降等问题,草地退化成为我国自然资源利用中存在的一个十分严重的问题。

内蒙古草地总面积约为 78.80×10^4 km²,约占全区土地总面积的 68.81%,占全国草地总面积的 20% 以上,其中可利用草场面积 63.59×10^4 km²。内蒙古气候以温带大陆性气候为主,年降水量为 50~450 mm,且大部分降水发生在 5—8 月,年平均气温为 0~8 ℃[43]。

5.1 内蒙古草地分布及其特征

内蒙古地域广阔,自然条件变化巨大,造就了多种多样的草地。自西向东方向,气候由干旱、半干旱过渡到半湿润、湿润,降水递增,因此草地类型划分为中西部的荒漠草原、中部的典型草原,东部区的草甸草原。草地类型划分原则为保留一级类型,将二级类型合并,只保留一级草地类型。在全国首次草地资源调查草地类型数据,即采用 20 世纪 80 年代中国第一个完整草地分类系统的 18 大类 1 km 分辨率数据的基础上划分为草地和非草地类型。再依据内蒙古自治区 49 个生态监测站点实地草地类型作比对校正,合并部分细类,对全区草地植被类型分类做出合并整理,将内蒙古植被划分为草甸草原、典型草原、荒漠草原和非草地 4 个类型。其中,非草地分为森林植被、沙地植被、荒漠、湿地、人工植被、水体,共计 9 大类[44](图 5.1)。

5.1.1 草甸草原

本区主要包括额尔古纳右旗(额尔古纳市)、额尔古纳左旗(根河市)、鄂伦春自治旗、莫力达瓦达斡尔族自治旗、阿荣旗、牙克石、陈巴尔虎旗大部、鄂温克族自治旗、扎兰屯、科尔沁右翼前旗、乌兰浩特市西部、东乌珠穆沁旗东部、西乌珠穆沁旗东部、扎鲁特旗西部、科尔沁左翼中旗西部、突泉西部、科尔沁左翼后旗部分、多伦县、克什克腾旗大部、太仆寺旗大部、正蓝旗东部、赤峰市和翁牛特旗少部分地区、巴林左旗、巴林右旗北部等地。

草甸草地年平均气温为 -2.4~2.2 ℃,本区水分资源较多,热量资源较少。全年降水量在 380 mm 以上,降水集中于 6—8 月,年湿润度在 0.47 以上,土壤主要为黑钙土,植被类以羊草、大针茅为主。全年不低于 0 ℃ 的生物学积温为 2000~2900 ℃·d。7 月平均气温为 17~20 ℃。有利于牧草生长、牲畜放牧和抓膘。牧草产量在 1600 kg/hm² 以上。本区水草优厚,畜牧业

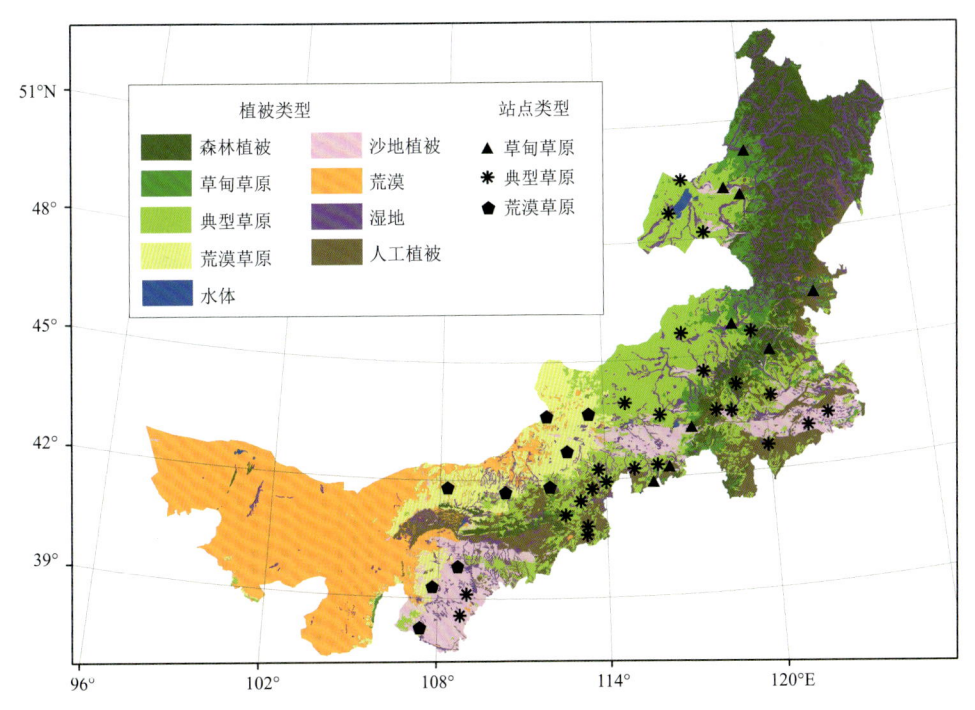

图 5.1　内蒙古自治区植被类型划分及生态站点空间分布

生产潜力较大,但是大部分地区由于冬季严寒,牧草返青时间较晚,枯黄期很长,白灾发生频繁,使家畜越冬度春的环境条件差。

本区应坚持以牧为主,数质量并重,保持草地生态平衡,合理开发利用草地资源,宜建成肉、乳牛、羊和细毛羊为主的综合牧业生产基地,大力发展商品畜牧业经济;利用好现有的打草场,扩大人工草地和饲料地面积,增加饲草储量;对现有草场采取有效保护措施,禁止乱开垦草地,做好退耕还牧工作,采取划区轮牧制度,放牧与舍饲、半舍饲相结合,缓解草场压力,防止草场退化。

5.1.2　典型草原

本区主要包括新巴尔虎左旗大部、新巴尔虎右旗、陈巴尔虎旗西部、东乌珠穆沁旗大部、西乌珠穆沁旗大部、化德县、锡林浩特市、突泉东部、科尔沁左翼中旗东部、扎鲁特旗东部、阿鲁科尔沁旗、巴林左旗、巴林右旗、翁牛特旗、伊金霍洛旗、准格尔旗、东胜区、商都县、察哈尔右翼、察哈尔右翼、阿巴嘎旗、正镶白旗、正镶黄旗、固阳县、乌审旗、达拉特旗、四子王旗、达尔罕茂明安联合旗等旗县的一部分地区。

典型草地为温带半干旱大陆性气候,年平均气温为 0.2～2.8 ℃,年降水量为 225～380 mm,降水集中于 6—8 月,年湿润度为 0.25～0.47。全年不低于 0 ℃ 的生物学积温为 2400～3400 ℃·d。7 月平均气温为 19～24 ℃。土壤主要为栗钙土,加之少量褐色土,土壤肥沃,植被类以克氏针茅、冰草为主。牧草产量在 1100～1600 kg/hm^2。东部地区主要包括呼伦贝尔和锡林郭勒等地区夏季温凉、湿润,有利于牧草生长和牲畜放牧,适宜发展牛、马、羊等大小牲畜,尤其是东、西乌珠穆沁旗水草丰美,是内蒙古自治区肉用羊生产基地。但冬季寒冷,

063

积雪日期长，多白灾，对牧业生产危害较大。应以提高畜牧业发展水平和资源开发为主，畜牧业发展应发挥草场生产力高的优势，科学设定合理的载畜量，积极建设人工草场，提高畜牧业抵御灾害的能力。西部地区（主要包括鄂尔多斯市地区）全年水热总量较丰富，但降水季节过晚，春季多风少雨，春旱严重，夏季又多降暴雨或大雨，水土流失严重，草地沙化不断加剧，已成为京津风沙源之一。

多数地区植被稀疏，应以促进生态恢复为主，以适度发展经济为辅。首先通过发展城镇化，因地制宜进行生态移民，此外，充分发挥丰富的自然和人文旅游资源优势，适度发展生态旅游业，促进当地经济发展，缓解草场压力。

5.1.3　荒漠草原

本区主要包括阿巴嘎旗西部、苏尼特左、苏尼特右旗、四子王旗、达茂旗、乌拉特中旗、乌拉特前旗大部、杭锦旗、鄂托克旗、鄂托克前旗东部等地区。

荒漠草地属温带干旱半干旱气候，年平均气温为 2～5 ℃，年降水量为 150～200 mm，降水集中于 6—8 月，年湿润度为 0.13～0.25。全年不低于 0 ℃的生物学积温为 2800～3900 ℃·d。7 月平均气温为 21～23 ℃。本区温暖、干燥，日间温差和季节温差显著，土壤主要为棕钙土，建群植物以小针茅为主。但由于水分条件过差，热量资源的生产潜力不能发挥，牧草产量在 900～1100 kg/hm²。本区草场辽阔，牧草质量好，生长季和青草期较长，但植被低矮、稀疏，风多沙大，同时由于降水变率大，所以产草量不但低，而且很不稳定，使牧业生产受到了限制。

本区草场沙化和退化严重，应采取生态保育的措施，以恢复草场。第一，要以草定畜，调节畜草矛盾，防止超载过牧。严重超载过牧的，应核定载畜量，限期压减牲畜头数；第二，采取保护和利用相结合的方针，严格实行草场禁牧期、禁牧区和轮牧制度逐步推行舍饲圈养办法，提高牧草利用效率，以调节畜草的不平衡，加快退化草场的恢复；第三，在农区和半农半牧区，要因地制宜调整粮畜生产比重，大力实施种草养畜富民工程。在农牧交错区进行农业开发中不得造成新的草场破坏，发展绿洲农业，不得破坏天然植被。对牧区的已垦草场，应限期退耕还草恢复植被。

5.2　天然牧草产量时空分布特征

5.2.1　牧草产量估算方法

以 2005—2007 年连续 3 年内蒙古自治区气象局 42 个生态观测站以 7 月定位监测牧草产量数据为基础，将遥感技术用于草地牧草产量测量，分析了遥感植被指数（MODIS-NDVI）与牧草产量之间的相关关系，比较和分析了 3 种植被指数的应用范围，研究了草地牧草产量遥感监测的方法，并利用遥感植被指数建立了估测内蒙古自治区草甸草原、典型草原和荒漠草原 3 个类型草地的遥感估产模型，并通过大面积估产和局部地域定点估产检验了构建模型的精度。

通过分析得出，MODIS-NDVI 与不同类型草地牧草产量均具有较高的相关性，因此，利用 MODIS-NDVI 遥感估测天然草地牧草产量是一种可行的方法。

基于 MODIS-NDVI 构建了适合遥感估测内蒙古草甸草原、典型草原和荒漠草原 3 个类型草地最高产量期（7 月牧草产量）的遥感监测模型。模型中 y 代表鲜草产量（单位：g/m²），

x 代表 MODIS-NDVI 值。

适宜估测 7 月草甸草原牧草产草量的模型：
$$y = 775.27x^2 - 314.06x + 272.23 \tag{5.1}$$

适宜估测 7 月典型草原牧草产草量的模型：
$$y = 983.74x^{1.563} \tag{5.2}$$

适宜估测 7 月荒漠草原牧草产草量的模型：
$$y = 252.82x^2 + 704.83x - 58.677 \tag{5.3}$$

适宜不考虑草地类型时估测 7 月牧草产草量的模型：
$$y = 940.29x^{1.5026} \tag{5.4}$$

基于 MODIS-NDVI 构建的遥感估测模型估产精度在 65.32%～88.84%。不仅适合大面积监测估产，还可用于局部地域牧草产量的定点估产。

5.2.2 牧草产量空间分布特征

利用 MODIS-NDVI 遥感估测牧草产量模型对内蒙古自治区草甸草原、典型草原、荒漠草原地区进行数据分析，截至 2020 年，近 20 年内蒙古草原不同区域牧草产量的空间分布特征为东高西低、中部居中的特点。其中，东部草原区最高，其次中部，最低为西部，其空间分布格局与大部草原地区年平均降水密切相关。遥感监测 2000—2019 年内蒙古天然草地牧草产量统计显示（表 5.1），呼伦贝尔市大部、兴安盟东部、通辽市大部、赤峰市大部、锡林郭勒盟中东部、乌兰察布市偏南部、鄂尔多斯市东部局部地区的牧草产量 2000 kg/hm² 以上；锡林郭勒盟西北部、乌兰察布市北部、包头市大部、巴彦淖尔市大部、鄂尔多斯市西部、阿拉善盟部分地区牧草产量 1000 kg/hm² 以下；其余牧区牧草产量为 1000～2000 kg/hm²。各盟市年平均牧草总产量统计显示，呼伦贝尔市、锡林郭勒盟年平均牧草总产量 2000 万 t 以上；赤峰市年平均牧草总产量 1000 万～2000 万 t；兴安盟、通辽市年平均牧草总产量 500 万～1000 万 t；其余盟市牧区年平均牧草总产量 500 万 t 以下。

表 5.1 2000—2019 年内蒙古天然草地年平均牧草产量情况

盟市名	单位面积年平均牧草产量(kg/hm²)	年平均牧草总产量(万 t/a)	盟市名	单位面积年平均牧草产量(kg/hm²)	年平均牧草总产量(万 t/a)
呼伦贝尔市	3666.8	2752.6	包头市	1251.1	172.7
兴安盟	4089.3	608.3	乌海市	611.4	0.2
通辽市	3664.5	565.2	巴彦淖尔市	665.3	151.6
赤峰市	3455.9	1061.5	鄂尔多斯市	1176.7	197.6
锡林郭勒盟	1963.3	2970.1	阿拉善盟	920.1	33.3
乌兰察布市	1720.0	468.2	全区合计	2416.8	8981.3

2000—2019 年内蒙古天然草地各草地类型牧草产量统计显示（表 5.2），在草甸草原地区，呼伦贝尔市、兴安盟、赤峰市牧区的牧草产量 4000 kg/hm² 以上，通辽市、锡林郭勒盟、乌兰察布市部牧区牧草产量 3000～4000 kg/hm²，包头市、阿拉善盟牧区牧草产量为 2000～3000 kg/hm²，其余牧区无草甸草原分布。各盟市草甸草原年平均牧草总产量统计显示（图 5.3），在草甸草原地区，呼伦贝尔市年平均牧草总产量 1000 万 t 以上，无年平均牧草总产量 500 万～1000 万 t

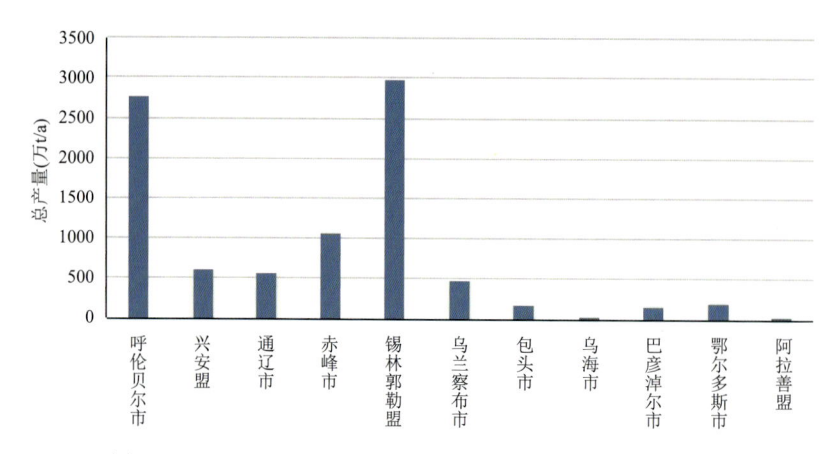

图 5.2　2000—2019 年内蒙古自治区各盟市年平均牧草总产量

的盟市,兴安盟、赤峰市、锡林郭勒盟年平均牧草总产量 200 万～500 万 t,其余地区年均牧草总产量在 200 万 t 以下或无草甸草原分布(表 5.3、图 5.4)。

在典型草原地区,兴安盟、通辽市、赤峰市牧区的牧草产量 3000 kg/hm² 以上,呼伦贝尔市、锡林郭勒盟、乌兰察布市牧区的牧草产量 2000～3000 kg/hm²,包头市、鄂尔多斯市牧区的牧草产量 1000～2000 kg/hm²,其余牧区的牧草产量在 1000 kg/hm² 以下。各盟市典型草原年均牧草总产量统计显示(图 5.3),在典型草原地区,锡林郭勒盟年均牧草总产量 2000 万 t 以上,呼伦贝尔市年均牧草总产量 1000 万～2000 万 t,赤峰市年均牧草总产量 500 万～1000 万 t,通辽市、乌兰察布市年均牧草总产量 200 万～500 万 t,其余地区年均牧草总产量在 200 万吨以下或无典型草原分布(表 5.4、图 5.4)。

在荒漠草原地区,包头市牧区的牧草产量 1000 kg/hm² 以上,锡林郭勒盟、乌兰察布市、乌海市、巴彦淖尔市、鄂尔多斯市、阿拉善盟的牧草产量 500～1000 kg/hm²,其余地区无荒漠草原分布。各盟市荒漠草原年均牧草总产量统计显示(图 5.3),在荒漠草原地区,锡林郭勒盟年均牧草总产量 300 万 t 以上,巴彦淖尔市年均牧草总产量 100 万～300 万 t,乌兰察布市、鄂尔多斯市年均牧草总产量 50 万～100 万 t,其余地区年均牧草总产量在 50 万 t 以下或无荒漠草原分布。

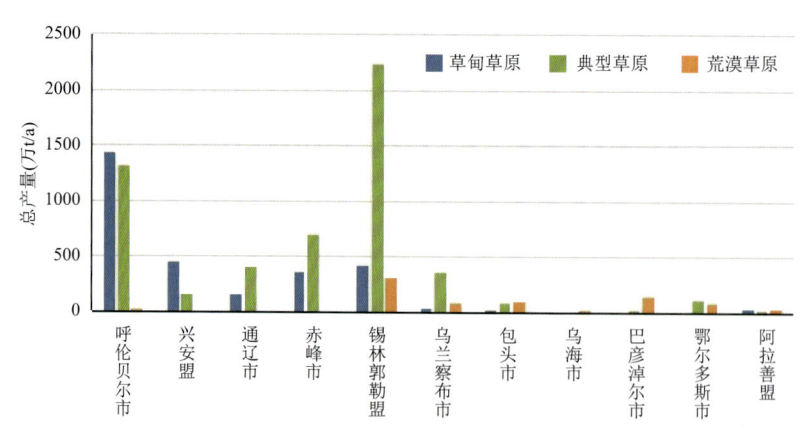

图 5.3　2000—2019 年内蒙古自治区各盟市各草地类型年平均牧草总产量

表 5.2　2000—2019 年内蒙古草甸草原天然草地年平均牧草产量情况

盟市名	单位面积年平均牧草产量(kg/hm²)	年平均牧草总产量(万 t/a)	盟市名	单位面积年平均牧草产量(kg/hm²)	年平均牧草总产量(万 t/a)
呼伦贝尔市	4880.9	1433.7	包头市	2888.6	1.2
兴安盟	4242.2	449.1	乌海市	—	—
通辽市	3743.6	163.1	巴彦淖尔市	—	—
赤峰市	4057.6	361.8	鄂尔多斯市	—	—
锡林郭勒盟	3746.3	420.7	阿拉善盟	2994.3	14.7
乌兰察布市	3384.1	30.6	全区合计	4362.5	2874.9

表 5.3　2000—2019 年内蒙古典型草原天然草地年均牧草产量情况

盟市名	单位面积年平均牧草产量(kg/hm²)	年平均牧草总产量(万 t/a)	盟市名	单位面积年平均牧草产量(kg/hm²)	年平均牧草总产量(万 t/a)
呼伦贝尔市	2886.2	1318.1	包头市	1481.6	73.5
兴安盟	3712.1	159.2	乌海市	455.0	0
通辽市	3633.3	402.2	巴彦淖尔市	950.4	6.6
赤峰市	3209.8	699.8	鄂尔多斯市	1435.0	112.1
锡林郭勒盟	2239.9	2239.6	阿拉善盟	780.3	4.7
乌兰察布市	2138.7	352.1	全区合计	2516.0	5367.9

表 5.4　2000—2019 年内蒙古荒漠草原天然草地年均牧草产量情况

盟市名	单位面积年平均牧草产量(kg/hm²)	年平均牧草总产量(万 t/a)	盟市名	单位面积年平均牧草产量(kg/hm²)	年平均牧草总产量(万 t/a)
呼伦贝尔市	—	—	包头市	1113.6	98.0
兴安盟	—	—	乌海市	611.7	0.2
通辽市	—	—	巴彦淖尔市	656.3	144.9
赤峰市	—	—	鄂尔多斯市	952.0	85.5
锡林郭勒盟	773.3	309.8	阿拉善盟	549.7	13.9
乌兰察布市	867.5	85.5	全区合计	799.6	737.8

5.2.3　牧草产量时间变化特点

5.2.3.1　牧草产量年内变化规律

分析 2020 年内蒙古自治区不同月份 3 个主要类型草地牧草产量月份动态变化可知,不同类型草地均呈现单峰曲线变化趋势,峰值出现在 6—8 月,谷值则在 1—4 月。草甸草原区:1—4 月是植被休眠期,草地植被月平均产量(鲜重)均低于 100 kg/hm²;在 4—5 月植被快速生长期,草地植被月平均产量(鲜重)升高到 674~872 kg/hm²;在 6—8 月植被生长稳定期,草地植被月平均产量(鲜重)达到峰值 2604~4333 kg/hm²。在 9—12 月植被衰退期,草地植被月平均产量(鲜重)快速下降到 100 kg/hm² 左右;典型草原区:1—4 月植被休眠期,草地植被月平均产量(鲜重)均低于 100 kg/hm²;在 4—5 月植被快速生长期,草地植被月平均产量(鲜重)升高到 50~692 kg/hm²;在 6—8 月植被生长稳定期,草地植被月平均产量(鲜重)达到峰值 1728~2563 kg/hm²。在 9—12 月植被衰退期,草地植被月平均产量(鲜重)快速下降到 100 kg/hm² 左右;荒漠草原区:1—4 月植被休眠期,草地植被月平均产量(鲜重)均低于 100 kg/hm²;在

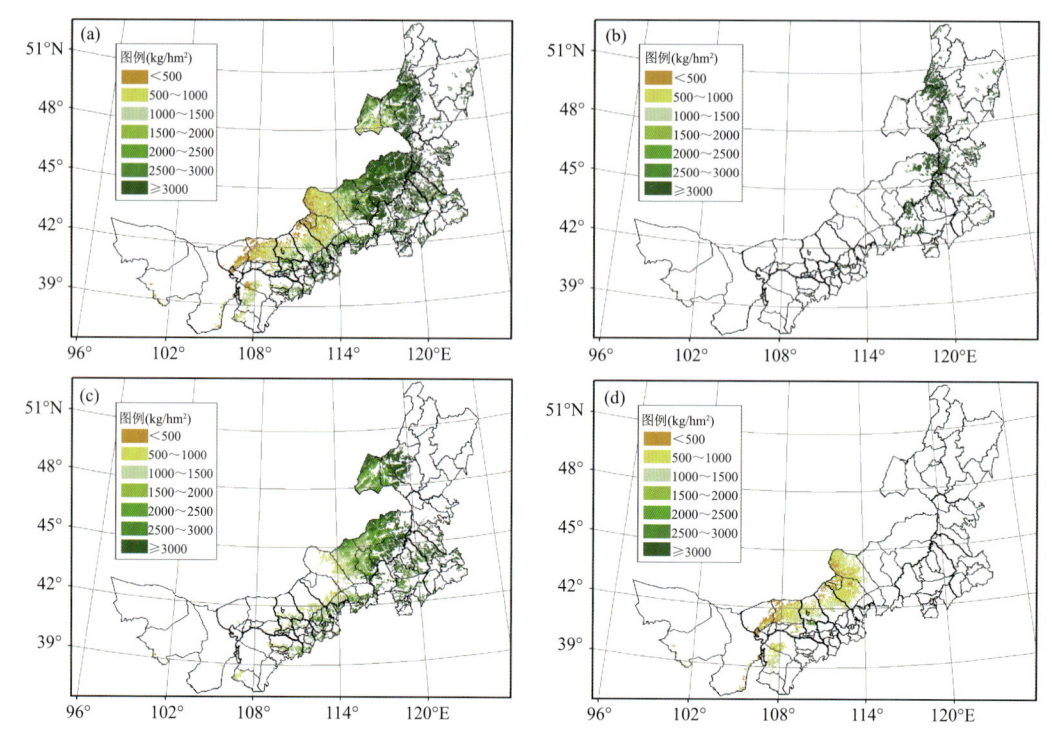

图 5.4　2000—2019 年内蒙古自治区年平均草地牧草产量空间分布
(a)全区草地,(b)草甸草原,(c)典型草原,(d)荒漠草原

4—5月植被快速生长期,草地植被月平均产量(鲜重)升高到 33~316 kg/hm²;在 6—8 月植被生长稳定期,草地植被月平均产量(鲜重)达到峰值 391~1092 kg/hm²。在 9—12 月植被衰退期,草地植被月平均产量(鲜重)快速下降到 100 kg/hm² 以下。

5.2.3.2　牧草产量年际变化特点

2000—2019 年内蒙古天然草地各草地类型牧草产量统计显示(图 5.5),近 20 年内蒙古草原不同区域牧草产量的时间分布特征为常年波动、缓慢上升的趋势,各草地类型变化趋势与总体相近,均有缓慢上升的趋势。2000—2019 年内蒙古天然草地牧草产量统计显示,近 20 年全区天然草地牧草产量均值约为 2416.8 kg/hm²,牧草产量最高的年份为 2012 年,年牧草产量 3110.5 kg/hm²,年牧草产量最低的年份为 2007 年,年牧草产量 1832.0 kg/hm²,近 20 年牧草产量年增长率约为 27.0 kg/(hm²·a),呈波动上升趋势。

在草甸草原地区(图 5.6、表 5.5),近 20 年全区草甸草原牧草产量均值约为 4362.5 kg/hm²,牧草产量最高的年份为 2013 年,年牧草产量 4788.8 kg/hm²,年牧草产量最低的年份为 2007 年,年牧草产量 3802.8 kg/hm²,近 20 年牧草产量年增长率约为 17.4 kg/(hm²·a)。在典型草原地区(图 5.6、表 5.5),近 20 年全区典型草原牧草产量均值约为 2516.0 kg/hm²,牧草产量最高的年份为 2012 年,年牧草产量 3365.5 kg/hm²,年牧草产量最低的年份为 2007 年,年牧草产量 1664.8 kg/hm²,近 20 年牧草产量年增长率约为 32.5 kg/(hm²·a)。在荒漠草原地区(图 5.6、表 5.5),近 20 年全区荒漠草原牧草产量均值约为 799.6 kg/hm²,牧草产量最高的年份为 2012 年,年牧草产量 1398.1 kg/hm²,年牧草产量最低的年份为 2005 年,年牧草产量

409.4 kg/hm²,近 20 年牧草产量年增长率约为 17.4 kg/(hm²·a)。全区近 20 年草甸草原、典型草原和荒漠草原地区年际牧草产量均呈波动上升趋势。

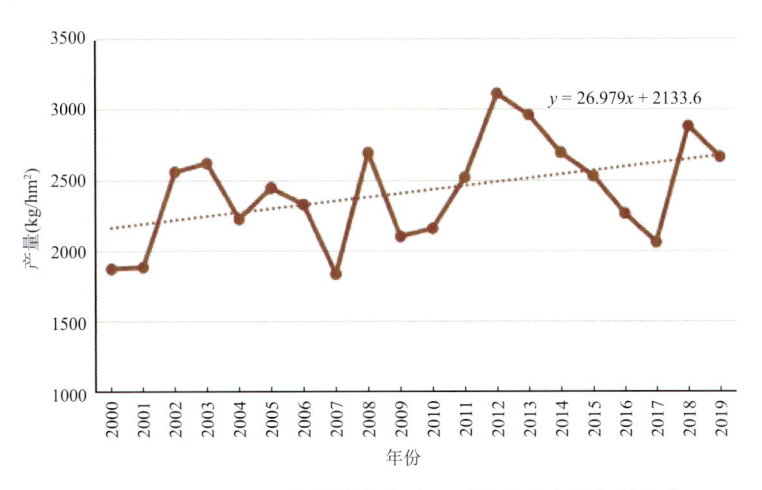

图 5.5 2000—2019 年内蒙古自治区平均牧草产量年际变化

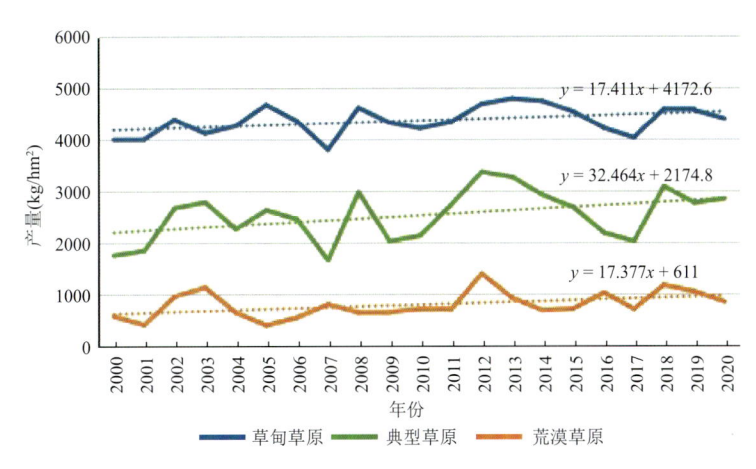

图 5.6 2000—2019 年内蒙古自治区各草地类型平均牧草产量年际变化

表 5.5 2000—2019 年内蒙古天然草地各草地类型牧草产量年际变化情况

年份	全区草地 (kg/hm²)	草甸草原 (kg/hm²)	典型草原 (kg/hm²)	荒漠草原 (kg/hm²)	年份	全区草地 (kg/hm²)	草甸草原 (kg/hm²)	典型草原 (kg/hm²)	荒漠草原 (kg/hm²)
2000	1868.4	4003.2	1766.0	581.7	2010	2155.3	4218.1	2141.1	716.4
2001	1880.0	4011.4	1853.2	421.4	2011	2515.6	4335.0	2735.6	709.4
2002	2554.3	4387.1	2675.6	966.3	2012	3110.5	4685.0	3365.5	1398.1
2003	2615.5	4124.5	2788.8	1138.5	2013	2956.8	4788.8	3268.6	929.3
2004	2221.6	4265.1	2269.8	652.0	2014	2690.4	4739.9	2923.6	689.5
2005	2442.0	4672.7	2633.0	409.4	2015	2525.1	4537.3	2684.9	720.3
2006	2324.4	4358.1	2461.2	557.5	2016	2261.2	4215.4	2189.6	1032.3
2007	1832.0	3802.8	1664.8	811.9	2017	2057.8	4031.1	2029.8	714.4
2008	2689.4	4612.8	2977.7	651.1	2018	2877.9	4582.1	3088.1	1176.7
2009	2098.6	4324.0	2033.2	661.9	2019	2660.0	4556.2	2769.3	1054.7

5.3 天然草地产量面积时空变化

内蒙古自治区可利用草场面积 68.18 万 km²，其中草甸草原、典型草原、荒漠草原占 37.45 万 km²，是地区畜牧业生产的重要依托。不同草地类型牧草产量等级分布有明显差异，荒漠草原牧草产量分布集中在 1500 kg/hm² 以下，典型草原牧草产量在 500~4500 kg/hm² 均有分布，草甸草原牧草产量分布集中在 2500 kg/hm² 以上。利用 MODIS-NDVI 遥感估测牧草产量模型估算，基于 2000—2019 年内蒙古天然草地各草地类型牧草产量，对近 5 年、近 10 年和近 20 年时间段分别以每 500 kg/hm² 为一个牧草产量等级，计算各牧草产量等级的分布面积，以分析各天然草地产量等级面积的时空变化。

5.3.1 产量面积空间分布特征

近 20 年内蒙古自治区草地产量分类等级面积分布统计显示（图 5.7）：在牧草产量 3000 kg/hm² 以下地区，牧草产量 500~1000 kg/hm² 地区各草原类型总占地面积最高，为 6.73 万 km²，其中荒漠草原 5.41 万 km²，典型草原 1.32 万 km²，荒漠草原贡献占比最高。在牧草产量 3000 kg/hm² 以上地区，各草原类型总占地面积 12.70 万 km²，其中草甸草原 6.15 万 km²，典型草原 6.49 万 km²，二者贡献占比相近，荒漠草原占地面积 0.06 万 km²，基本可以忽略不计。

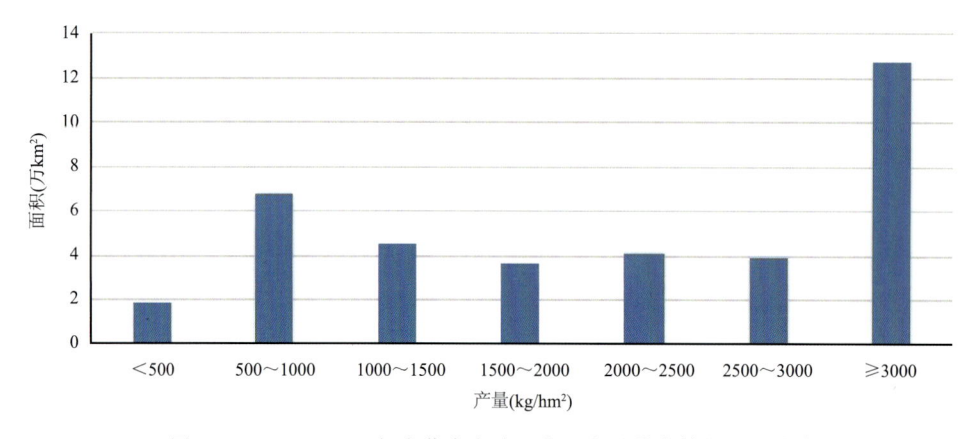

图 5.7　2000—2019 年内蒙古自治区草地产量分类等级面积分布

在荒漠草原地区，500~1000 kg/hm² 等级地区达面积峰值，为 5.41 万 km²，其余等级地区面积依次减少，荒漠草原地区总面积为 9.3 万 km²，95% 以上面积地区集中于 1500 kg/hm² 以下。在典型草原地区，2000~2500 kg/hm² 等级地区达面积峰值，为 3.96 万 km²，其余等级地区面积依次小幅递减，递减幅度为 0.5 万~1.5 万 km²，典型草原地区总面积为 21.5 万 km²，在 500~4500 kg/hm² 等级地区均有分布。在草甸草原地区，≥3000 kg/hm² 等级地区占比较高，面积为 6.15 万 km²，草甸草原地区总面积为 6.65 万 km²，99% 以上面积地区集中于 2500 kg/hm² 以上（图 5.8）。

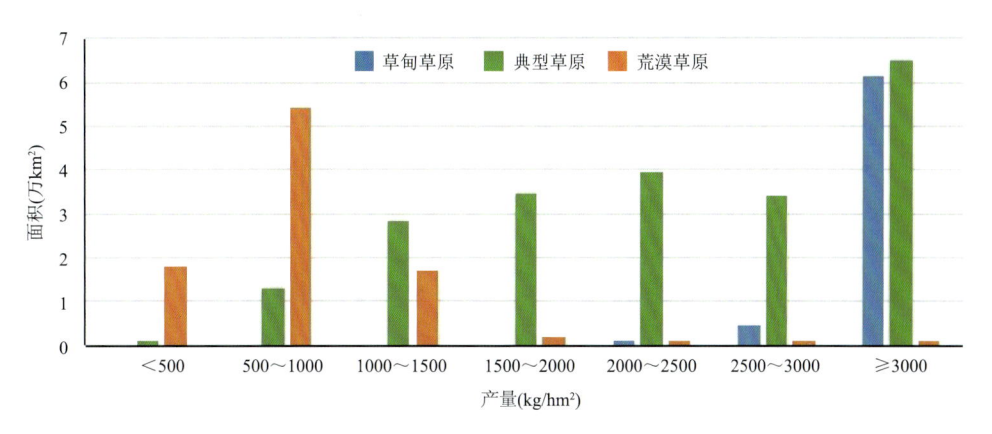

图 5.8　近 20 年内蒙古自治区不同草地类型各草地产量分类等级面积分布

5.3.2　产量面积时间变化特点

近 5 年内蒙古自治区天然草地牧草产量分类等级面积分布统计显示(表 5.6、图 5.9),全区近 5 年天然草地牧草产量在呼伦贝尔市大部、兴安盟东部、通辽市大部、赤峰市大部、锡林郭勒盟中东部、乌兰察布市偏南部、鄂尔多斯市东部局部地区的牧草产量 2000 kg/hm² 以上,部分地区牧草产量低于历年;锡林郭勒盟西北部、乌兰察布市北部、包头市北部、巴彦淖尔市大部、鄂尔多斯市西部、阿拉善盟部分地区牧草产量 1000 kg/hm² 以下,局部地区牧草产量高于历年;其余牧区牧草产量为 1000～2000 kg/hm²。

同近 10 年天然草地牧草产量等级面积数据比较,全区近 5 年天然草地牧草产量在 1000 kg/hm² 以下地区面积较近 10 年历年数据变化不大,面积增减较为平衡,共减少 0.05 万 km²,1000～3000 kg/hm² 等级地区面积较近 10 年历年数据有明显增长,增长面积 2.04 万 km²,≥3000 kg/hm² 等级地区面积较近 10 年历年数据减少明显,减少面积 1.98 万 km²。统计结果表明,较近 10 年数据相比,近 5 年全区较低牧草产量地区的面积基本不变,部分地区牧草产量有小幅增减。全区较高牧草产量地区的面积减小明显,部分地区有牧草产量降低的趋势,产量降低地区主要分布于呼伦贝尔市西部、锡林郭勒盟东北部和中部。中等牧草产量地区受部分高牧草产量地区牧草产量下降影响,等级面积有较大增幅。

同近 20 年天然草地牧草产量等级面积数据比较,在 1000 kg/hm² 以下地区面积较近 20 年历年数据有明显减少,减少面积 1.67 万 km²,1000～3000 kg/hm² 等级地区面积较近 20 年历年数据有明显增长,增长面积 2.18 万 km²,≥3000 kg/hm² 等级地区面积较近 20 年历年数据略有减少,减少面积 0.51 万 km²。统计结果表明,较近 20 年数据相比,近 5 年全区较低牧草产量地区的面积减小,部分地区牧草产量转好,产量改善地区主要分布于锡林郭勒盟西部、乌兰察布市北部、巴彦淖尔市北部、鄂尔多斯市部分地区、阿拉善盟局部地区。全区较高牧草产量地区的面积也略有减小,局部有牧草产量降低的趋势,产量降低地区主要分布于呼伦贝尔市西部、锡林郭勒盟东北部。中等牧草产量地区的牧草产量等级面积变化不大或不同程度转好。

(1)草甸草原

在草甸草原地区(表5.6、图5.10),同近10年牧草产量等级面积数据比较,全区近5年草甸草原牧草产量在2500 kg/hm² 以下地区面积数据变化不大,数值可以忽略,2500～3000 kg/hm² 等级地区面积较近10年历年数据有所增长,增长面积0.19万 km²,≥3000 kg/hm² 等级地区面积较近10年历年数据有所减少,减少面积0.2万 km²。同近20年牧草产量等级面积数据比较,全区近5年草甸草原牧草产量在2500kg/hm² 以下地区面积数据变化不大,数值可以忽略,2500～3000 kg/hm² 等级地区面积较近20年历年数据有小幅增长,增长面积0.09万 km²,≥3000 kg/hm² 等级地区面积较近20年历年数据有小幅减少,减少面积0.1万 km²。牧草产量变化区域主要位于呼伦贝尔市局部和锡林郭勒盟东北部。

(2)典型草原

在典型草原地区(表5.6、图5.11),同近10年牧草产量等级面积数据比较,全区近5年典型草原牧草产量在500 kg/hm² 以下地区面积数据变化不大,数值可以忽略,500～2500 kg/hm² 地区面积较近10年历年数据有较大幅度增长,增长面积1.97万 km²,2500 kg/hm² 以上地区面积较近10年历年数据有较大幅度减少,减少面积1.99万 km²。同近20年牧草产量等级面积数据比较,全区近5年典型草原牧草产量在500 kg/hm² 以下地区面积数据变化不大,数值可以忽略,1000～2500 kg/hm² 等级地区面积较近20年历年数据有所增长,增长面积0.89万 km²,其余地区面积较近20年历年数据有所减少,减少面积0.88万 km²。牧草产量变化区域主要位于呼伦贝尔市、通辽市局部、赤峰市局部、锡林郭勒盟东北部和中部、乌兰察布市南部、包头市南部、鄂尔多斯市东部。

(3)荒漠草原

在荒漠草原地区(表5.6、图5.12),同近10年牧草产量等级面积数据比较,全区近5年荒漠草原牧草产量500 kg/hm² 以下地区略有增加,增长面积0.17万 km²,500～1500 kg/hm² 地区面积较近10年历年数据有较大幅度减少,减少面积0.43万 km²,1500 kg/hm² 以上地区面积较近10年历年数据有小幅增加,增加面积0.26万 km²。同近20年牧草产量等级面积数据比较,全区近5年典型草原牧草产量在1000 kg/hm² 以下地区大幅减少,减少面积1.28万 km²,1000～2000 kg/hm² 等级地区面积较近20年历年数据有较大幅度增长,增长面积1.14万 km²,其余地区面积较近20年历年数据变化不大,数值可以忽略。牧草产量变化区域主要位于锡林郭勒盟西北部、乌兰察布市北部、包头市北部、巴彦淖尔市北部。

表5.6 2000—2019年内蒙古各草地类型天然草地牧草产量等级面积分布

牧草产量等级 (kg/hm²)	全区草地(万 km²) 近5年	全区草地(万 km²) 近10年	全区草地(万 km²) 近20年	草甸草原(万 km²) 近5年	草甸草原(万 km²) 近10年	草甸草原(万 km²) 近20年	典型草原(万 km²) 近5年	典型草原(万 km²) 近10年	典型草原(万 km²) 近20年	荒漠草原(万 km²) 近5年	荒漠草原(万 km²) 近10年	荒漠草原(万 km²) 近20年
<500	1.46	1.27	1.84	0	0	0	0.06	0.04	0.05	1.40	1.23	1.79
500～1000	5.44	5.68	6.73	0	0	0	0.92	0.83	1.32	4.52	4.86	5.41
1000～1500	5.54	5.12	4.55	0	0	0	3.09	2.58	2.83	2.45	2.54	1.73
1500～2000	4.62	3.46	3.65	0	0	0	4.00	3.02	3.45	0.62	0.44	0.20
2000～2500	4.22	3.78	4.07	0.04	0.03	0.03	4.04	3.65	3.96	0.14	0.10	0.08
2500～3000	3.98	3.96	3.91	0.56	0.37	0.47	3.36	3.54	3.39	0.06	0.05	0.05
≥3000	12.19	14.17	12.70	6.05	6.25	6.15	6.04	7.85	6.49	0.10	0.07	0.05
总面积		37.44			6.65			21.51			9.29	

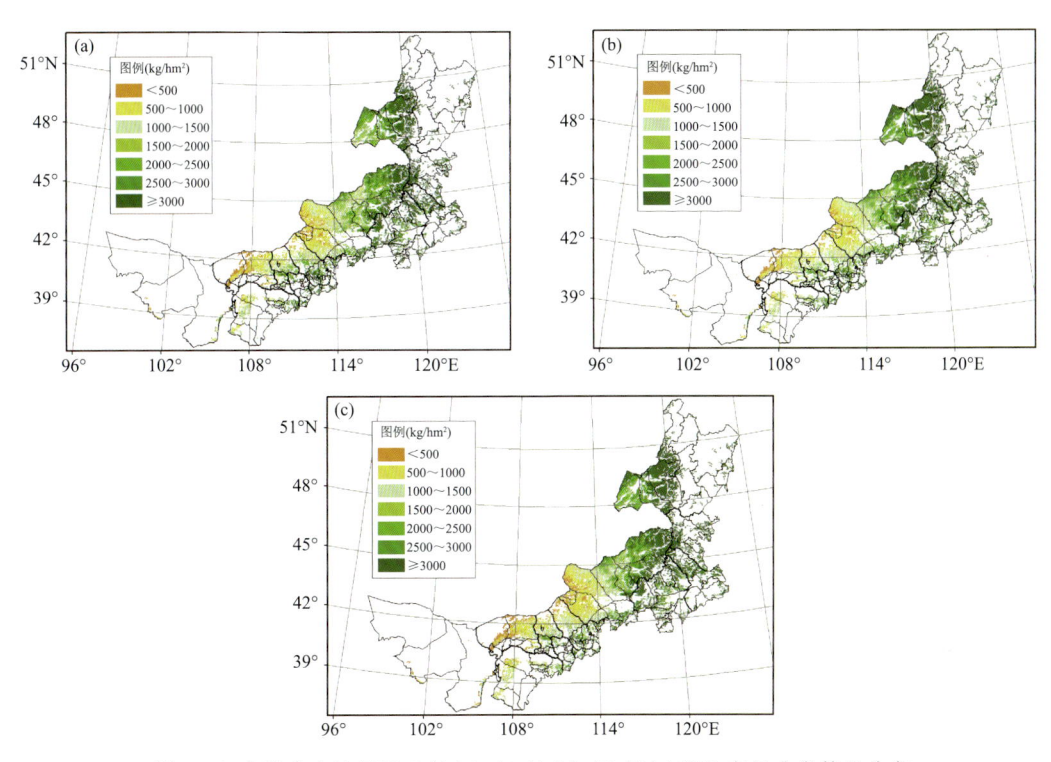

图 5.9　内蒙古自治区近 5 年(a)、10 年(b)、20 年(c)草地产量分类等级分布

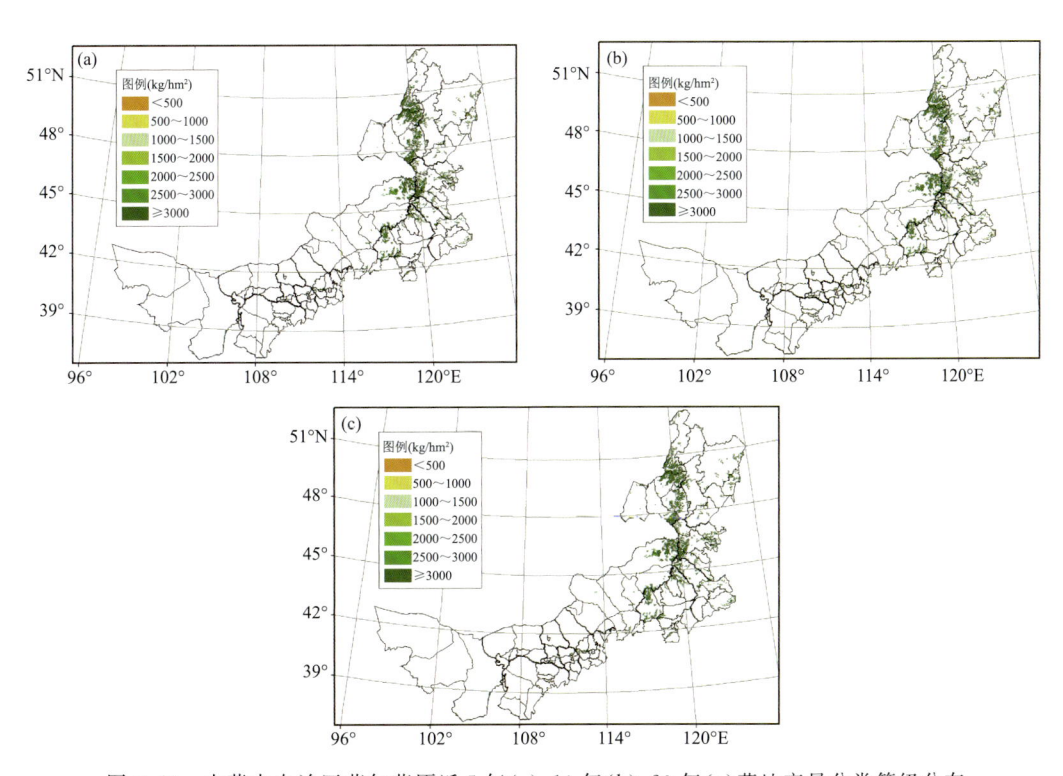

图 5.10　内蒙古自治区草甸草原近 5 年(a)、10 年(b)、20 年(c)草地产量分类等级分布

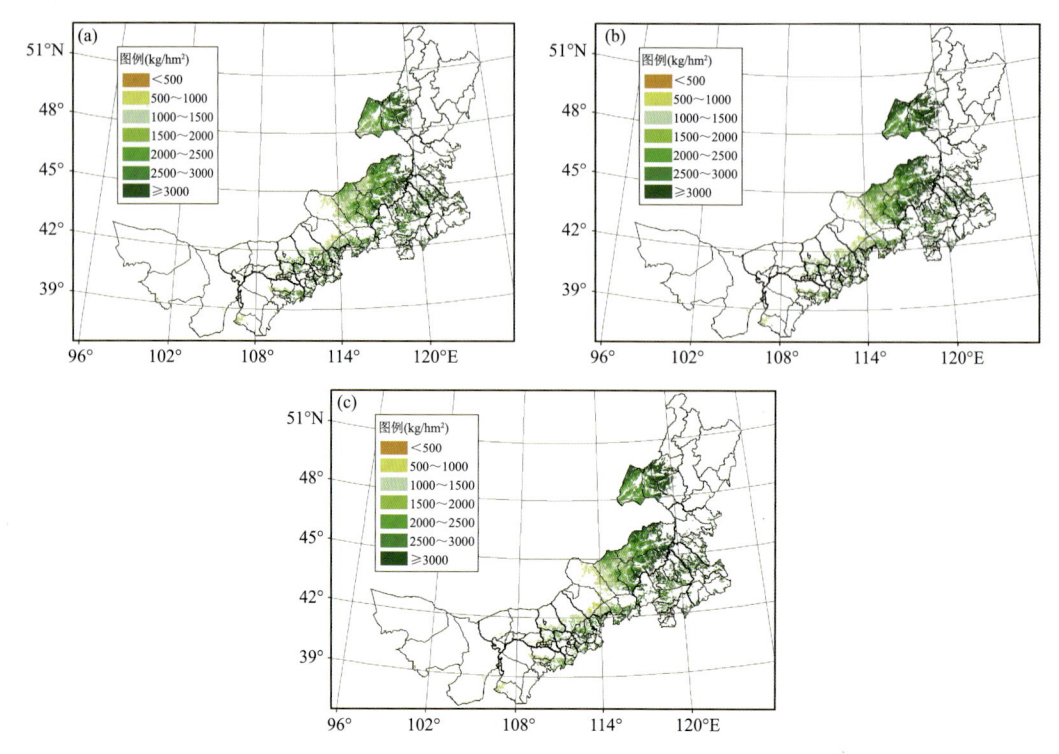

图 5.11 内蒙古自治区典型草原近 5 年(a)、10 年(b)、20 年(c)草地产量分类等级分布

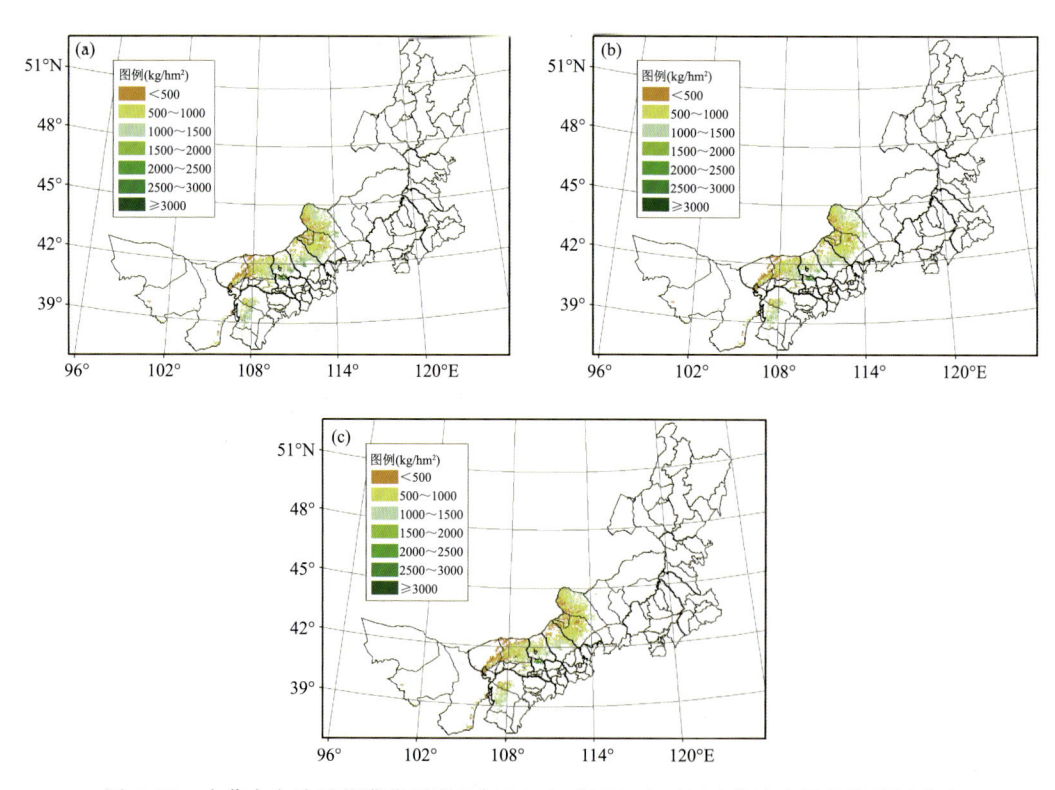

图 5.12 内蒙古自治区荒漠草原近 5 年(a)、10 年(b)、20 年(c)草地产量分类等级分布

5.4 典型草原牧区牧事活动

内蒙古畜牧业积极转变生产方式,加快牲畜养殖标准化、规模化进程,建设现代型畜牧业发展步伐不断加快,牧区生态家庭牧场建设向纵深推进,稳定养殖规模,提高个体单产,提升草原品牌核心竞争力;在畜种发展上,奶牛正在步入发展转型期,推广应用标准化适度规模养殖模式,加大粪污处理和适用技术的研发推广;肉牛、肉羊重点加大对母畜繁育大户的扶持,突出抓基础母畜标准化畜群建设,提高规模养殖比重。在组织形式上,牧区大力推进草牧场规范流转,整合畜牧业生产资料,引导扶持养殖能手向专业大户、联户、合作社等形式的家庭牧场方向发展;但是,内蒙古草原牧区的畜牧业是在第一性生产(饲草、饲料)基础上进行的再生产。草原牧区的两次生产主要是在大自然中进行,仍基本上处于"靠天养畜"的状态,牲畜一年四季主要靠采食天然牧草为生,人工补饲为辅。大部牧事活动如牲畜春、秋转场,夏、秋抓膘,冬、春产仔,夏天剪毛,秋、冬屠宰等都与天气气候息息相关。因此根据当地的气候条件,合理安排各种牧事活动,不仅能充分利用气候和草场资源,还能使畜牧业生产获得更多的优质产品。内蒙古草原牧区牧事活动主要包括:大小畜配种、接羔保育、家畜抓膘、公畜去势、剪毛(抓绒)、药浴、打贮草和抗灾保畜等。

(1) 呼伦贝尔牧区牧事活动

①大小畜配种:2020年11月5日—12月5日,较2019年晚10~25 d。

②接羔保育:舍饲半舍饲的2020年3月25日—4月10日,接2019去年;纯舍饲的2月中旬。

③牲畜抓膘:2020年5月1日—7月15日、8月20日—10月20日,由于夏季干旱,两次牲畜抓膘均较2019年偏晚10~20 d。

④公畜去势:羊在2020年5月1日—5月20日;牛2月15日—3月30日,羊的去势较2019年晚10 d,牛的去势接近2019年。

⑤抓绒(剪毛):2020年6月15日—7月5日,接近2019年。

⑥药浴驱虫:2020年7月15日—8月15日;9月20日—10月10日,均接近2019年。

⑦打贮草:2020年8月20日—9月20日,由于夏季干旱,延后10 d。

⑧抗灾保畜:2020年11月初至次年5月10日,较2019年延长近2个月。

(2) 锡林郭勒盟牧区牧事活动

锡林郭勒盟可利用大然草场面积18万 km²,占自治区的26.5%,是国家重要的畜牧业生产基地,长期以来草原畜牧业一直是锡林郭勒盟的支柱产业。锡林郭勒盟地区主要以天然放牧绵羊居多。山羊近些年养殖数量在减少,主要在西部地区(苏尼特左旗、苏尼特右旗、正镶黄旗、正镶白旗等)有少量养殖。为了进一步优化调整畜群结构,在围封禁牧区域进行"压羊增牛、少养精养"的战略性调整,促进了畜牧业转型升级。随着畜牧业转型升级近几年牛的养殖数量逐年增多,主要分布在东部(东乌珠穆沁旗、西乌珠穆沁旗、乌拉盖)和南部(多伦、正镶蓝旗、阿巴嘎旗)牧区。

注意事项:锡林郭勒南北大概相差一个月的气候,所以南部时间会提前或推迟,比如接羔等提前,打储草等推迟。提倡牧户"接冬羔、早春羔、早配种、早接羔,早断奶、早出栏"。

①大小畜配种:2020年绵羊配种时间为10月1日—11月4日,较2019年偏晚超过20 d。

②接羔保育:2020年2月10日—3月26日进行,较去年偏早14 d开始,早14 d结束。

③公畜去势:一般在清明后去势。锡林郭勒盟北部牧区一般在5月1日以后,南部、西部4月20日左右开始。2020年在4月23日完成,较2019年偏早4 d。

④药浴驱虫:2次,药浴为夏季、秋季各一次。驱虫为春季、秋季各一次。2020年春季驱虫5月8日完成,接近2019年。夏季药浴7月20日左右,较2019年偏晚7 d;秋季驱虫10月19日,较2019年偏晚26 d。秋季药浴9月20日左右进行,较2019年偏晚15 d。

⑤抓绒(剪毛):一般6月初至7月初,2020年6月3日—7月6日进行,开始和结束都接近2019年,与2019年所需时间相同。

⑥打贮草:2020年8月20日—9月17日进行打草,较2019年开始时间偏晚18 d,储运时间集中于9—10月。

⑦抗灾保畜:2020年锡林郭勒盟中部(锡林浩特市、阿巴嘎境内)、南部(黄、白、蓝、太、多)、西南部(东苏、西苏、二连)降雪时间早,降雪量比较常年偏多,牛羊舍饲、半舍饲时间较常年提前。中部半舍饲时间提前15 d以上;西南部荒漠草原牧区(苏尼特左旗、苏尼特右旗、二连浩特市)半舍饲时间提前10 d。南部地区舍饲时间提前15 d以上。北部牧区降雪量比常年偏少,半舍饲时间缩短10 d以上。虽然大部牧区牲畜舍饲半舍饲时间提前,牲畜安全过冬度春饲草料消耗和投入费用加大。2020年锡林郭勒盟草原牧区抗灾保畜天数除北部牧区缩短外其余牧区延长10~15 d。

2020年锡林郭勒盟降水量为300.8 mm,比常年偏多29.8 mm,平均气温为3.4 ℃,比常年偏高0.4 ℃,日照时数和大风日数偏少。影响锡林郭勒盟极端天气气候事件有暴雨洪涝、雷电冰雹、干旱、暴雪、低温等灾害,给牧民生产带来一定不利影响。2020年春季气温偏高、降水偏多,全盟大部分地区天然牧草返青早于常年。夏季平均气温略高,降水量北多南少,北部部分地区及西南部地区出现了阶段性气象干旱,西部大部地区旱情较重。导致北部地区及西南部地区天然牧草长势和产量偏差,至季末全盟旱情解除,天然牧草总体长势好于正常年份。秋季大部地区气温偏高,降水偏多,牧草黄枯期有所推迟,对牲畜增膘、出栏有利。11月中旬全盟形成冬雪,由于前期食料充足,对牲畜饱食影响不大。12月中下旬锡林郭勒盟出现两次强降温天气过程,全盟大部地区出现了-30 ℃以下的低温天气,对牧业生产造成不利影响。牧事活动中牲畜配种、药浴驱虫和打草时间较2019年偏晚外,其余大部牧事活动时间接近2019年或偏早于2019年;总体来看,2020年气候条件对锡林郭勒盟畜牧业生产影响利多弊少,畜牧业年景为丰年。

5.5　本章小结

本章介绍了基于遥感方法估测内蒙古草甸草原、典型草原和荒漠草原等天然草地牧草产量的方法和模型,并分析了内蒙古天然牧草产量时空分布特征和产量面积时空变化特点;最后简单介绍了内蒙古典型草原牧区的牧事活动。

第6章
沙地生态气象

6.1 沙地分布及其特征

内蒙古沙地总面积1120万 hm²，占内蒙古土地总面积的10.1%，大致范围在107°E一线以东的半干旱干草原和半湿润森林草原地区。沙地东北起于呼伦贝尔市的海拉尔，西南止于鄂尔多斯市的乌审旗，东面为西辽河下游，西至包头，涉及内蒙古8个盟(市)近50个旗(县)，是全国沙地分布与荒漠化发展程度最快、最重的地区[45]，是内蒙古土地的一大类型和构成土地的一大特色，也是农牧林业重要的生产基地[46]。由于降水比西部干旱荒漠多，自然条件比较优越，以易于治理利用与稳定程度高的固定、半固定沙丘为主。而活动性强的流动沙丘或流(裸)沙分布较少。其主要沙地特征如下。

毛乌素沙地处在鄂尔多斯高原南部，横跨内蒙古、陕西和宁夏3省(区)，在内蒙古境内面积275万 hm²，是内蒙古第二大沙地。沙地地表波状起伏，梁地、沙丘、滩甸地、河谷阶地与湖盆结合，交互排列。其中流动沙丘占沙地总面积的31.6%，形态以新月形沙丘和沙丘链为主，半固定和固定沙丘各占36.5%和31.9%。由于地处半干旱草原向西跨入干旱荒漠草原地带，致使东西部水热差异显著，东部年平均降水量为400～440 mm，河湖较多，梁地与固定、半固定沙地栗钙土发育。西部年平均降水量为250～320 mm，河川少而咸水湖较多，硬梁地与棕钙土发育。地带性土壤与占优势的区域性风沙土等交错地分布。植被以油蒿半灌木群落和柳湾林为特色的沙生和草甸植被类型为主。该沙地农牧业开发历史悠久，有很多耕地、牧场在沙地中。

浑善达克沙地横亘于锡林郭勒高原草原区的中部，东起大兴安岭南段西麓，西至集二铁路，东西长360 km，南北宽30～100 km，总面积237万 hm²，是内蒙古第三大沙地。该沙地以固定沙丘占绝对优势，占沙地总面积的67.5%，形态多为沙垄—梁窝状沙丘，高15～20 m，半固定沙丘占19.6%，迎风坡面由于风蚀和人为活动，普遍出现一个沙面裸露的圆形风蚀窝，是风沙危害、沙丘活化的重要标志。固定、半固定沙丘与宽阔的丘间低地中水土条件甚好，是牧林业的重要基地。流动沙丘仅占12.9%，主要形态以新月形及沙丘链为主。沙地属半干旱加草原区，干燥度1.2～2。光、热、水同期，适于天然牧草和农作物的生长，东西部水分条件相差较大，东部年降水量为100～350 mm，水资源丰富，河湖密布。西部年降水量为100～200 mm，年蒸发量为2000～2700 mm，水量较少，水质欠佳，多为盐碱湖。主要的地带性土壤为栗钙土，非地带性主要为风沙土。植被以草原植被为主，种类繁多，针阔叶乔木、榆树疏林等超地带性植被生长良好，全国罕见的沙地油松林、白扦林，是绿化荒山、治理改造沙地与环境、保护草原、维护生态平衡、促进林牧业发展意义重大的植被[47]。

乌珠穆沁沙地位于锡林郭勒高原草原区东、西乌珠穆沁旗一带,尤以巴彦乌拉与贺根山之间最为集中,面积 67.5 万 hm²,是内蒙古最小的沙地。固定沙丘占沙地总面积的 60%,植被覆盖度 30%～50%,半固定沙丘占 24%,流动沙丘占 16%。固定、半固定沙丘形态多为沙垄及沙垄—梁窝状沙桩。相对高度 5～15 m。沙地属半干旱、半湿润地区,水土条件优越,雨热同季,牧草质量和数量较高,也适于种植喜凉作物或喜温早熟品种。较大的河流有 10 余条,大小湖泊有 100 多处。地带性土壤西部、中部为栗钙土,植被属最典型的草原类型,东部为黑钙土,属草甸草原。风沙土是该沙地的主要非地带性土壤,主要植物有贝加尔针茅、大针茅、羊草、糙隐子草、线叶菊等,半灌木、灌木和乔木也较多。乌珠穆沁沙地是内蒙古优良的天然牧场之一。

科尔沁沙地散布于西辽河中下游干支流沿岸的冲积平原上,在内蒙古境内包括赤峰市 11 个旗(县、区)和通辽市 8 个旗(县),兴安盟科尔沁右翼中旗,面积共 506 万 hm²,约占该沙地总面积的 83%,是内蒙古最大、开发利用最久、交通最方便、人口密度最大的沙地。该沙地属于半湿润草原和半干旱典型草原区。干燥度 1.2～2,光、热、水土和植被等,特别是水文条件是全国沙地中最优越的地区之一,年平均降水量 300～450 mm,不仅降水多,同时地表水、地下水也很丰富。固定和半固定沙丘各占沙地总面积的 36.5% 和 46%,形态以梁窝状沙丘、灌丛沙堆和沙垄为主,而流动沙丘仅占 17.5%。形态主要是新月形沙丘和沙丘链,多作为农牧业利用的固定、半固定沙丘(坨子地)和丘间低地(甸子地)所占的相对面积为 3∶1,显示出坨、甸、河滩地、湿地、农田和牧场扎存镶嵌的景观土壤类型多种多样,地带性栗钙土与区域性风沙土以及草甸土等广泛发育,西辽河横贯沙地中部。沿岸湖泊、水库、塘坝等星罗棋布,排灌渠道纵横,已是优良的农田垦殖区,是内蒙古的主要"粮仓"之一。植被类型繁多,具有一定的过渡性特征,有草甸草原、干草原、草甸、沼泽、盐生和沙生等植物,是良好的天然牧场。科尔沁沙地内蒙古的主要牧业基地。沙地榆树疏林、蒙古栎疏林、大青沟阔叶林、差巴嘎蒿群落更独具特色,大青沟国家级珍贵阔叶林自然保护区占地面积 8700 hm²,植物有 106 科 351 属 709 种,是内蒙古特有的森林生态系统,被誉为"沙地明珠""天然植物园"。

呼伦贝尔沙地分布在呼伦贝尔高原草原区西南部。在海拉尔河、乌尔逊河、哈拉哈河与伊敏河之间,面积为 90.6 万 hm²,是我国流沙面积最小的沙地,具有半湿润草甸草原向半干旱典型草原过渡的特点。其多年平均降水量为 280～400 mm,年蒸发量为 1400～1900 mm,干燥度为 1.2～1.5。该沙地地势较平坦开阔,西北部呼伦湖最低海拔 545 m,河流、湖泊、沼泽湿地众多。沙丘间低地与河漫滩地宽阔,水源丰富,热量充沛,雨热同季,利于农牧林业生产的综合经营沙地流(裸)沙少,只占 4.3%,而固定、半固定沙丘分别占沙地总面积的 73.5% 和 22.2%,形态为蜂窝状、梁窝状沙丘及灌丛沙堆和缓起伏沙地,植被覆盖度在 30% 以上。土壤与植被类型复杂多样,风沙土面积大,植被生长繁茂,东部为大兴安岭西麓森林草原,以白桦为主,南部或东南部一带有大面积的樟子松林带,并与山杨、白桦林、中生杂木灌丛以及线叶菊、贝加尔针茅等草原植被相结合,构成了典型的沙地森林草原景观。中部、西部为典型草原,建群种为大针茅、羊草等沙地的优势植物为线叶菊、贝加尔针茅、大钱芋和羊草等,并与多种杂类草组成群丛。呼伦湖珍禽异鸟及湿地生态系统自然保护区,总面积超过 2000 km²,它在调节气候、净化空气、增加水源、保护草原和沙地生态环境中起着重大作用,不仅是我国沙地研究保护珍禽、候鸟及湿地生态系统的重要基地,也是内蒙古重要的水产基地之一。

6.2 沙地植被状况

6.2.1 沙地植被空间分布

以2000—2020年生长季的中等分辨率成像光谱仪植被指数产品为主要数据源,同时以高分辨率遥感影像及其他地理数据为辅助,对内蒙古毛乌素沙地、浑善达克沙地和科尔沁沙地2020年植被现状进行了对比分析。

内蒙古三大沙地植被覆盖度呈现从东到西依次降低(图6.1)的特征。2020年科尔沁沙地大部分地区植被覆盖度大于40%,占其总面积的79%;植被覆盖度在20%~40%的区域占沙地总面积的15%左右,主要分布在沙地南部的科尔沁左翼后旗、库伦旗北部、奈曼旗西北部地区和沙地北部边缘的局部地区;植被覆盖度在20%以下,主要分布科尔沁沙地西部的翁牛特旗境内,占沙地总面积的5%左右。浑善达克沙地植被覆盖度在大于40%的区域占沙地总面积的33%左右,主要分布在沙地东部的正蓝旗北部以及克什克腾旗部分地区;植被覆盖度在

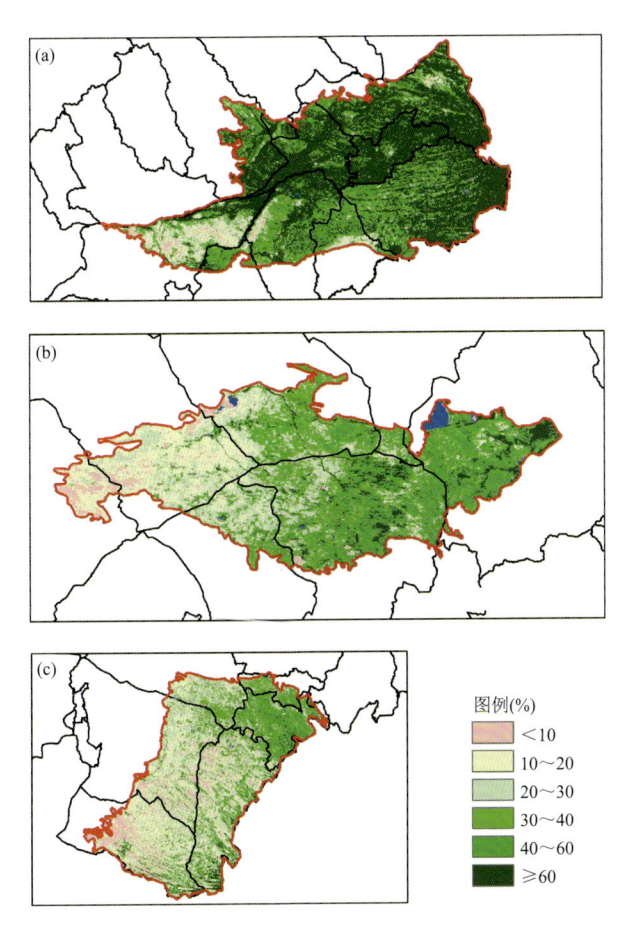

图6.1 2020年内蒙古沙地植被覆盖度空间分布
(a)科尔沁沙地,(b)浑善达克沙地,(c)毛乌素沙地

20%～40%的区域主要分布在沙地中部的阿巴嘎旗、正蓝旗西北部和沙地西部的部分地区,占沙地总面积的45%左右;浑善达克西部占沙地总面积20%的区域植被覆盖度在20%以下,主要分布在沙地西部的苏尼特左旗、苏尼特右旗和正镶白旗东北部部分地区。毛乌素沙地47%的区域植被覆盖度在20%～40%,主要分布在沙地的南部及西北部地区,有38%的区域植被覆盖度在20%以下,主要分布在鄂托克前旗、鄂托克旗及乌审旗西北部部分地区;植被覆盖度大于40%的区域主要分布在沙地东北部的伊金霍洛旗、东胜区和沙地东南部的乌审旗南部、鄂托克前旗东部局部地区,仅占沙地总面积的14%左右。

6.2.2 沙地植被时间变化特点

6.2.2.1 变化趋势分析

应用一元线性回归分析法分析2000—2020年沙地植被的时空变化,单个像元多年回归方程中趋势线斜率即为年际变化率,正值表示长势向好,负值表示长势变差,数值的大小反映了上升或下降的速率,并对趋势性的显著性进行检验。三大沙地在最近21年整体有约92%的区域植被有改善的趋势,其中69%左右的区域改善显著;23%左右的区域变差不显著或基本维持不变(图6.2、图6.3)。

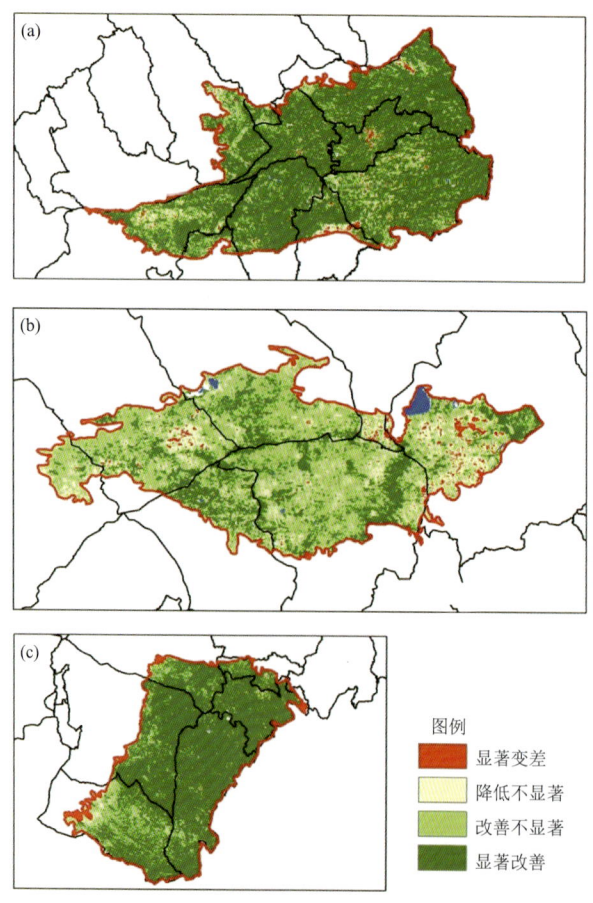

图6.2　2000—2020年内蒙古沙地NDVI变化空间分布
(a)科尔沁沙地,(b)浑善达克沙地,(c)毛乌素沙地

图 6.3　内蒙古沙地变化趋势显著性水平检验统计

毛乌素沙地约 98% 的地区植被均为向好趋势，其中约 83% 的区域通过显著性检验；17% 的区域植被变化不具有显著性水平，有约 2% 的地区植被存在变差趋势，主要分布在鄂托克前旗西部及杭锦旗、乌审旗局部地区，仅 0.1% 的区域通过显著性检验。浑善达克沙地东部及西部偏东区域植被有退化趋势，占沙地面积的 20% 左右，其中占沙地面积 3% 左右的区域植被显著性退化，主要分布在沙地的东部(克什克腾旗、锡林浩特境内)；约 80% 的地区植被保持不变或为改善趋势，其中占总面积约 28% 的区域植被显著性增加，主要分布在沙地的中部偏西部分地区。科尔沁沙地 7% 左右的区域植被存在退化趋势，其中占总面积 2% 左右的区域植被显著性退化，主要分布在科尔沁左翼中旗、科尔沁区、科尔沁左翼后旗、库伦旗局部地区；其余约 93% 的地区植被均为改善趋势或保持不变，约 77% 的区域植被显著性改善。

6.2.2.2　年代际变化分析

(1)植被长势与 2019 年对比分析

毛乌素沙地、浑善达克沙地和科尔沁沙地大部分地区与 2019 年持平或优于 2019 年。其中毛乌素沙地植被长势改善区占沙地总面积的 39% 左右，主要分布在鄂托克旗、杭锦旗、准格尔旗部分地区及沙地东南部部分地区，有 25% 的区域植被长势不及 2019 年，主要分布在毛乌素沙地西南部的鄂托克前旗和乌审旗中部部分地区，以及准格尔旗西南部分地区。浑善达克沙地 49% 的地区植被长势优于 2019 年，有面积约 14% 的区域植被差于 2019 年，主要分布在浑善达克沙地的中部的正蓝旗西部、和苏尼特左旗、苏尼特右旗部分地区。科尔沁沙地有 43% 左右的区域植被较 2019 年有所改善，主要分布在沙地东部及中部部分地区，科尔沁沙地西部的科尔沁左翼后旗、科尔沁左翼中旗以及沙地南部的库伦旗部分地区植被长势不及 2019 年，占科尔沁沙地总面积的 27% 左右(图 6.4、图 6.5)。

(2)植被长势与历年同期对比分析

毛乌素沙地改善最为明显，其次为科尔沁沙地，浑善达克沙地显著改善区域所占比例最小。科尔沁沙地中部局部地区，浑善达克沙地东部克什克腾旗、锡林浩特境内均存在显著退化区域。

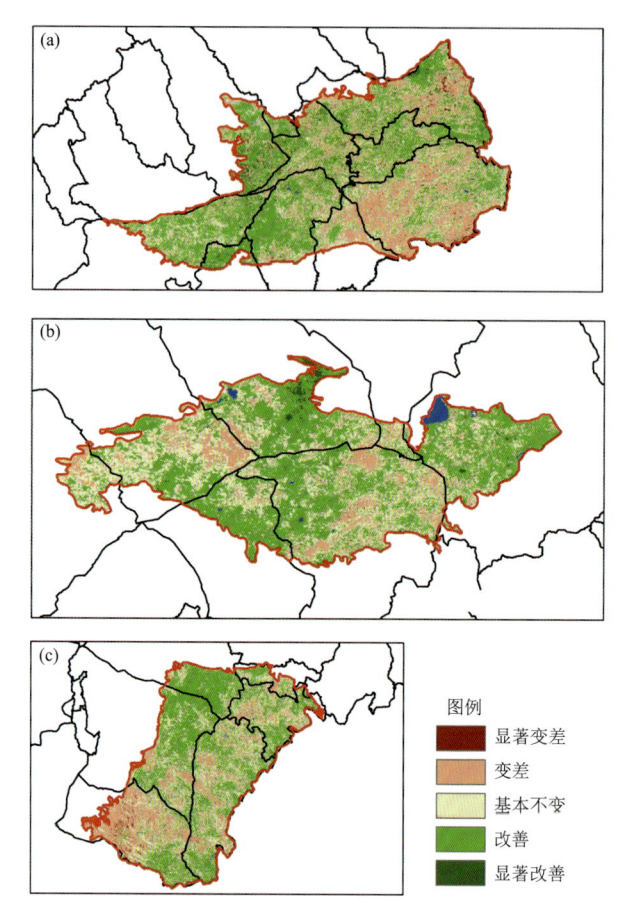

图 6.4 2020—2019 年内蒙古沙地 NDVI 变化空间分布
(a)科尔沁沙地,(b)浑善达克沙地,(c)毛乌素沙地

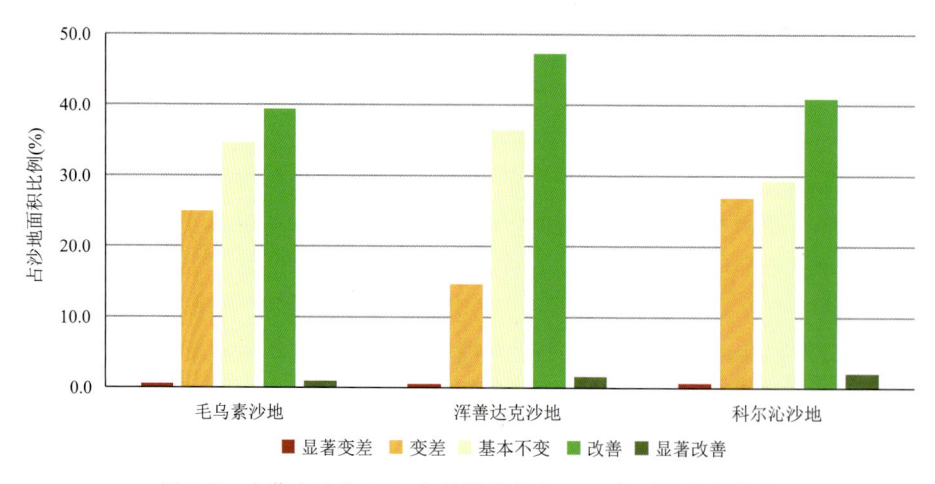

图 6.5 内蒙古沙地 2020 年植被长势与 2019 年对比变化情况

毛乌素沙地、科尔沁沙地和浑善达克沙地大部分区域植被长势好于历年同期（图6.6、图6.7）。毛乌素沙地约83%的区域植被长势好于历年，仅有占沙地面积6%左右的区域不及历年，其余近11%的区域植被长势和历年相比基本保持不变。与历年同期对比，浑善达克沙地83%左右的区域植被长势优于上年，其中有4%左右的区域植被长势较历年同期有显著改善，主要分布在沙地的东部和北部局部地区，仅有2%左右的区域植被长势较历年同期变差，主要分布在沙地西部部分地区。科尔沁沙地仅有3%左右的区域比历年同期变差，零星分布在沙地局部地区；比历年同期植被改善和显著改善的区域面积分别占到科尔沁沙地总面积的63%左右和26%左右，显著改善区域主要分布在沙地东北部的科尔沁左翼中旗及沙地西部部分地区。

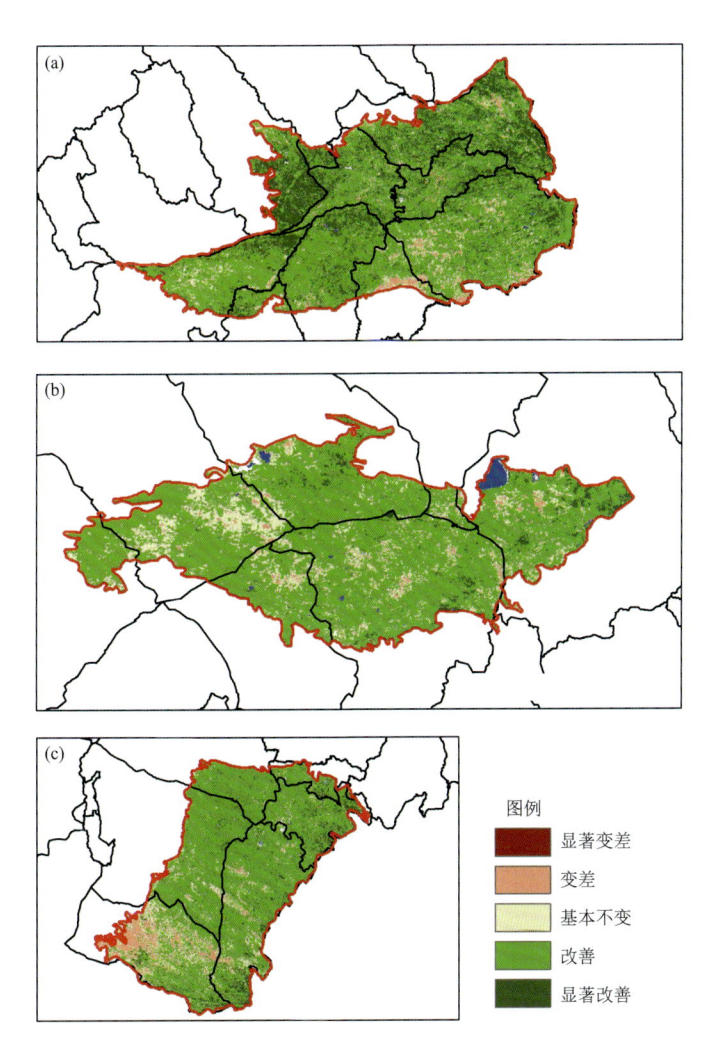

图6.6 2020年内蒙古沙地NDVI与历年（2000—2020年）平均值对比变化空间分布
(a)科尔沁沙地，(b)浑善达克沙地，(c)毛乌素沙地

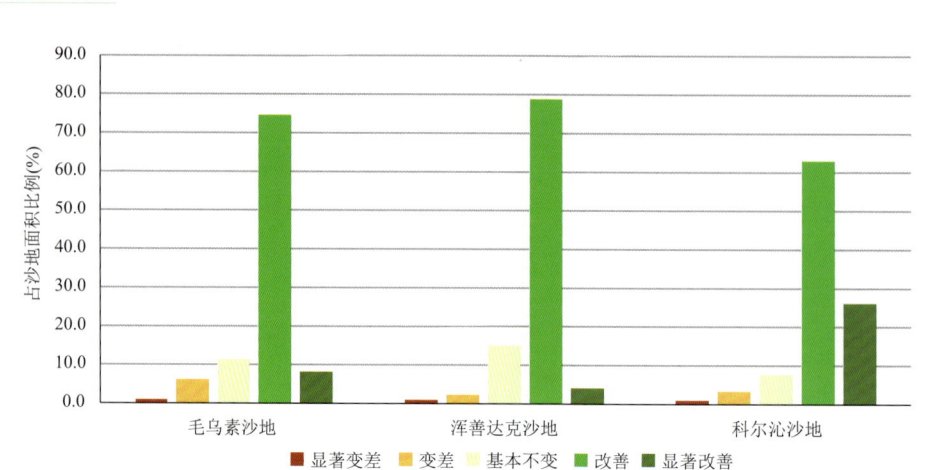

图 6.7　内蒙古沙地 2020 年植被长势与历年（2000—2020 年）平均对比变化情况

6.3　本章小结

本章主要介绍沙地生态气象监测方法，对内蒙古境内毛乌素沙地、浑善达克沙地、乌珠穆沁沙地、科尔沁沙地、呼伦贝尔沙地分布及其各自特征进行了介绍，最后以 2000—2020 年生长季的中等分辨率成像光谱仪植被指数产品为主要数据源，以高分辨率遥感影像及其他地理数据为辅助，对内蒙古毛乌素沙地、浑善达克沙地和科尔沁沙地植被状况进行了监测分析。监测结果表明：

（1）2020 年科尔沁沙地植被平均盖度大于浑善达克沙地，毛乌素沙地平均盖度最低。各沙地植被覆盖度大于 40％的区域空间分布特征：科尔沁沙地分布在大部分地区，占区域面积的 79％左右；浑善达克沙地主要分布在沙地的东部的正蓝旗北部以及克什克腾旗部分地区，占沙地面积的 33％左右；毛乌素沙地主要分布在沙地东北部的伊金霍洛旗、东胜区和沙地东南部的乌审旗南部、鄂托克前旗东部局部地区，占沙地总面积的 14％左右。

（2）毛乌素沙地、浑善达克沙地和科尔沁沙地大部分地区与 2019 年持平或优于 2019 年。

（3）三大沙地在最近 21 年整体有约 92％的区域植被有改善的趋势，其中 69％左右的区域改善显著，23％左右的区域变差不显著或基本维持不变。毛乌素沙地改善最为明显，其次为科尔沁沙地，浑善达克沙地显著改善区域所占比例最小。科尔沁沙地中部局部地区，浑善达克沙地东部克什克腾旗、锡林浩特境内均存在显著退化区域。

第 7 章 荒漠生态气象

7.1 荒漠生态系统分布及其气候概况

荒漠是干旱气候条件下形成的植被稀疏的地理景观。由超旱生半乔木、半灌木、小半灌木和灌木等植被为主的生物与其周围环境构成的生态系统称为荒漠生态系统。荒漠生态系统是干旱、半干旱区域的主要生态系统类型,是陆地生态系统一个重要的子系统,约占全球陆地面积的28%,也是最为脆弱的生态系统类型之一。

中国荒漠大致分布于狼山—贺兰山—布尔汗布达山连线以西和以北,总面积为192万km^2,约占国土面积的20%。荒漠有石质、砾质和沙质之分。人们习惯称石质和砾质的荒漠为戈壁,沙质的荒漠为沙漠。

按气候条件,荒漠可划分为:①热带、亚热带荒漠;②冷洋流沿岸的海岸荒漠;③中纬度的温带荒漠(如阿拉善荒漠);④高寒荒漠(青藏高原的荒漠)。按土壤基质,荒漠可划分为:①沙质荒漠(沙漠);②砾质荒漠(砾漠);③石质荒漠(石漠);④黄土状或壤土荒漠(壤漠);⑤龟裂地或黏土荒漠;⑥风蚀劣地(雅丹)荒漠;⑦盐土荒漠(盐漠);⑧其他荒漠。

荒漠生态系统的环境相对严酷,主要具有以下特点:①终年少雨或无雨,年降水量一般少于250 mm,降水为阵性,越向荒漠中心越少。②气温、地温的日较差和年较差大,多晴天,日照时间长。③风沙活动频繁,地表干燥,裸露,沙砾易被吹扬,常形成沙暴,冬季更多。

荒漠以其生物数量稀少而著称,但是实际上沙漠的生物多样性是很高的。大多数荒漠植物耐旱耐盐,被称为旱生植物。沙漠的植物种群主要包括:灌木丛、仙人掌属、滨藜和沙漠毒菊。许多荒漠物种使用C4光合途径或景天酸代谢途径,这在干旱、高温、缺少氮和二氧化碳的情况下要优于大部分C3植物。另外,荒漠植物叶子表面有很厚的蜡质,可防止水分流失。经过长期气候驯化适应,荒漠植物叶片退化为针状、刺状,减少叶面蒸发。荒漠植物根系发达,根系分布广阔,可以吸收更广、更深范围的水。有些植物在其树叶、根系、枝干处存水。在荒漠水源较充足地区会出现绿洲,这种独特的生态环境利于生活与生产。可以说,生活在荒漠生态系统中的人们掌握了特殊的生存本能。

7.1.1 内蒙古荒漠区的地理区域和生态地理环境

内蒙古荒漠面积仅次于新疆,位于全国第二位,主要分布于阿拉善盟、鄂尔多斯市西部、巴彦淖尔市西北部、乌海市。其中包括巴丹吉林沙漠、腾格里沙漠、乌兰布和沙漠、库布齐沙漠等大面积沙质荒漠以及一个高平原(阿拉善)。内蒙古荒漠总体面积27.94万 km^2,占自治区总面积的 23.68%,包括显域生境的草原化荒漠及典型荒漠、戈壁、沙漠,隐域生境的荒漠绿洲、农田、山地垂直复合生态系统,其中沙漠面积为 6.40 万 km^2(图 7.1)。

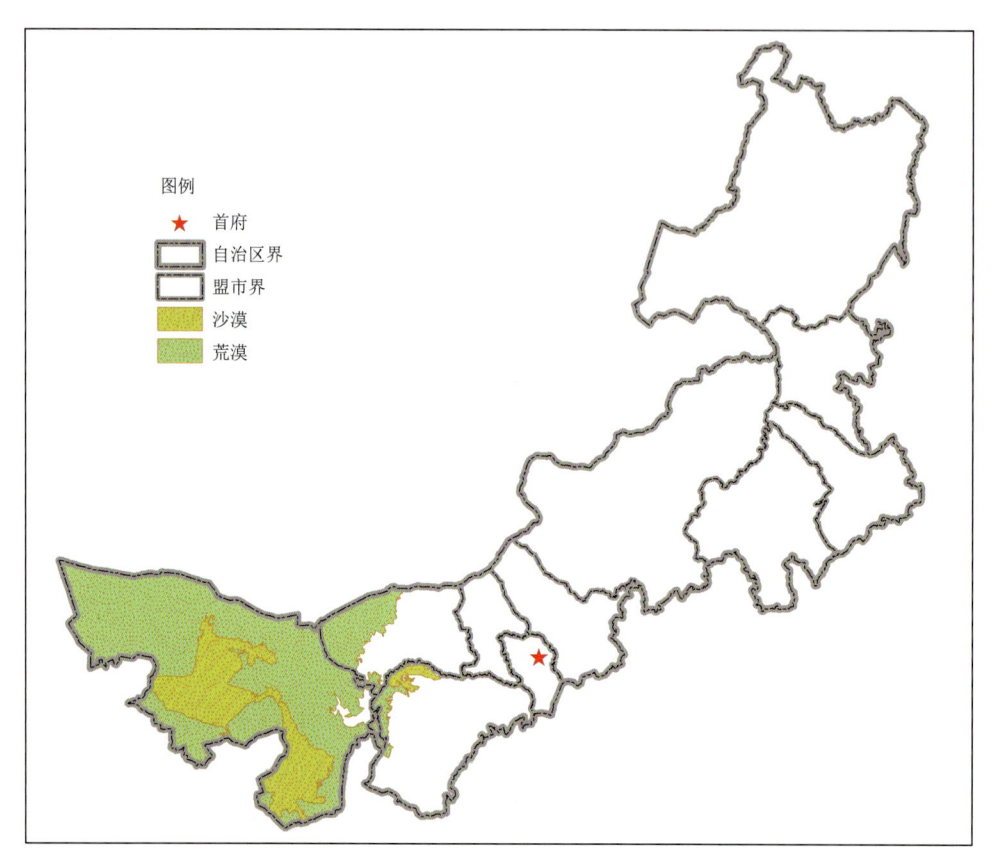

图 7.1 内蒙古荒漠区分布示意图

7.1.1.1 区域地貌特征

内蒙古荒漠区地处于蒙古高原西南部,地貌以高平原为主,同时广泛分布山地、丘陵及沙漠。地势南高北低,东高西低,高原平均海拔为 1000 m 左右。海拔最低处位于西北部的居延海,海拔为 820 m,最高处位于贺兰山主峰,海拔为 3556 m。内蒙古荒漠区由贺兰山、马鬃山、戈壁—阿尔泰山脉、河西走廊北山构成,为四周环山的山盆复合地域系统,其间所分布的中低山地又分隔成 3 个鼎足分布的山盆地域系统。以腾格里沙漠为中心,形成了贺兰山—巴音乌拉山—雅布赖山—雷公山所环绕的山盆地域系统;以银根盆地与乌兰布和沙漠为中心,构成狼山—巴音乌拉山—戈壁阿尔泰山山盆地域系统;以巴丹吉林沙漠和居延盆地为中心,组成雅布赖山—龙首山—合黎山—马鬃山—戈壁阿尔泰山山盆地域系统。各个盆地及其中的绿洲及大小湖盆的地表水与地下水是以周围各山地的降水和冰雪融化水为补给来源的,盆地中泥土的沉积和地球化学元素也多来自山地,山地与盆地的气候变异又是生物多样性演化的历史环境。总之,山盆地域系统成为一个庞大的能量与物质传输系统,这是内蒙古地区大尺度的景观格局。山地的森林、灌丛、草原等生态系统的空间分布,大小不同的天然绿洲与湖盆湿地星罗棋布,是居民生活与生产最集中的景观生态地块。

中国八大沙漠中的三大沙漠：巴丹吉林沙漠、腾格里沙漠及乌兰布和沙漠以及库布齐沙带位于本区境内。沙漠表层为深厚疏松的沙层覆盖。巴丹吉林沙漠、腾格里沙漠及乌兰布和沙漠被较小的亚马雷克沙漠串联在一起。流经内蒙古自治区荒漠有两条主要河流：黄河由宁夏的石嘴山市入境，向东流经乌兰布和沙漠、伴库布齐沙带出境。西部的额济纳河是本区最大的内流河，在其流域形成了著名的额济纳绿洲。

7.1.1.2 区域土壤特征

内蒙古荒漠区是由草原化荒漠向典型荒漠至极旱荒漠的过渡地区。随着生物、气候类型的变化，土壤的分布也发生了明显的变化，这种相应的地带性土壤变化，以荒漠土壤类型表现得最为完整。自东向西的顺序是淡棕钙土（荒漠草原—草原化荒漠土）、灰漠土（草原化荒漠土）、灰棕漠土（典型荒漠土）、石膏灰棕漠土（极旱荒漠土）。它能够完全反映本区在亚洲大陆中心的东缘土壤地理学特征。东部尚能接受太平洋东南季风湿润气团的余泽，但已是强弩之末，反之降水量明显减少，蒸发量增加，气温增高，干燥度增加。

7.1.1.3 区域植被特征

内蒙古荒漠区位于亚非荒漠的东端，是一个暖温型的灌木、半灌木荒漠。本区气候条件严酷，地质古老，加之植物演化长期受旱化过程强烈制约，与相邻的中亚荒漠乃至整个亚非荒漠相比，特点十分鲜明。

本区植物区系作为亚非荒漠区植被的重要组成部分，与整个亚非荒漠植物一样，总体上是起源于古地中海的干热植物的后裔，这里繁衍了大量的较年轻的藜科植物。受喜马拉雅造山运动影响，此地区逐渐成为北半球最干旱和最严酷的生态区域，原来生长在这里的植物和植物群落仅剩下一批生长在原始基岩上的植物，多数是残遗的单种属和寡种属植物，是内蒙古荒漠区的特有种，也是内蒙古荒漠区的特有群落类型。

内蒙古荒漠区的植物区系是贫乏的、独特的，然而也是非常古老的。繁衍生长在极端严酷的荒漠生境中的沙冬青、四合木、绵刺、裸果木、霸王、泡泡刺、戈壁短舌菊、膜果麻黄等强旱生、超旱生的灌木和半灌木奇异的生活习性和顽强的生活力，即是这一属性的集中体现。这些特有植物多是本区荒漠植被的建群种，组成了一些特有群系。其他一批戈壁成分和古地中海成分也是荒漠植被的主要建造者。贫乏性、独特性和古老性是本区荒漠植物区系的固有特性。

红沙群系、珍珠群系是本区基本的群系。同时，作为亚洲中部荒漠的一部分，合头藜群系、棉刺群系、霸王群系、泡泡刺群系、梭梭群系和短叶假木贼群系也广泛分布于内蒙古荒漠中，而肉叶（多汁）灌木和肉叶（多汁）半灌木荒漠是内蒙古荒漠区最主要的植被类型。膜果麻黄群系、斑子麻黄群系、长叶红沙群系、裸果木群系、戈壁藜群系、中亚紫菀木群系和灌木亚菊群系一般不单独成为群落，仅作为伴生种分布，只有在某些特定的生境中，才会呈现小片状的分布。

7.1.2 内蒙古自治区荒漠生态系统气候概况

内蒙古自治区荒漠生态系统位于我区西部，在行政区划上包括阿拉善盟、巴彦淖尔市西北部、乌海市、鄂尔多斯市西北部，总面积为 27.94 万 km²，占内蒙古自治区总面积的 23.68%，其中沙漠面积为 6.40 万 km²（图 7.2）。

由于地处于亚洲大陆腹地，远离海洋，东南季风影响微弱，故气候干旱少雨，夏热冬寒，风大沙多，蒸发强烈。

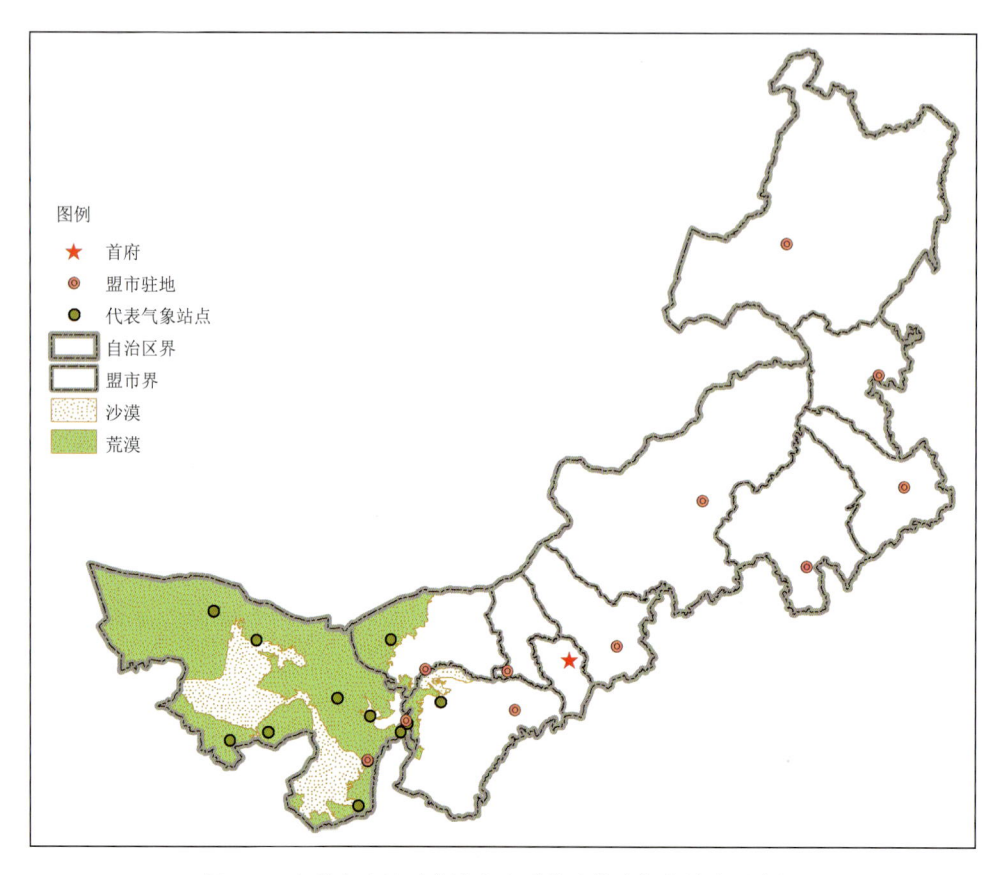

图 7.2 内蒙古自治区荒漠生态系统及代表气象站点示意图

①风的作用十分强烈,瞬间风力大于 7 级或 8 级的大风日数:北部多达 50~100 d(额济纳旗的哈日布日格 68 d、呼鲁赤古特 107 d、阿拉善左旗巴音毛道 47 d、阿拉善右旗上井子 58 d);南部较少,也达 15~30 d(腰坝 28 d、巴彦浩特 15 d)。大风在四季分配中春季(3—5 月)占 39%,夏季(6—9 月)31%,秋季(10—11 月)16%,冬季(12 月至次年 2 月)15%。按月统计 4 月大风最多,占全年的 15%,5 月占全年的 14%。在长期巨大风力作用下,造成风蚀和风积,例如砾石戈壁和沙漠等地貌类型的形成。

②除贺兰山受山地影响降水量较多(200~400 mm)外,大部分地区降雨稀少。东部地区为 100~150 mm,中部为 70~100 mm;西部为 50 mm 左右。降水很集中,主要在 7—9 月,此期降水量占全年降水量的 59%~75%,且越向西越集中。尽管阿拉善广大地区降水很少,然而降水在地面的再分配,也为荒漠和绿洲的发育提供了水资源保障,例如,湖盆洼地、干河床及河滩地是植物赖以生存的生境。沙漠中沙丘间低地可形成较繁茂的植物群落。

③对气象站多年的观测资料分析计算表明,阿拉善地区应属中温向暖温型过渡的气候区。大部分地区年平均气温达 5~8 ℃,≥10 ℃的积温一般为 3200~3600 ℃·d。按气象部门的标准,已经达到或接近暖温带指标。但冬季平均气温和极端最低气温很低(−40 ℃)。故认为它是中温带至暖温带的过渡区域。

7.2 荒漠植被监测与评估

阿拉善盟位于亚非荒漠的东端,是一个暖温型的灌木、半灌木荒漠。阿拉善盟荒漠面积约占内蒙古荒漠面积的 95%,以此代表荒漠植被的基本情况进行分析。

7.2.1 阿拉善荒漠概况

阿拉善盟地处亚洲大陆腹地,为内陆高原,远离海洋,东南季风影响微弱,周围群山环抱,形成典型的大陆性气候。故气候干旱少雨,夏热冬寒,风大沙多,蒸发强烈,四季气候特征明显,昼夜温差大。大风、沙尘暴、高温、干旱等自然灾害频发,属自然条件恶劣、生态环境最脆弱的地区之一(图 7.3)。

从 20 世纪 90 年代开始,阿拉善盟实施了飞播造林、退牧还草、生态公益林补偿、自然保护区建设等生态保护与修复项目,为构筑北方生态屏障、推动阿拉善盟生态文明建设做出了积极贡献。

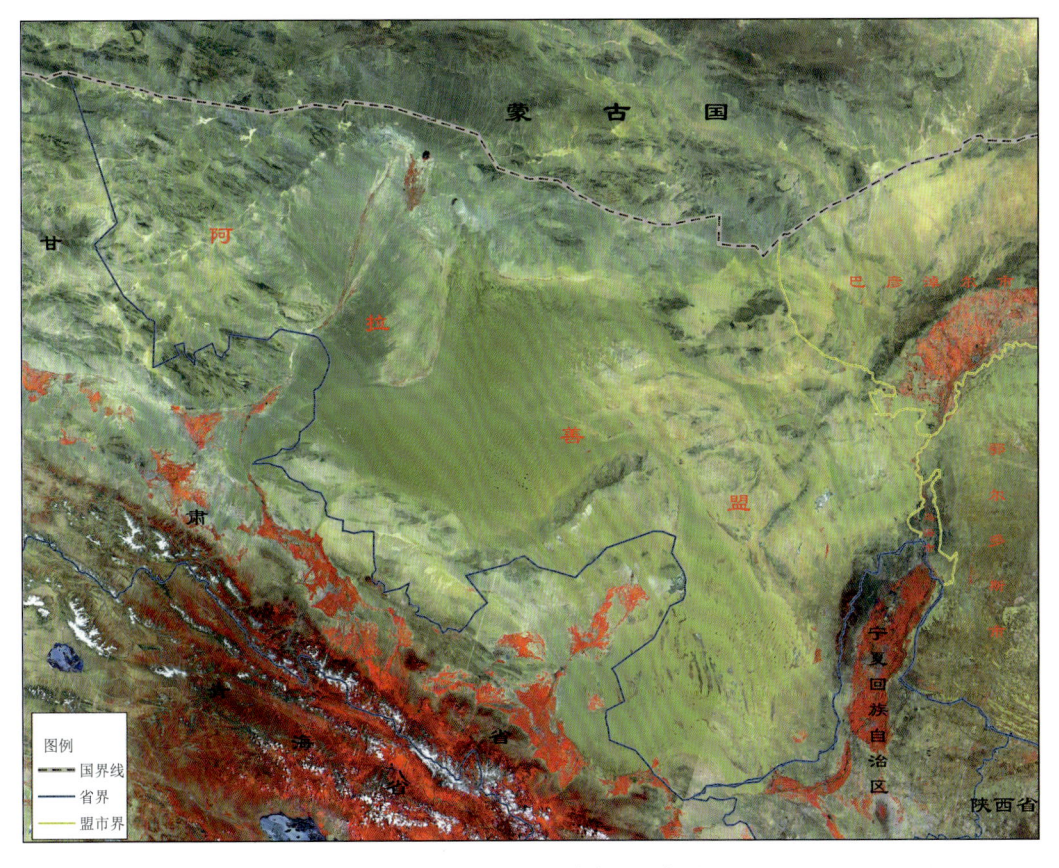

图 7.3 阿拉善盟区域位置示意图

7.2.2 荒漠植被研究方法

选用遥感影像数据为 2000—2019 年 5—10 月的 SPOT VEGETATIONNDVI 数据集,空间分辨率为 1 km。数据来源于 SPOTVGT 数据分发中心。每 10 d 合成一幅影像。该数据经过预处理(辐射校正、几何校正)生成了 10 d 最大化合成的 NDVI 数据。每月的 NDVI 通过国际通用的最大合成法(maximum value composites,MVC)获得,研究表明,对最大值进行合成可有效减少 NDVI 数据系列中的噪声,其计算公式为:

$$\text{NDVI}_i = \text{Max}(\text{NDVI}_{ij}) \tag{7.1}$$

式中,NDVI_i 为第 i 月的 NDVI,NDVI_{ij} 为第 i 月第 j 旬的 NDVI,而每年的 NDVI 采用当年各个月份 NDVI 的最大值,即

$$\text{NDVI}_y = \text{Mean}(\text{NDVI}_i) \tag{7.2}$$

式中,NDVI_y 为第 y 年的 NDVI,NDVI_i 为第 i 月的 NDVI,其中 i 取 5—10 月。

通过回归模型、偏相关分析等技术方法将阿拉善盟近 20 年植被指数时空动态变化及气温、降水、潜在蒸散、大风、沙尘等气象因素对植被覆盖变化影响进行研究,并预测阿拉善盟植被未来变化趋势,以期为本地区生态环境保护与建设提供参考。

回归趋势线是对一组随时间变化的变量进行回归分析的方法。为掌握 2000—2019 年该研究区域植被的整体演变与发展状态,本节采用一元线性回归来分析每栅格点的 NDVI 变化趋势,对研究区域内不同地区的植被长势与变化大小进行空间定量分析,进而探讨该变化对气候的响应。

通过计算每个像元的年 NDVI,采用趋势线分析方法来模拟 2000—2019 年植被 NDVI 的空间变化趋势,其计算公式为

$$\theta_{\text{slope}} = \frac{n \sum_{i=1}^{n}(iM_{\text{NDVI}_i}) - \sum_{i=1}^{n} i \sum_{i=1}^{n} M_{\text{NDVI}_i}}{n \sum_{i=1}^{n} i^2 - (\sum_{i=1}^{n} i)^2} \tag{7.3}$$

式中,n 为监测时间序列的长度,本节中取 $n=20$;M_{NDVI_i} 为第 i 年 NDVI 的均值;θ_{slope} 为趋势线增加的斜率;$\theta_{\text{slope}}>0$,说明研究区域的 NDVI 在该时间段内呈增加趋势;$\theta_{\text{slope}}<0$,说明 NDVI 呈减少趋势;$\theta_{\text{slope}}=0$,则说明研究区域的 NDVI 未发生变化。

7.2.3 阿拉善盟植被指数变化情况

7.2.3.1 植被指数时间变化特征

从空间分布看,2000—2019 年阿拉善盟 NDVI 总体上呈片状分布特征,各存在显著的地区差异。高植被覆盖区域占阿拉善盟总面积的 9.8%,主要分布在贺兰山沿山、温都尔勒图镇、阿拉腾朝格苏木东南部、巴丹吉林镇西南部、额济纳绿洲。低植被覆盖区域土地类型主要为荒漠、戈壁、沙漠等,占阿拉善盟总面积的 67.8%。总体来看,阿拉善盟平均植被覆盖度较低,近两年植被覆盖度增加,为 21.0%(图 7.4、表 7.1)。

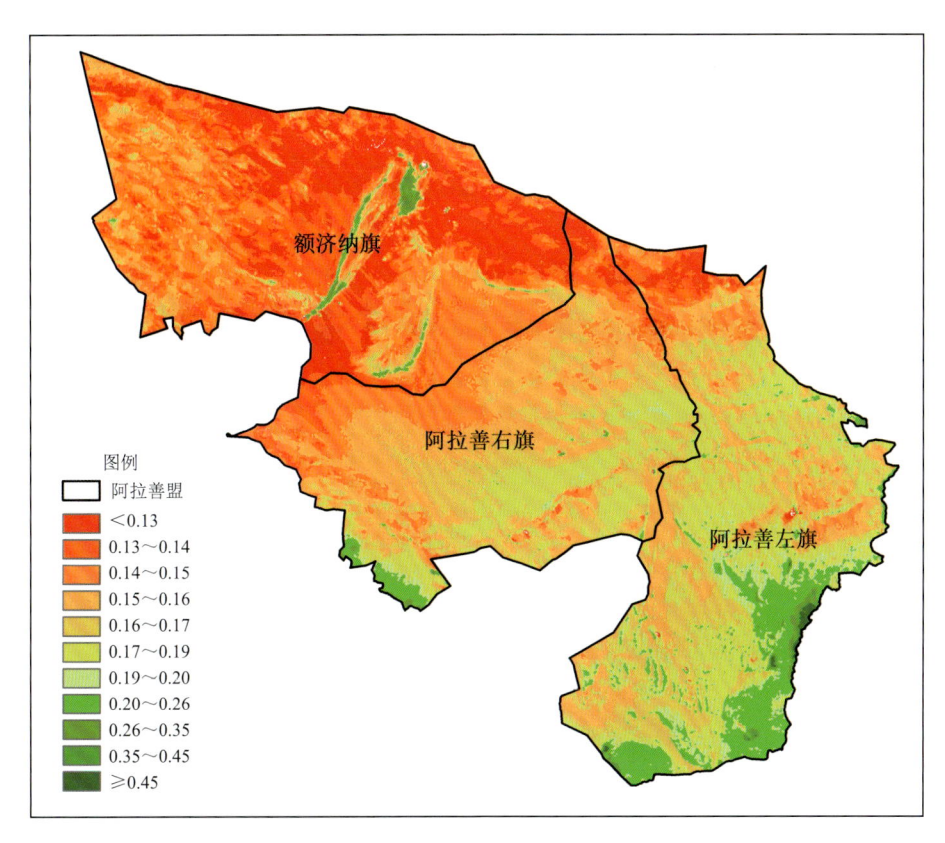

图 7.4　2000—2019 年阿拉善盟 NDVI 平均值空间分布

表 7.1　2000—2019 年阿拉善盟 NDVI 频数分布

NDVI 分布值	像元数（个）
<0.13	34244
0.13～0.14	57009
0.14～0.15	70427
0.15～0.16	68991
0.16～0.17	51058
0.17～0.19	27019
0.19～0.20	13477
0.20～0.26	5853
0.26～0.35	1562
0.35～0.45	722
≥0.45	459

从区域分布来看，阿左旗植被覆盖度最高，其 NDVI 明显高于阿右旗和额济纳旗。阿左旗与阿右旗 NDVI 的最大值出现在 2016 年，额济纳旗 NDVI 的最大值出现在 2012 年，三旗 NDVI 的最低值均出现在 2001 年（图 7.5）。

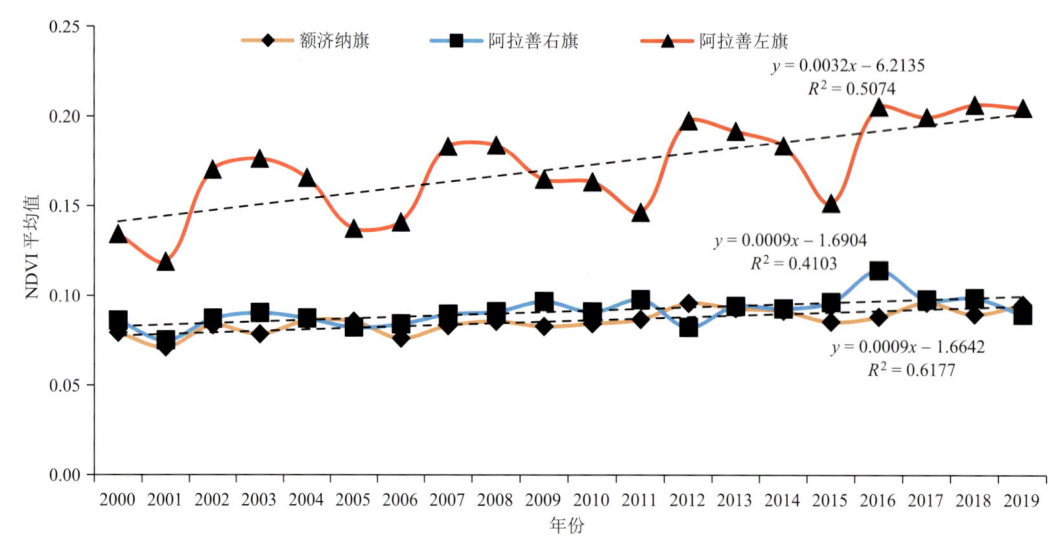

图 7.5 2000—2019 年三旗 NDVI 变化曲线

7.2.3.2 植被指数时间变化特征

(1)年际变化特征

2000—2019 年,阿拉善盟植被指数(简称阿拉善盟 NDVI,下同)变化整体呈现波动上升趋势,年平均值为 0.0389~0.0478,分别于 2002 年、2008 年、2010 年、2012 年、2016 年出现波峰,其中 2012 年达到最大值(0.0478);2001 年、2006 年、2009 年、2011 年、2015 年、2018 年出现波谷,其中 2001 年达到最低值(0.0389)。总体分析来看,2000—2019 年阿拉善盟 NDVI 呈现波动上升趋势,平均每 10 年增加 0.02,表明近 20 年来阿拉善盟植被覆盖度整体呈向好趋势(图 7.6)。

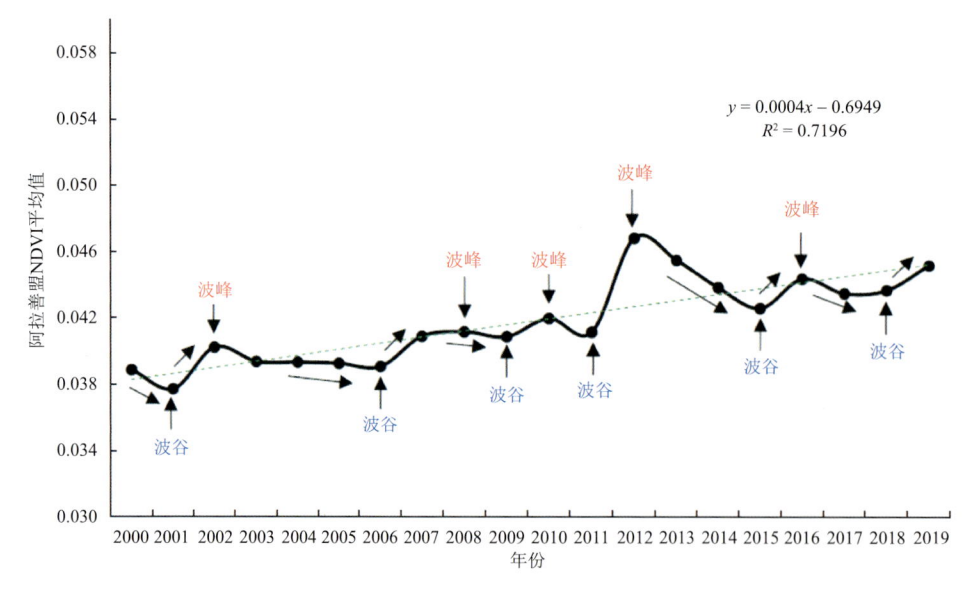

图 7.6 2000—2019 年阿拉善盟 NDVI 年际变化

(2)月际变化特征

从 2000—2019 年 5—10 月 NDVI 月尺度变化分析可以看出,5 月 NDVI 较小,植被生长相对缓慢;7—9 月植被生长迅速,并在 9 月 NDVI 达到最大值。2000—2019 年统计数据显示,5 月 NDVI 年平均值为 0.039,9 月则为 0.044(图 7.7)。

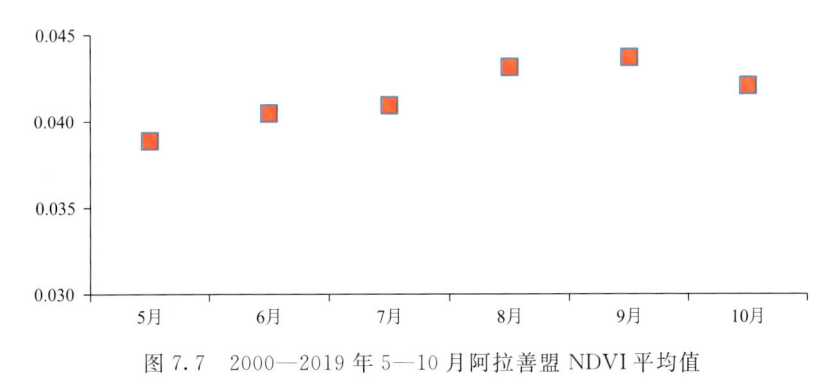

图 7.7 2000—2019 年 5—10 月阿拉善盟 NDVI 平均值

7.2.3.3 近 20 年植被指数变化趋势

对 2000—2019 年阿拉善盟 NDVI 变化趋势进行分析。将研究区域划分为 5 个等级,依次计算出不同变化程度区域所占的面积比例和空间分布变化趋势(图 7.8)。结果显示,2000—2019 年,阿拉善盟植被长势得到改善的区域主要集中在额济纳绿洲、阿右旗偏南部、阿左旗东

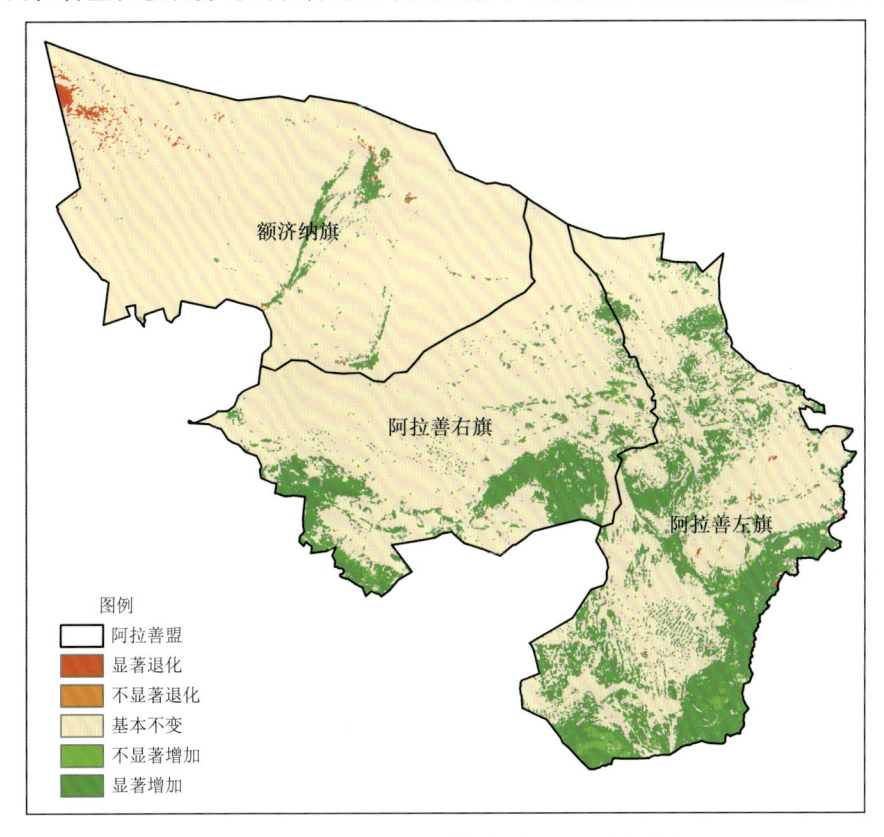

图 7.8 2000—2019 年阿拉善盟 NDVI 变化趋势

南部及温都尔勒图镇,占阿拉善盟总面积的15.5%;退化的区域集中在额济纳旗西部及阿左旗东北部部分地区,占阿拉善盟总面积的1.7%,阿拉善盟82.8%的区域保持稳定。

7.2.3.4　2019年阿拉善盟植被覆盖分析

利用重分类方法将2019年阿拉善盟植被覆盖度划分为6个等级,依次计算不同变化程度区域所占的面积比例。根据统计数据分析,2019年植被覆盖较低值和极低值的区域占阿拉善盟总面积的68.2%,主要分布在额济纳旗大部、阿右旗西部和北部、阿左旗西北部和东北部;中等及以上植被覆盖区域占阿拉善盟总面积的9.2%,主要集中在额济纳绿洲、阿右旗偏南部、阿左旗东南部及偏南部。与2018年相比,2019年植被覆盖较低值和极低值的区域面积无明显变化,低值的区域面积下降了2.0%,中等及以上区域面积增加了2.2%(图7.9)。

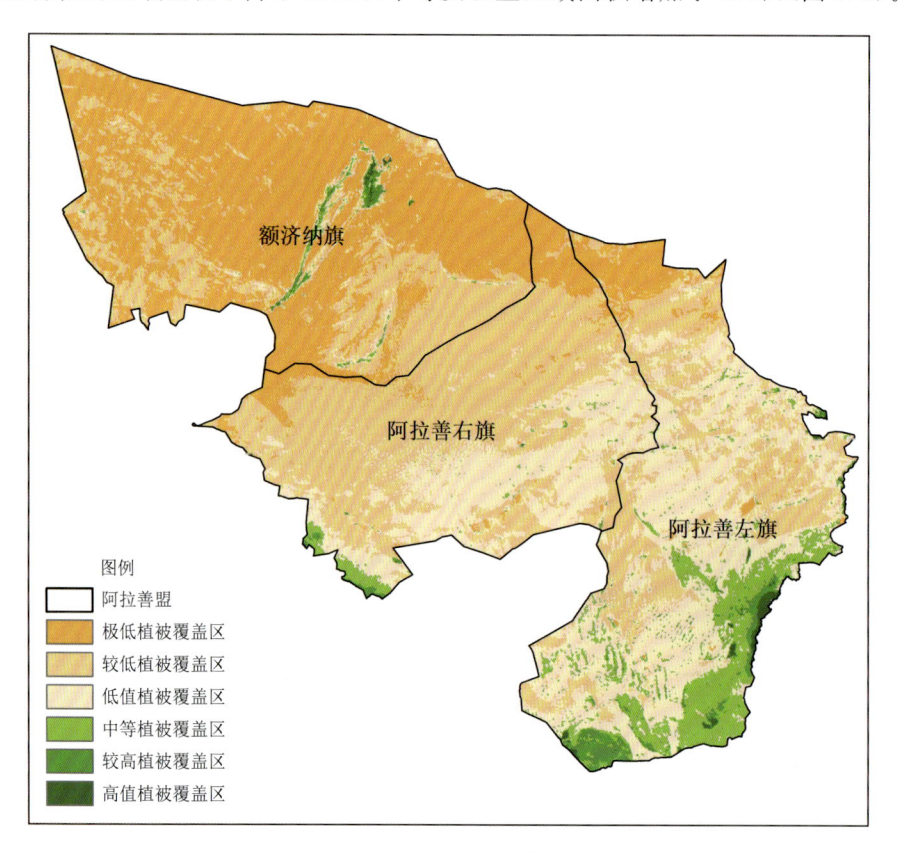

图7.9　2019年阿拉善盟植被覆盖区域

7.2.4　植被指数与气象要素的相关性分析

NDVI是表征植被生长状况的重要指标,而气象要素对植被生长具有累积作用和连带效果。为了研究NDVI与降水、气温之间的关系,选取近20年5—10月植被生育期的平均气温、潜在蒸散量、累计降水量和平均干燥度指数进行分析研究。

结果显示,2000—2019年5—10月累计降水量与NDVI相关性最为紧密,相关系数达0.27~0.79。其中,巴丹吉林、李井滩、诺日公降水量与NDVI呈显著正相关(在0.05水平上显著相关)(图7.10、表7.2),且降水量与NDVI的相关系数和回归系数(R_2)均大于其他气象因素与 NDVI 相关系数。

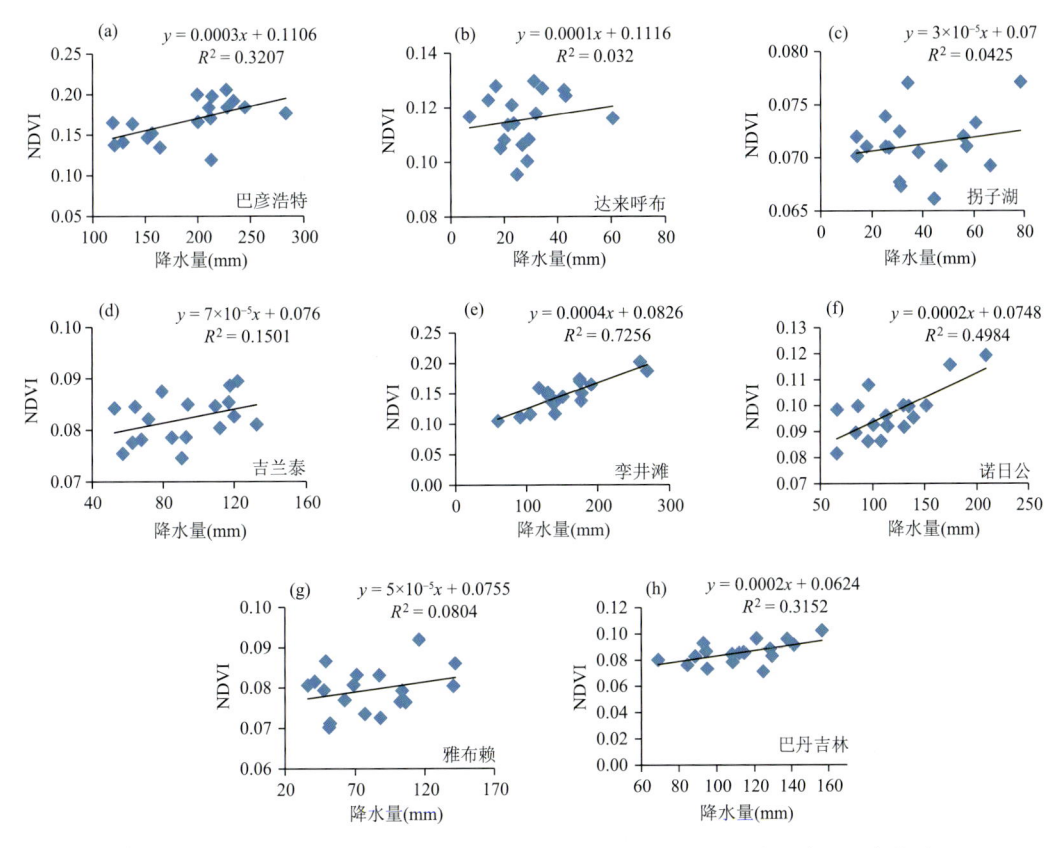

图 7.10　近 20 年 5—10 月巴彦浩特(a)、达来呼布(b)、拐子湖(c)、吉兰泰(d)、李井滩(e)、诺日公(f)、雅布赖(g)、巴丹吉林(h)气象站点降水量与 NDVI 相关系数

表 7.2　近 20 年 5—10 月 NDVI 与各气象要素的相关性分析

影响因子	巴丹吉林	巴彦浩特	达来呼布	拐子湖	吉兰泰	李井滩	诺日公	雅布赖	阿拉善盟
平均气温	0.030	0.093	−0.362	−0.262	−0.309	−0.374	−0.319	−0.339	−0.164
潜在蒸散量	−0.434	−0.308	0.267	0.395	0.214	0.218	0.220	0.409	−0.014
降水量	0.595*	0.461	0.266	0.378	0.427	0.794**	0.701**	0.360	0.517**
干燥度	0.043	−0.015	0.402	−0.007	0.317	−0.100	−0.169	−0.244	0.188*

注：* 表示 0.05 水平上显著相关；** 表示 0.01 水平上极显著相关；相关系数>0 表示正相关，相关系数<0 表示负相关。

从近 20 年 5—10 月阿拉善盟降水量和 NDVI 变化曲线（为便于直观显示，将 NDVI 值扩大 1000 倍）可以看出，植被指数 NDVI 与降水量的变化趋势较一致，说明降水量越大，植被覆盖状况越好(图 7.11)。

7.2.5　阿拉善盟植被长势趋势预测

通过 Hurst 指数进行阿拉善盟植被长势趋势预测[48]。Hurst 指数可通过最小二乘法在双对数坐标系中拟合得到，Hurst 指数主要存在以下 3 种情况：当 0<Hurst 指数<0.5 时，该

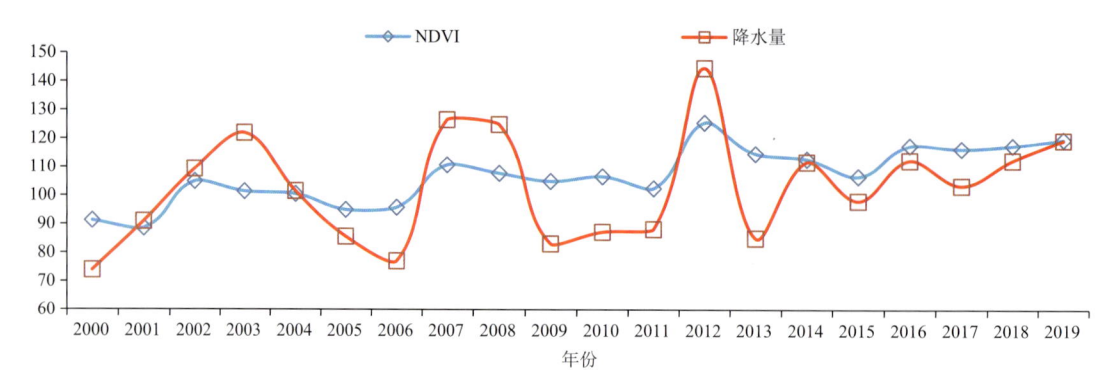

图 7.11 近 20 年 5—10 月阿拉善盟降水量(单位:mm)和 NDVI 变化曲线

时间序列的未来变化趋势与过去趋势恰好相反,且 Hurst 指数距离 0 越近,该时间序列的反持续性就越强;当 Hurst 指数=0.5 时,该时间序列是一个未来变化趋势与过去趋势无关的随机序列,模型无法对该像元做出准确的预测;当 Hurst 指数>0.5 时,该时间序列的未来与过去变化趋势一致,且 Hurst 指数距离 1 越近,该持续性就越强。结果显示,阿拉善盟植被长势 Hurst 指数在 0~0.693,其中 Hurst 指数<0.5 的像元占总数的 98%;Hurst>0.5 的像元约占总数的 1%(图 7.12)。

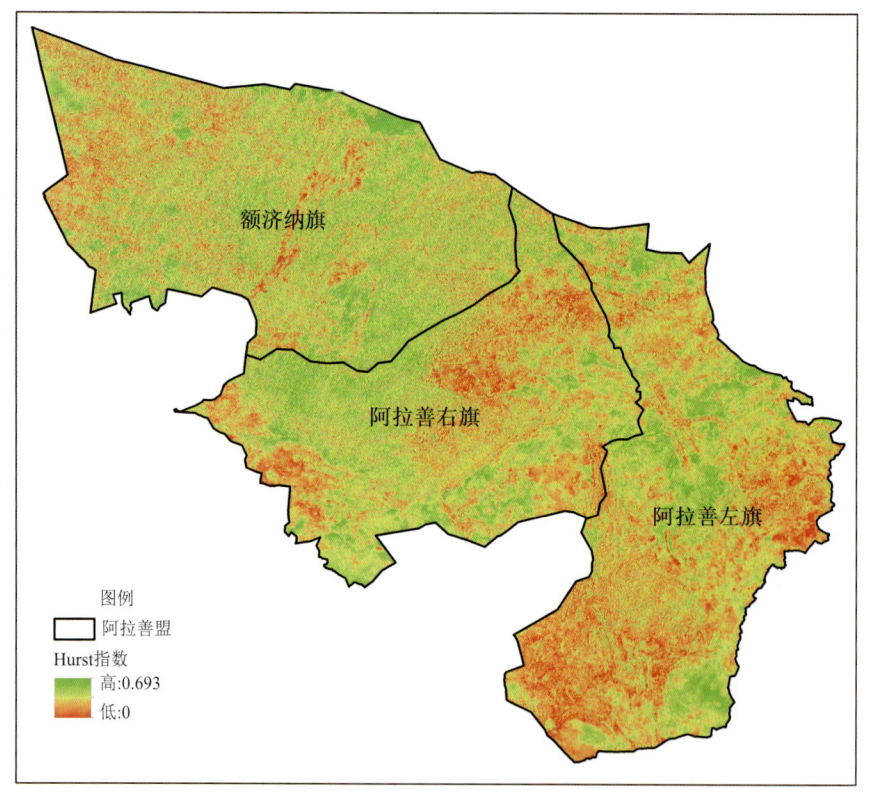

图 7.12 阿拉善盟长势 Hurst 指数空间分布

根据阿拉善盟近20年植被覆盖区域图与Hurst指数分布图叠加后可以看出：预计未来阿拉善盟71%的区域植被长势保持稳定，阿右旗偏南部、贺兰山沿山及腾格里开发区等约18.0%的区域植被长势有改善趋势；11.0%的区域可能出现退化趋势（表7.3），主要分布在额济纳旗西北部、阿右旗偏北部及乌兰布和沙漠西侧等地区。

表7.3 阿拉善盟植被长势变化趋势及面积预测

变化趋势	面积（km²）	占比（%）
改善—退化	2.43	9
持续退化	0.54	2
持续稳定	19.1	71
持续改善	3.78	14
退化—改善	1.08	4

根据未来趋势预测，建议今后阿拉善盟继续加强生态系统保护修复，实施"三北"防护林、天然林资源保护、退耕还林还草、防沙治沙示范区建设等重大生态保护和修复工程时，重点关注未来植被有退化趋势的区域（图7.13）。

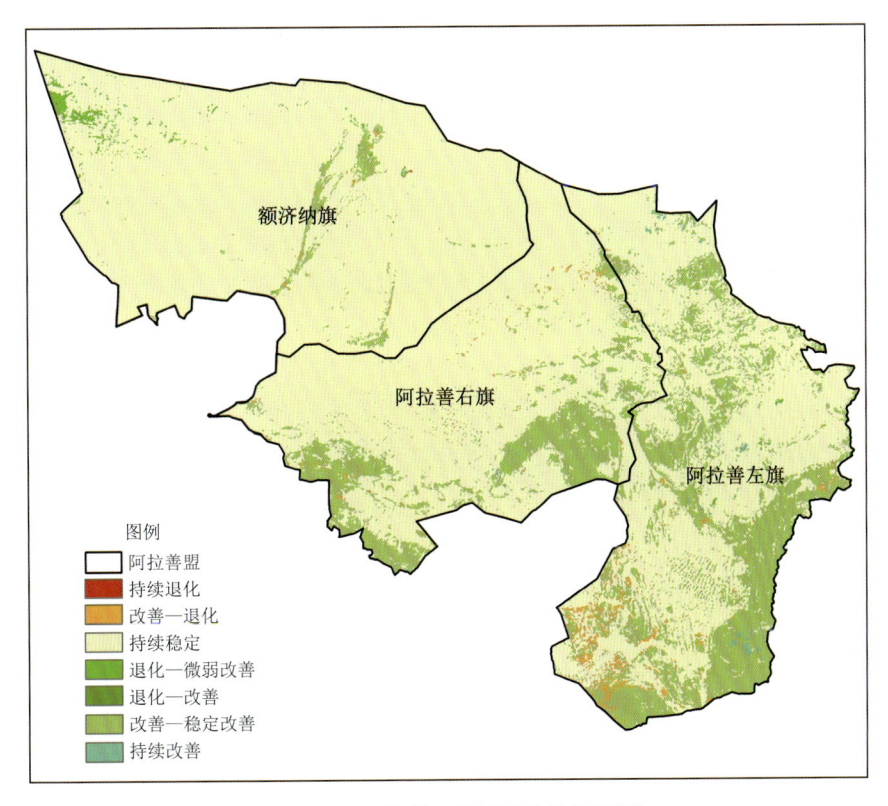

图7.13 阿拉善盟植被覆盖趋势预测

总体上，2000—2019年阿拉善盟植被覆盖度整体呈向好趋势，阿拉善盟有15.5%区域面积的植被覆盖得到改善。预计未来阿拉善盟71%的区域植被长势保持稳定，但仍需持续关注其变化动态,加强生态修复与保护,深入实施"三北"防护林、天然林资源保护、退耕还林还草、防沙治沙示范区建设等重大生态保护和修复工程,持续推动阿拉善盟森林覆盖度和草原植被覆盖度双提高。尤其是对植被有退化趋势的额济纳旗西北部、阿右旗北部及乌兰布和沙漠西侧等区域需特别关注。

7.3 沙漠扩张速度监测及评估

荒漠化是由于干旱少雨、植被破坏、大风吹蚀、流水侵蚀、土壤盐渍化等因素造成的大片土壤生产力下降或丧失的自然(非自然)现象,有狭义和广义之分。起源于20世纪60年代末和70年代初,非洲西部撒哈拉地区连年严重干旱,造成空前灾难,荒漠化名词于是开始流传开来。荒漠化最终结果大多是沙漠化,中国是世界上荒漠化严重的国家之一。沙漠扩张和沙漠化是人类面临的一个紧迫的环境难题,是制约社会经济发展中一个重要因素。

沙丘移动是判断沙漠扩张的一种重要依据。沙丘移动是指沙丘在风的作用下,形成风沙流,沿着地表面向风的下游方向移动,掩埋下游农田、道路、灌区、河道、草原等的自然现象,一方面导致土地沙化,另一方面也反映着风沙地貌形成发展的现代动态过程。沙丘移动是流沙治理中首先要考虑的问题,采取什么样的防沙措施,防沙措施应如何布设都需要知道沙丘移动的方向、方式和强度。因此,沙丘移动的研究越来越受到人们的重视,它对丰富沙漠研究理论,防沙治沙手段的提高具有重要的意义。

7.3.1 沙漠扩张遥感数据处理

7.3.1.1 研究方法

沙丘移动主要有野外观测法和遥感分析法。野外观测法:主要通过利用电子全站仪对沙丘形态测量及通过布设观测桩或者应用RTK测定沙丘垂直断面的水平移动来确定移动距离。该种方法最为直接,但是这种方法难以在大范围的空间上展开同步观测。高分辨率遥感影像的出现克服了观测空间、时间的限制,给沙丘移动变化的观测带来了新的方式。遥感分析法:利用卫星、航空影像等分析对比沙丘在一定时期的变化状态。本节利用Quick Bird、Worldview、中国高分二号(以下称GF-2)三种高分辨率的遥感影像计算出内蒙古西部区域沙漠东缘或沙漠过渡区域沙丘的移动速度和方向。

7.3.1.2 数据源与处理

遥感数据包括:美国Quick Bird 0.6 m分辨率历史影像数据;美国Worldview 0.31 m分辨率历史影像数据;GF-2的1 m分辨率实时影像数据。利用3种高分辨率影像数据所附带的RPC文件和GMTED2010数字高程模型数据进行正射影像校正。而后以Worldview影像为基准影像分别对Quick Bird和GF-2影像进行几何精纠正,使校正总精度保持在1 m以内,单点的定位精度控制在0.5 m误差以内,从而确保影像数据的配准精度。

在ArcGIS软件平台下,以两期高分辨率遥感影像为数据源,利用目视解译的方法,选择坡脚线明显的沙丘,矢量化沙丘的坡脚线,对比两期沙丘坡脚线顶点(代表点)的位移量,以此计算沙丘的移动距离和移动速度,基于遥感影像沙丘移动测量具体示意图见图7.14。

对沙丘坡脚线的移动距离计算时,采用5点求平均法。即在每个观测点上选取5座沙丘

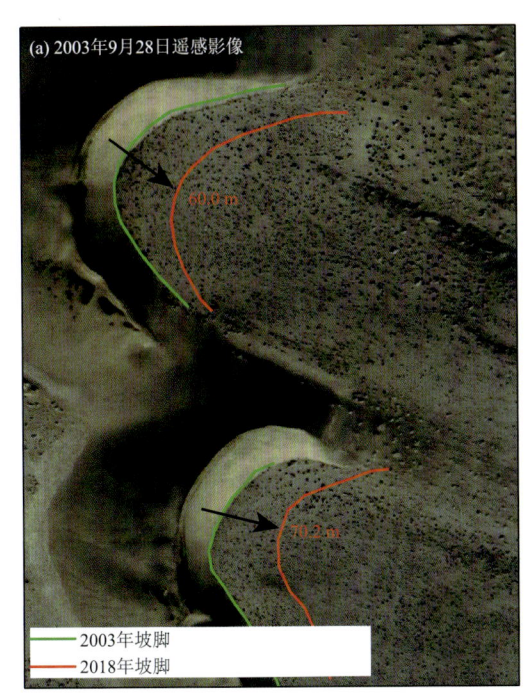

图 7.14　沙丘移动示意图

作为样本,在每期影像的样本沙丘坡脚线上选取坡脚线弧度顶点作为特征观测点,而后量取相应另一期影像沙丘坡脚线对应观测点之间的距离和方位角,求出其平均移动距离及平均移动方向,将其作为该样本沙丘的该时间段内的移动值,此后以5座沙丘平均移动距离作为该观测点沙丘平均移动距离。

7.3.2　结果分析

7.3.2.1　内蒙古西部区沙丘移动速度现状

共选取沙丘移动监测点12处,监测结果显示,近5年(2014—2019年)12处监测点的沙丘总体由西北向东南方向移动,但不同监测点沙丘移动速度差异较大,移动速度在0.6~11.5 m/a。巴音温都尔沙漠东缘(点1)、巴丹吉林沙漠与亚玛雷克沙漠过渡区(点7)、巴丹吉林沙漠与腾格里沙漠过渡区(点12)、腾格里沙漠与乌兰布和沙漠过渡区(点8)4处沙丘移动速度较快,其中,巴音温度尔沙漠东缘沙丘移动速度异常快速(11.5 m/a);明安沙地东缘、乌兰布沙沙漠东南缘、腾格里沙漠东缘3处沙丘移动速度小于1 m/a,移动速度相对较慢;其余5处观测点的沙丘移动速度在1.2~2.2 m/a,移动速度处于中等水平,具体见图7.15。

7.3.2.2　内蒙古西部区沙丘移动速度年代际变化

关于所选取的12处沙丘移动监测点,从年代际变化来看,沙丘移动速度均显示出显著减小的趋势。速率减少在40%以上的区域有点2、点3、点4、点5、点6、点10、点11,特别是点2、点3、点4、点5这4处在植被工程建设区域,沙丘移动速率减少在50%以上。点1、点7、点12、点8这4处沙丘移动速度较快的区域虽呈显著减少趋势,但是沙丘移动速度年代际变幅较

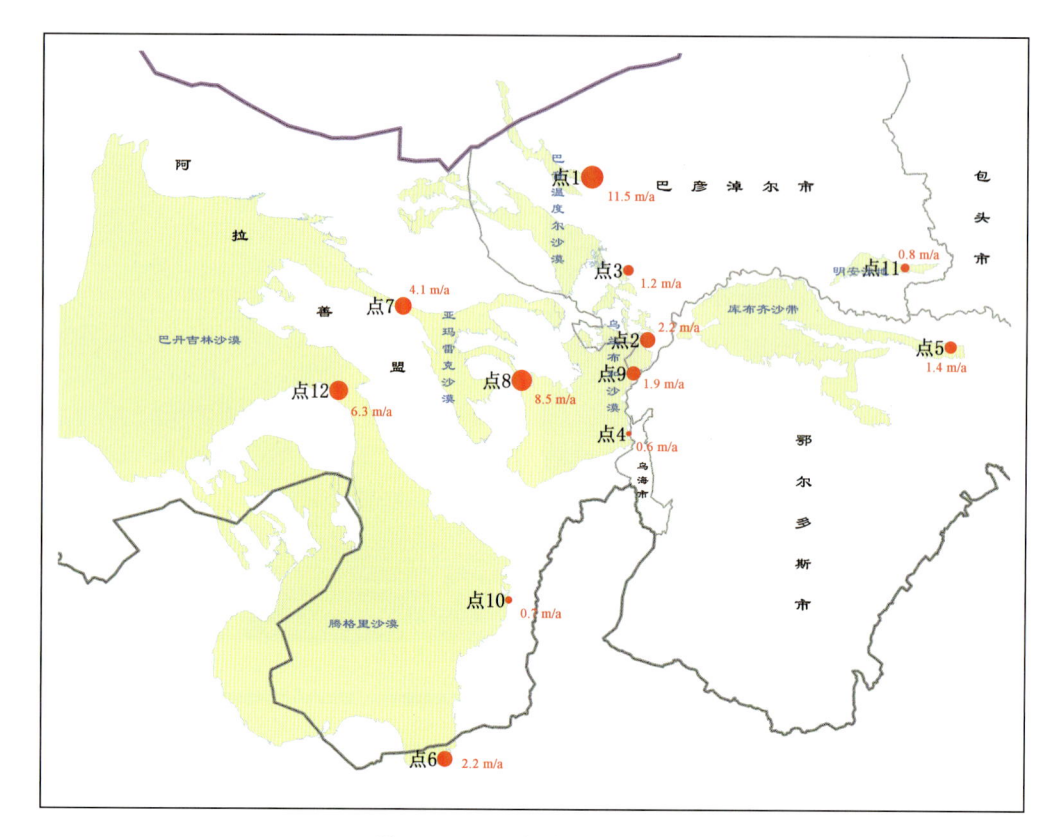

图 7.15　近 5 年沙丘移动速度

小,具体变化趋势见图 7.16。

7.3.3　结论

利用 Quick Bird、Worldview、GF-2 这 3 种高分辨率遥感影像分析了内蒙古西部区沙漠边缘及沙漠过渡区沙丘移动速度空间分异现状及沙丘移动速度的年代际变化,得出以下结论。

(1)内蒙古西部区沙丘总体由西北向东南方向移动,沙丘移动速度在 0.6~11.5 m/a,其中巴音温都尔沙漠东缘沙丘移动速度异常快速(11.5 m/a),需给予适当关注。

(2)从年代际变化来看,内蒙古西部区沙丘移动速度均显示出显著减小的趋势,减少在 40%以上的区域占总测点的 58.3%,但是沙丘移动快速区沙丘移动速度年代际变幅相对较小。

(3)随着高分辨率遥感影像数据资源的不断丰富,对沙丘的移动情况进行监测创造了良好的条件。特别是我国 GF2 亚米级遥感数据的应用,完全可满足在 1 年时间尺度甚至更小时间尺度的应用要求。高分辨率遥感影像的出现将对沙丘移动及监测业务产生积极意义。

7.4　本章小结

本章介绍了荒漠生态系统的分布及其气候概况,以示意图形式展现了内蒙古荒漠生态系

第 7 章 荒漠生态气象

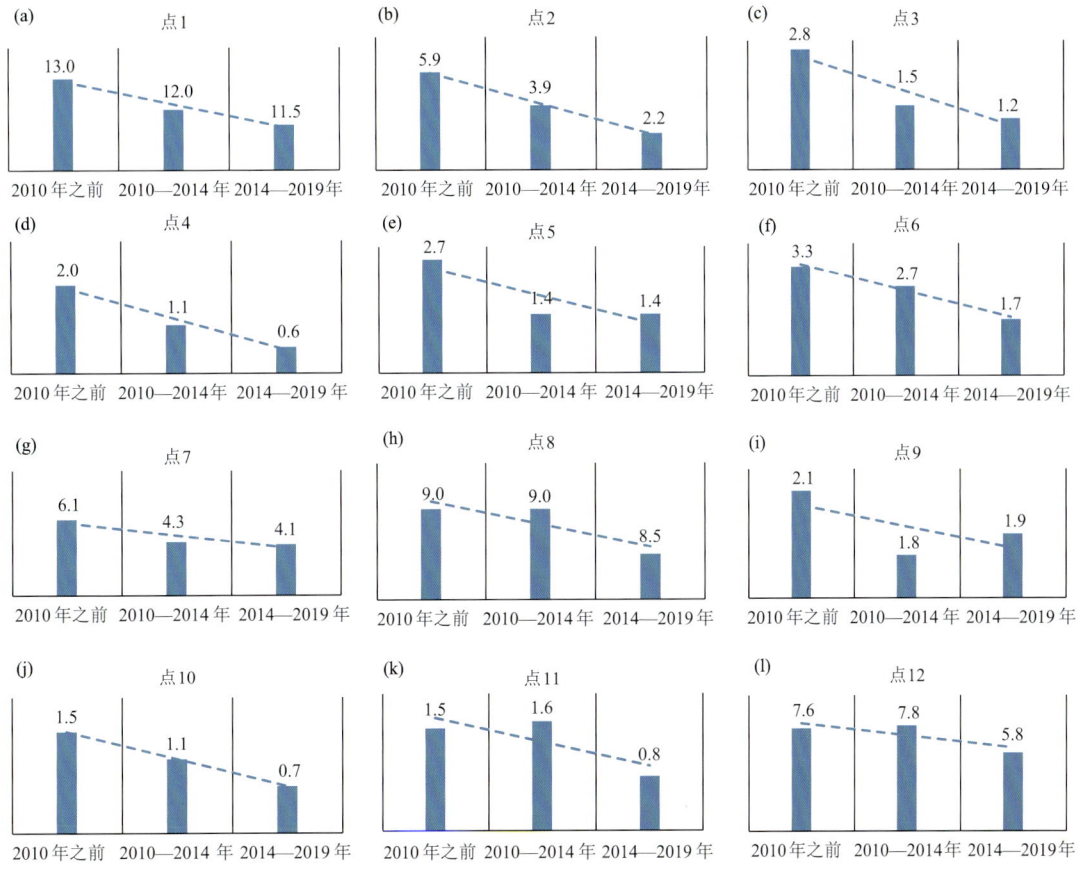

图 7.16 沙丘移动速度变化趋势

统的分布区域。以内蒙古荒漠的典型代表阿拉善盟为例，运用 SPOT VEGETATIONNDVI 数据集，开展阿拉善盟近 20 年植被指数时空动态变化及气温、降水、潜在蒸散、大风、沙尘等气象因素对植被覆盖变化影响研究，并预测阿拉善盟植被未来变化趋势，以期为本地区生态环境保护与建设提供参考。利用 Quick Bird、Worldview、中国高分二号 3 种高分辨率的遥感影像计算出内蒙古西部区域沙漠东缘或沙漠过渡区域沙丘的移动速度和方向，分析了内蒙古西部区沙漠边缘及沙漠过渡区沙丘移动速度空间分异现状及沙丘移动速度的年代际变化。

（1）2000—2019 年阿拉善盟植被覆盖度整体呈向好趋势，阿拉善盟有 15.5％区域面积的植被覆盖得到改善。预计未来阿拉善盟 71％的区域植被长势保持稳定，但仍需持续关注其变化动态，加强生态修复与保护，深入实施"三北"防护林、天然林资源保护、退耕还林还草、防沙治沙示范区建设等重大生态保护和修复工程，持续推动阿拉善盟森林覆盖度和草原植被覆盖度双提高。尤其是对植被有退化趋势的额济纳旗西北部、阿右旗北部及乌兰布和沙漠西侧等区域需特别关注。

（2）内蒙古西部区沙丘总体由西北向东南方向移动，沙丘移动速度在 0.6～11.5 m/a，其中巴音温都尔沙漠东缘沙丘移动速度异常快速（11.5 m/a），需给予适当关注。

（3）从年代际变化来看，内蒙古西部区沙丘移动速度均显示出显著减小的趋势，减少在 40％以上的区域占总测点的 58.3％，但是沙丘移动快速区沙丘移动速度年代际变幅相对较小。

针对荒漠生态系统站点稀少问题,应加快生态气象监测站网建设,提升生态系统保护气象综合监测服务能力。根据不同地貌类型增加必要的气象要素和生态要素监测,进一步提高阿拉善盟生态保护和高质量发展气象服务保障的能力与水平。

第8章 湿地生态系统

湿地蕴含地球最丰富的物种，对于自然发展的地位与森林和海洋一样重要。湿地能调节自然环境的呼吸，有"地球之肾"的称号。我国幅员辽阔，湿地存在于国内各个区域中，分布广泛，类型众多，在《湿地公约》中所记载的湿地类型均可在我国发现。据《内蒙古国土资源》记载，内蒙古高原上有大小湖泊 1000 多个，总面积超过 6000 km^2，约占全区总面积 5.1%。

8.1 内蒙古湿地生态系统概况

内蒙古自治区认真贯彻落实《内蒙古自治区湿地保护条例》和《内蒙古自治区湿地保护修复制度实施方案》，湿地保护修复取得明显成效。全区湿地总面积 601.06 万 hm^2，占全区面积的 5.08%。

内蒙古自治区湿地类型多样，生物多样性丰富，既有天然的河流、湖泊、沼泽，也有人工的水库、灌渠、稻田。河流湿地主要集中分布在东部 4 个盟市，纵贯呼伦贝尔市和兴安盟的嫩江流域，西部除黄河以外，基本没有较大的河流，而且河流多数易形成季节性断流。湖泊湿地位于东部盟市的一般面积较大，而且以淡水湖为多，分布有我国第五大淡水湖——呼伦湖，面积为 2063 km^2。而西部除分布有乌梁素海、岱海和黄旗海等几个较大的淡水湖外，绝大多数为小型咸水湖。沼泽和沼泽化草甸湿地的分布是森林沼泽、灌丛沼泽、藓类沼泽，只有东部的呼伦贝尔市分布，兴安盟仅有少数分布。草本沼泽自东而西显著减少，而西部沼泽则以内陆盐沼为主。湿地周边城市较发达，人口众多。沿黄河建设有蕴藏丰富矿产的乌海市，有"鱼米之乡"美称的巴彦淖尔市，重工业发达的包头市，自治区首府呼和浩特市。西辽河一线的赤峰市、通辽市是草原不断壮大的城市。嫩江流域的牙克石市、扎兰屯市、乌兰浩特市所辖地区盛产林木产品，而且土地肥沃、水源充足、农牧业收入丰厚。内蒙古自治区湿地范围内分布有脊椎动物 288 种，其中鸟类 142 种、两栖类 8 种、爬行类 6 种、兽类 32 种、鱼类 100 种，湿地高等植物 467 种，隶属 92 科 216 属，已建立以湿地为保护对象的自然保护区 83 处、国家湿地公园 53 处、自治区湿地公园 5 处，发布自治区第一批重要湿地 16 处。内蒙古已初步形成了以湿地自然保护区、湿地公园为主，其他保护形式为补充的湿地保护体系，湿地保护率达到 31.89%。2020 年 5—9 月，利用 GF-1 号、GF-6 号等卫星资料对内蒙古自治区主要湖水体进行了面积监测，监测结果如下。

8.2 主要湖泊水体空间分布特征

内蒙古湖泊主要分布在呼伦贝尔高原、西辽河平原、锡林郭勒高原、乌兰察布高原和丘陵区、河套平原和鄂尔多斯高原等广大地区。按照湖泊的成因可分为构造湖、堰塞湖、河迹湖、风蚀湖、沙湖等。面积最大的呼伦湖,也称达赉湖,坐落于呼伦贝尔市,是一个地质构造湖。此外,还有乌梁素海、达里诺尔湖、东居延海、岱海、黄旗海等。

呼伦湖(117°00′10″～117°41′40″E,48°30′40″～49°20′40″N)位于内蒙古自治区呼伦贝尔高原西部的中高纬度地带,横跨新巴尔虎左旗、新巴尔虎右旗、满洲里市,湖面呈不规则长方形,该地区属于干旱半干旱大陆性季风气候,冬季严寒漫长,春季干燥风大,秋季气温骤降、霜冻早,2019 年水体面积为 2063 km²。

达里诺尔湖(116°30′～116°48′E,43°13′～43°23′N)位于内蒙古自治区赤峰市克什克腾旗西部,南临浑善达克沙地,是我国北方典型的旱寒区湖泊之一。达里诺尔湖是赤峰市境内最大的湖泊,整体形状呈海马状,湖体按南北分布,是封闭式苏达型半咸水湖。达里诺尔湖属于高原内陆湖,湖水无外泄,2019 年水体面积为 181.5 km²。

黄旗海(112°24′～113°33′E,40°37′～41°27′N)位于内蒙古自治区乌兰察布市察右前旗境内,海子中心坐标为 113°18′E,40°51′N,呈不规则三角形,东西长约 20 km,南北宽 6.9 km,湖水面积波动大,2008 年一度干涸,2012 年 7 月水体面积恢复到 26.75 km²。

岱海(112°37′20″～112°46′4″E,40°32′27.38″～40°36′37″N)位于内蒙古自治区乌兰察布市凉城县境内,是我国半干旱区一个典型的封闭型内陆湖,岱海地处我国半干旱与半湿润的过渡带,气候上属于中温带半干旱季风气候,冬季长而干冷,夏季短而温暖,年平均气温较低,年温差和日温差较大,2019 年水体面积为 51.4 km²。

乌梁素海(108°43′～108°57′E,40°47′～41°03′N)是内蒙古高原干旱区最典型的浅水草型湖泊,是黄河改道形成的河迹湖,也是全球荒漠半荒漠地区极为少见的大型草原湖泊,它是中国八大淡水湖之一。湖区位于内蒙古自治区巴彦淖尔市乌拉特前旗,2009 年湖体面积达到 363.6 km²,素有"塞外明珠"之美誉;它也是地球同一纬度最大的湿地。

东居延海位于内蒙古自治区阿拉善盟额济纳旗境内,是黑河下游的终端湖。2002 年 7 月 17 日,东居延海首次人工调水成功,以后东居延海面积整体呈上升趋势,2019 年东居延海水域面积为 62.4 km²。

利用历史遥感数据对内蒙古面积较大的主要湖水体(呼伦湖、乌梁素海、达里诺尔湖、东居延海、岱海和黄旗海)的面积进行监测分析。遥感监测结果显示,内蒙古地区的六大湖水体面积表现出不同的变化特征。

8.3 年内主要水体面积分析

2020 年 5—9 月,利用 GF-1 号、GF-6 号等卫星资料对内蒙古自治区主要湖水体进行了面积监测,监测结果见图 8.1—图 8.8。

呼伦湖水体面积 5 月最小,为 2059.3 km²,9 月最大,为 2067.5 km²;达里诺尔湖水体面积 5 月最小,为 179.3 km²,6 月最大,为 182.4 km²;黄旗海水体面积 5 月最小,为 3.1 km²,9 月最大,为 37.8 km²;岱海水体面积 6 月最小,为 48.9 km²,7 月最大,为 49.6 km²;乌梁素海水体面积 6 月最小,为 325.2 km²,8 月最大,为 337.1 km²;东居延海水体面积 5 月最小,为 60.7 km²,9 月最大,为 66.4 km²。监测发现,黄旗海水体面积变化幅度最大,呼伦湖、达里诺尔湖、岱海水体面积变化幅度相对较小。

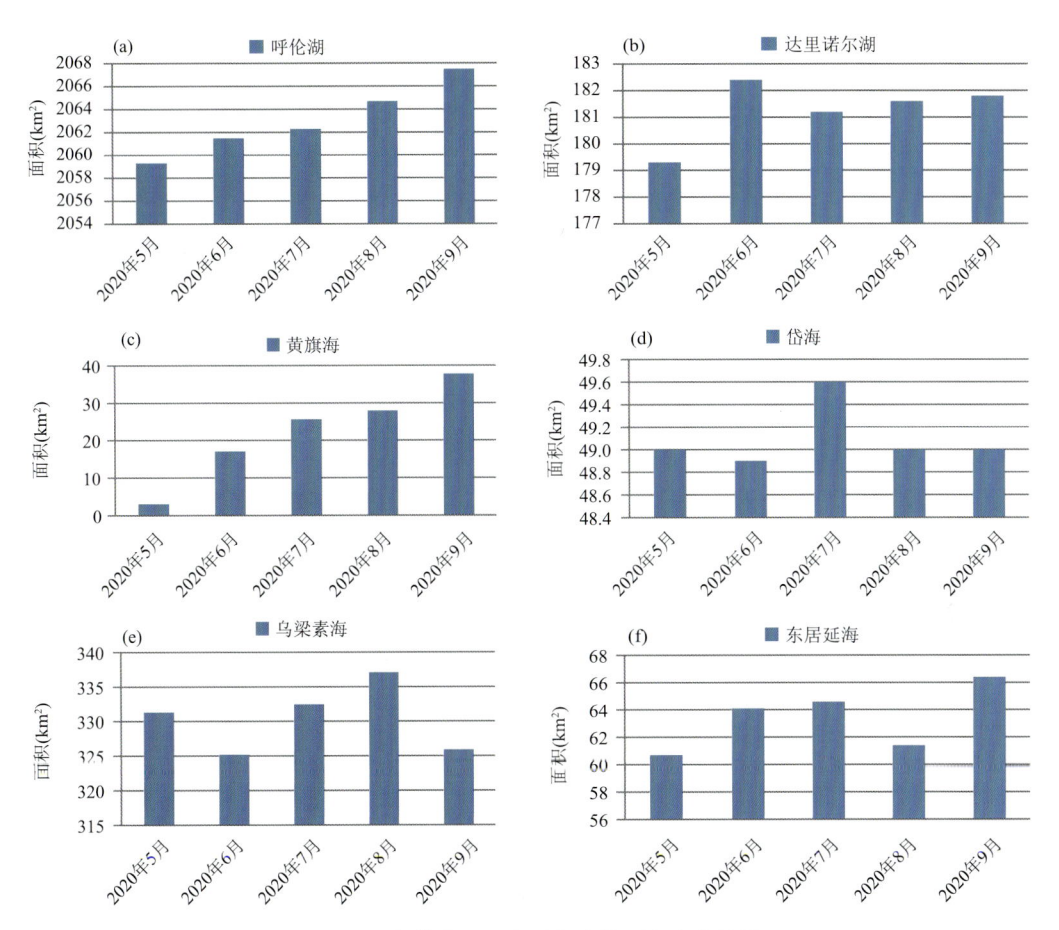

图 8.1 内蒙古地区主要湖水体面积变化情况

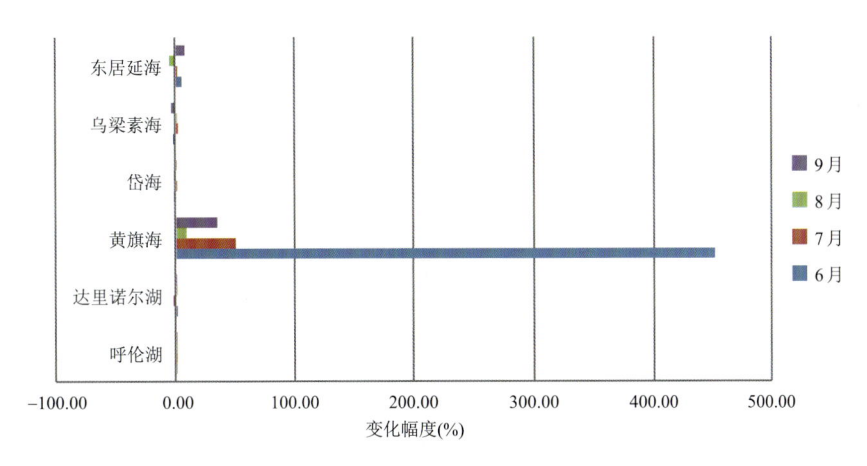

图 8.2 内蒙古地区主要湖水体面积变化幅度

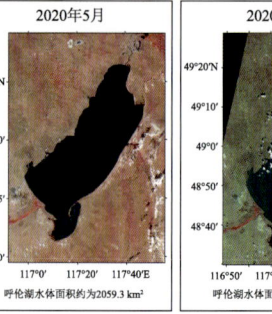

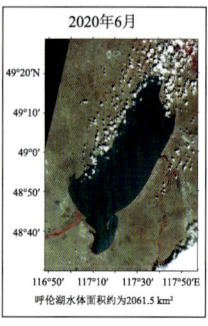

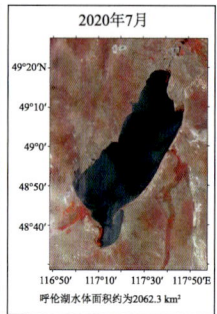

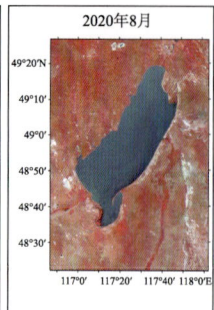

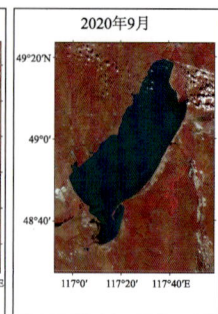

图 8.3　2020 年 5—9 月呼伦湖遥感监测

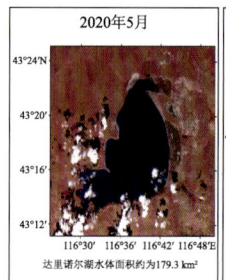

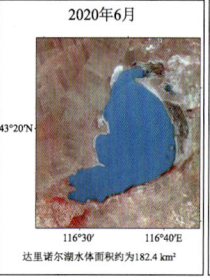

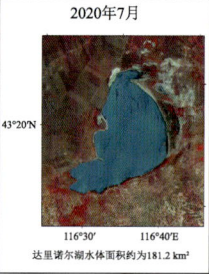

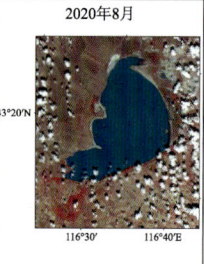

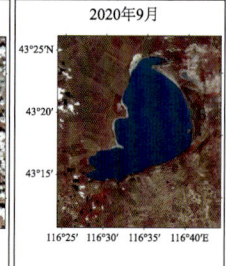

图 8.4　2020 年 5—9 月达里诺尔湖遥感监测

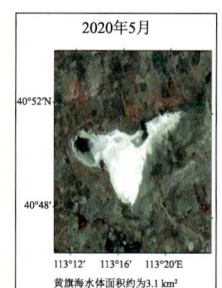

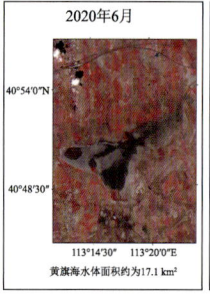

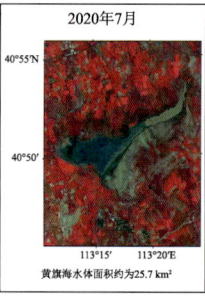

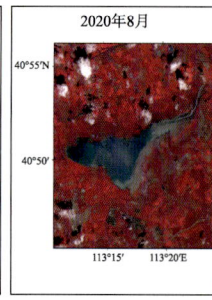

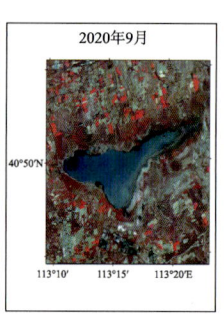

图 8.5　2020 年 5—9 月黄旗海遥感监测

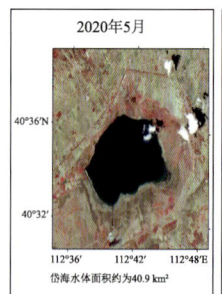

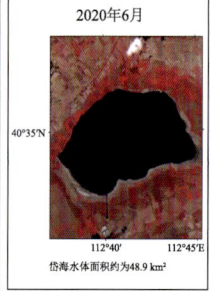

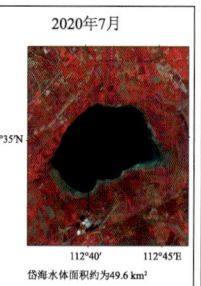

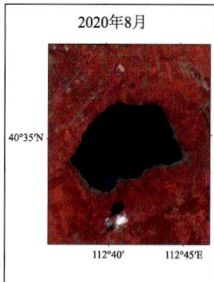

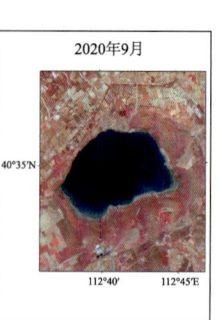

图 8.6　2020 年 5—9 月岱海遥感监测

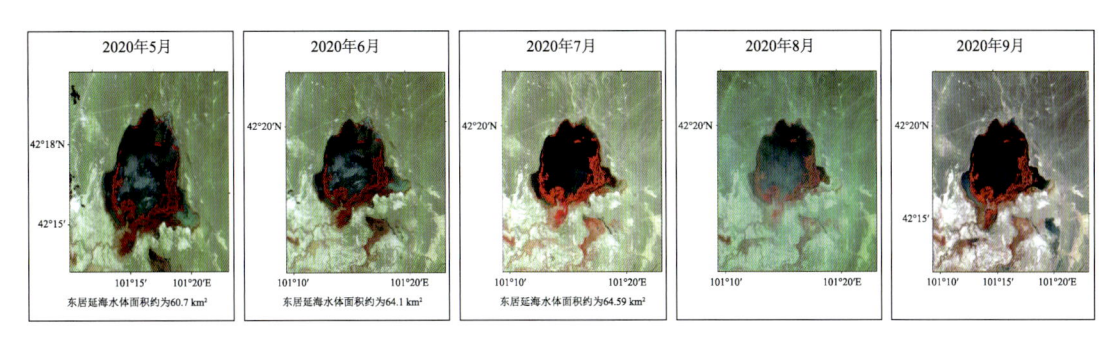

图 8.7　2020 年 5—9 月东居延海遥感监测

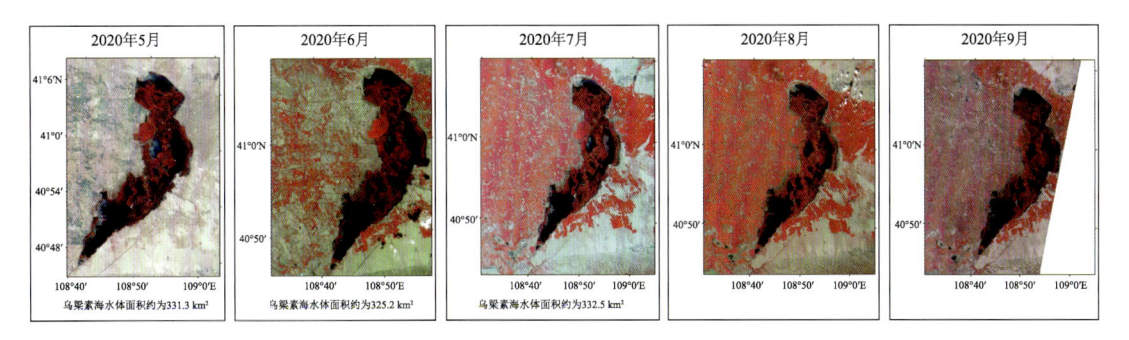

图 8.8　2020 年 5—9 月乌梁素海遥感监测

8.4　年际主要水体面积分析

对比历史遥感数据,内蒙古地区主要湖水体面积表现出不同的变化特征。

呼伦湖经历了一个萎缩—恢复的过程。1975 年,呼伦湖水体面积为 2097.79 km², 2000 年后呼伦湖水体面积逐年缩小,水体面积最小年份为 2011 年,仅为 1722.66 km², 之后呼伦湖水体面积逐渐增加,2016 年达到 2091.47 km², 2017—2020 年出现小幅波动,2020 年水体面积为 2063.06 km², 与上年基本持平。

1989—2006 年达里诺尔湖水体面积平均值在 200 km² 以上,1998 年达到最大值,为 221.06 km², 2007 年后水体面积逐渐减小,2020 年达最小值,为 181.26 km², 与上年基本持平。

岱海和黄旗海地处乌兰察布市境内,1973 年黄旗海水体面积为 81.9 km², 此后面积逐渐减小,到 2020 年为 22.3 km², 较上年减少 27.7%;1973 年岱海水体面积为 150.7 km², 此后面积持续萎缩,到 2020 年水体面积为 49.1 km², 较上年减少 4.5%。

乌梁素海自 1987 年以来水体面积平均值在 300 km² 以上,2009 年达到最大值,为 363.55 km², 1993 年达最小值,为 293.93 km², 2020 年乌梁素海水体面积为 330.4 km², 较上年增加 4.1%。

东居延海在历史上几度干涸,2004 年后东居延海水体面积显著增加,2018 年达到最大值,为 65.5 km², 2020 年水体面积为 63.4 km², 较上年增加 1.67%。

8.5 本章小结

本章介绍了内蒙古湿地生态系统概况,主要湖泊水体空间分布特征,利用历史遥感数据,对内蒙古面积较大的主要湖水体(呼伦湖、乌梁素海、达里诺尔湖、东居延海、岱海和黄旗海)面积进行监测分析,结果显示内蒙古地区的六大湖水体面积表现出不同的变化特征。

第9章 城市生态系统

9.1 城市热岛遥感监测评估

9.1.1 资料来源与方法

采用 2000—2020 年 Landsat TM/OIL 遥感数据,选取 7 月的卫星影像数据,将包含呼和浩特市主要不透水地表的主城区(二环以内)和近郊区(二环以外)内作为研究区进行地表温度和植被指数、植被覆盖度的反演。

数据分析方法

(1)植被指数:植被指数成为衡量地表植被绿度的重要指标,特别是对于低植被覆盖率的城市建成区。植被覆盖情况能从含有近红外和红光波段的遥感图像计算归一化植被指数获知。利用 Landsat 卫星遥感数据,计算城市归一化植被指数和植被覆盖指数,公式如下:

$$\mathrm{NDVI} = \frac{\mathrm{TM}_5 - \mathrm{TM}_4}{\mathrm{TM}_5 + \mathrm{TM}_4} \tag{9.1}$$

式中,NDVI 是归一化植被指数,TM_5 和 TM_4 分别代表近红外波段和红光波段的反射率。

$$F_\mathrm{v} = \frac{\mathrm{NDVI} - \mathrm{NDVI}_\mathrm{soil}}{\mathrm{NDVI}_\mathrm{veg} - \mathrm{NDVI}_\mathrm{soil}} \tag{9.2}$$

式中,F_v 是对应区域植被覆盖度,其中,$\mathrm{NDVI}_\mathrm{soil}$ 为裸土的 NDVI,$\mathrm{NDVI}_\mathrm{veg}$ 为植被的 NDVI。

(2)城市热岛效应监测方法

地表温度(T_s)作为陆面最关键的热辐射参数,与太阳辐射和土地覆盖类型密切相关。对遥感影像进行几何纠正、投影变换等预处理。通过 TM 影像的热红外波段(第 6 波段)求算亮度温度,将像元灰度值(DN)转化为相应的辐射亮度,然后根据辐射亮度推算对应的亮度温度,从而反演地表温度,根据 Landsat TM 单窗算法,地表温度反演计算公式如下。

$$T_\mathrm{s} = a(1-C-D) + [b(1-C-D) + C + D]T_6 - DT_\mathrm{a} \tag{9.3}$$

式中,a 和 b 为常数,$a=-67.355$,$b=0.459$;C 和 D 为中间参数;T_6 是像元亮度温度(单位:K);T_s 是大气平均作用温度(单位:K);T_a 是大气向下的平均作用温度。

$$C = \tau \times \varepsilon \tag{9.4}$$

$$D = (1-\tau)[1+\tau(1-\varepsilon)] \tag{9.5}$$

式中,τ 为大气透过率,可通过下载数据查找;ε 为地表比辐射率。

地表比辐射率和植被覆盖度相关,植被覆盖度计算公式如下。

$$\mathrm{NDVI} = (\mathrm{TM}_4 - \mathrm{TM}_3)/(\mathrm{TM}_4 + \mathrm{TM}_3) \tag{9.6}$$

$$P_v = (NDVI - NDVI_{min})/(NDVI_{max} - NDVI_{min}) \tag{9.7}$$

式中,NDVI 是归一化植被指数;$NDVI_{max}$ 是全植被覆盖状况下的 NDVI;$NDVI_{min}$ 是无植被覆盖状况的 NDVI。

(3)城市热岛等级分类

城市热岛等级标准分类参照《城市热岛强度等级》(DB21/T 2016—2021)。ΔT_{UHI} 为城市热岛强度,T_u 为城区温度,T_t 为郊区温度。

$$\Delta T_{UHI} = T_u - T_t \tag{9.8}$$

城市热岛强度等级见表 9.1。

表 9.1 城市热岛强度等级

热岛强度范围	热岛强度等级
$\Delta T_{UHI} \leqslant -0.5\ ℃$	冷岛
$-0.5\ ℃ < \Delta T_{UHI} \leqslant 0.5\ ℃$	无热岛
$0.5\ ℃ < \Delta T_{UHI} \leqslant 1.5\ ℃$	弱热岛
$1.5\ ℃ < \Delta T_{UHI} \leqslant 3.5\ ℃$	较强热岛
$\Delta T_{UHI} > 3.5\ ℃$	强热岛

9.1.2 研究区夏季植被指数变化特征

分析研究区的归一化植被指数分区,可明显看出,2020 年呼和浩特市区内植被分布稀少,且主要集中在公园等主要绿化地区。赛罕区由于南部有大量的高植被指数分布区域,平均植被指数较高。2000—2005 年植被指数较高的面积减少,植被指数在 0~0.2 的范围内面积也减少,0.2~0.6 范围内面积大幅度增加,与数据选取时间有较大关系,2005 年由于选择呼和浩特上空无云,时间为 6 月初,植被长势差于其余 7 月时段。2010 年相较于 2005 年的植被指数分布情况为 0.2~0.4 范围内面积减少,最高和最低区间内面积均有增加。2013 年主城区植被指数在 0~0.2 范围内的区域分布密集,但少于 2010 年,2016 年在市区东北部低植被覆盖地区面积有明显的扩张,到 2019 年发现植被指数范围在 0~0.2 的区域在城市中心的集中现象明显减弱,但外部区域明显地出现了很多在低植被指数范围区域,2020 年低植被指数范围向西北方向扩张,南部出现了连片的低植被指数覆盖区域,且呼和浩特主城区的植被覆盖度在 0.4~0.6 范围内的面积大幅度增加(图 9.1)。

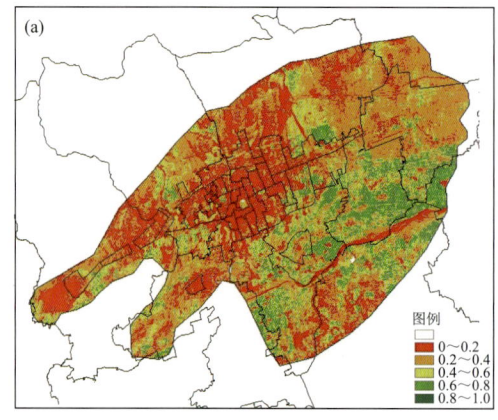

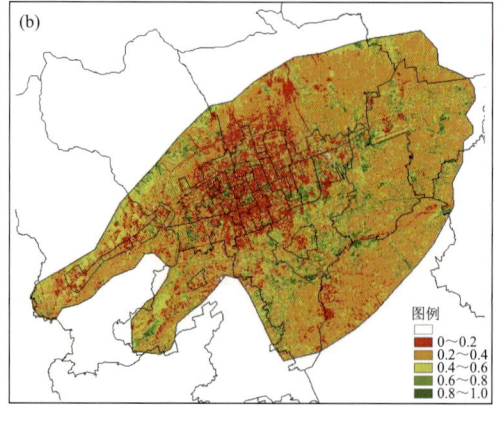

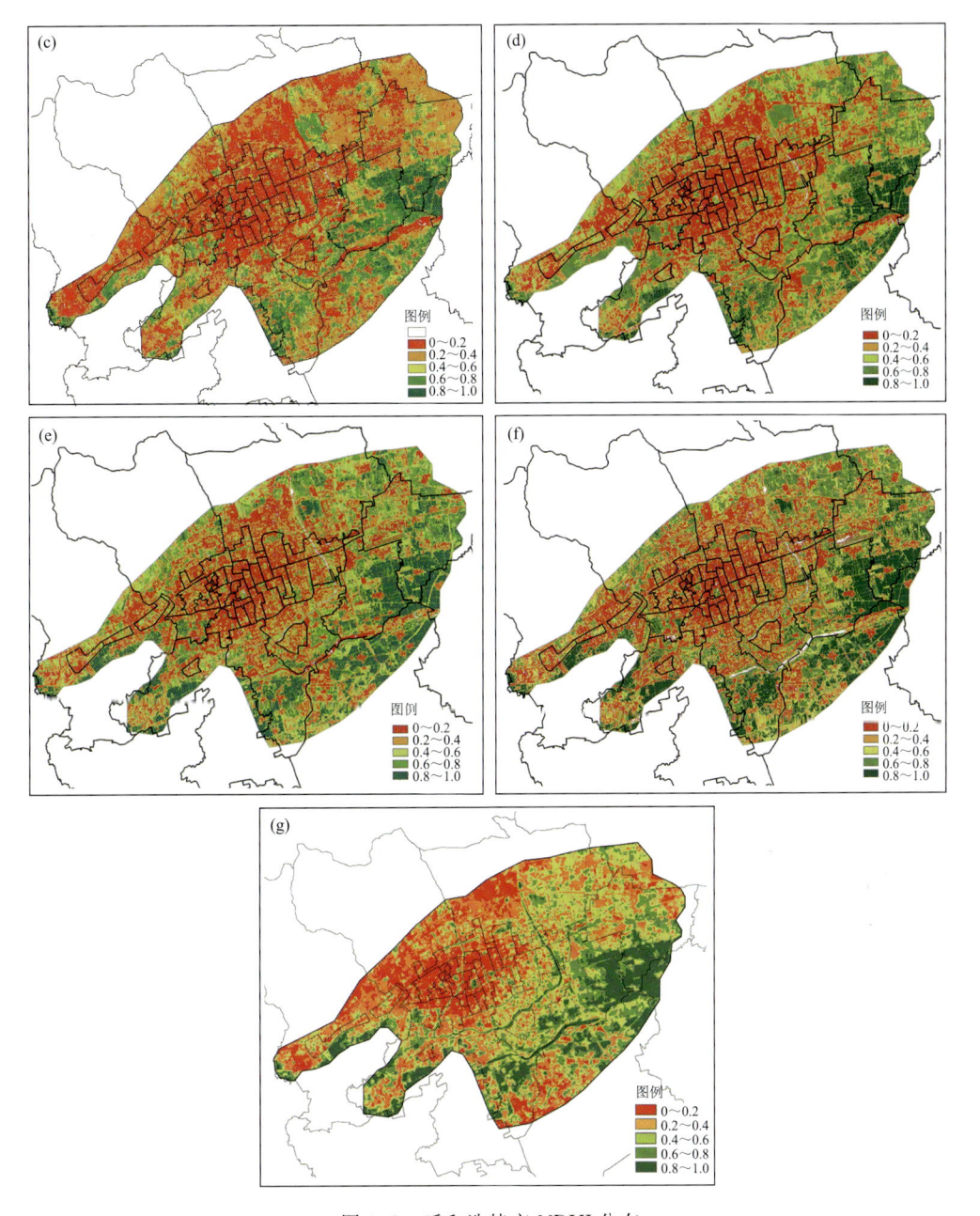

图 9.1 呼和浩特市 NDVI 分布

(a)2000 年,(b)2005 年,(c)2010 年,(d)2016 年,(e)2019 年,(f)2019 年,(g)2020 年

植被整体分布情况显示南部植被生长形势好于北部,且北部区植被指数范围在 0~0.2 的土地连片现象更明显。

将呼和浩特市主城中区县的 NDVI 统计分析(表 9.2)可知:

(1)数据显示赛罕区的平均 NDVI 最高,说明该区绿化程度相对较高,由于土默特左旗纳入研究区的范围主要为开发区,所以平均归一化植被指数最小。

(2)从时间尺度分析,市区 2000—2005 年平均植被指数减少(考虑数据选取时间的影响,6

月初植被长势普遍差于7月),2010—2016年平均植被指数增大,在2019—2020年植被指数再次减小,但幅度不大。

(3)呼和浩特市整体植被长势趋势在变好,虽然在2016年后有小幅度的下降,但依然高于历年平均值。

(4)2020年平均植被指数从大到小依次排序为赛罕区＞玉泉区＞新城区＞回民区＞土默特左旗。

表9.2 呼和浩特市各区(旗)归一化植被指数统计

	2000年	2005年	2010年	2013年	2016年	2019年	2020年
玉泉区	0.248	0.129	0.286	0.315	0.327	0.323	0.320
回民区	0.091	0.058	0.091	0.106	0.119	0.117	0.109
赛罕区	0.275	0.125	0.285	0.333	0.355	0.352	0.349
新城区	0.189	0.114	0.194	0.262	0.284	0.285	0.281
土默特左旗	0.070	0.042	0.079	0.096	0.104	0.101	0.097
平均值	0.175	0.094	0.187	0.222	0.238	0.236	0.231

9.1.3 城市热岛效应监测

城市不透水地表是指道路、沥青、水泥、建筑屋顶等水不能通过其下渗到土壤中的城市人工景观。改革开放后,随着经济的快速发展,产业结构的变化和农村人口大量聚集到城市,城市逐步成为人口和经济的聚集地。城市化地区的地表覆盖发生了快速且复杂的变化,原有的植被、土壤、水体等自然地表被人工不透水地表取代,降低了土壤蒸发,增加了显热的存储和传递,降低了近地面湿度和空气流动,是城市地表温度上升的主要原因。这造成了城郊温差增大,城市热岛问题逐渐显著。

9.1.3.1 2020年研究区热岛空间分布

由图9.2可知,2020年呼和浩特市主城区热岛面积共441.058 km²,弱热岛、较强热岛和强热岛几乎均匀分布,其中弱热岛比例稍多于其他两种。城市热岛强度分布显示:强热岛主要集中分布在新城区和回民区的各主要街道,且连片现象显著;西北部的城市热岛分布强度大、面积广;且城市冷岛的面积比例也有所增加,城郊温差进一步加剧。2020年新城区和回民区的地表温度平均值超过38 ℃,比2019年高3 ℃,2016年和2013年平均地表温度最高的是赛罕区,新城区居于第2位。2010年平均地表温度最高的是赛罕区,玉泉区居于第2位,赛罕区居于第3位,比玉泉区平均温度低近2 ℃。2005年平均地表温度最高的是回民区,赛罕区居于第2位,且整体温度明显低于2010年和2000年。2000年呼和浩特市的平均地表温度最高的仍为赛罕区,其次为新城区和玉泉区。总体来说,赛罕区由于城市不透水地表土地类型较多,城市发展较早,因此早年城市热岛现象比较显著。但随着后期城市内部绿地的建设,城市内部高温连片效应明显减弱。

2020年城市热岛效应很强,在呼和浩特市北部大面积连片,仅东南方向有小部分无热岛和冷岛集中分布。2013年的城市强热岛相对于2019年而言连片现象更加显著,且在范围上大幅度发散。在成吉思汗大街、金川开发区、金桥开发区和如意开发区城市较强热岛和弱热岛的分布明显多于2019年。2016年相较于2013年城市较强热岛在成吉思汗大街和新城区的鸿盛高科技园区分布面积明显减小。

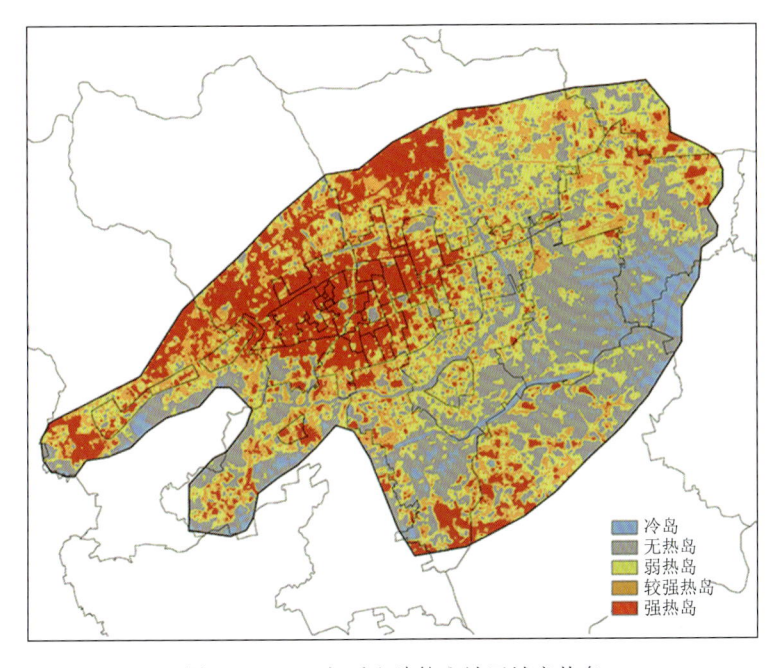

图 9.2　2020 年呼和浩特主城区城市热岛

9.1.3.2　近 20 年研究区热岛时空分布特征

2013—2019 年,呼和浩特市主城区热岛强度逐渐减弱,尤其 2019 年的城市热岛在面积和强度上都有很大幅度下降。其中呼和浩特市主城区的强热岛面积比例从 2013 年的 6.48% 下降到 2019 年的 2.32%,2019 年较强热岛面积相较 2016 年下降到 39.85 km², 减少了 45.91%;相较 2013 年减少了 51.37%。但在 2020 年热岛效应再次加强,主要表现为城市强热岛面积的大幅增加,以及无热岛效应的类别向弱热岛效应和较强热岛转换的情况,而且城市冷岛的面积比例也有小幅增加,说明呼和浩特市的市区和郊区的温差增大(图 9.3)。

在 2000—2010 年,呼和浩特市主城区热岛效应先减弱后增强,城市强热岛区域从呼和浩特市中部以及南部转移到了中部和西北及东北两侧,且城中区出现了强热岛和较强热岛相间

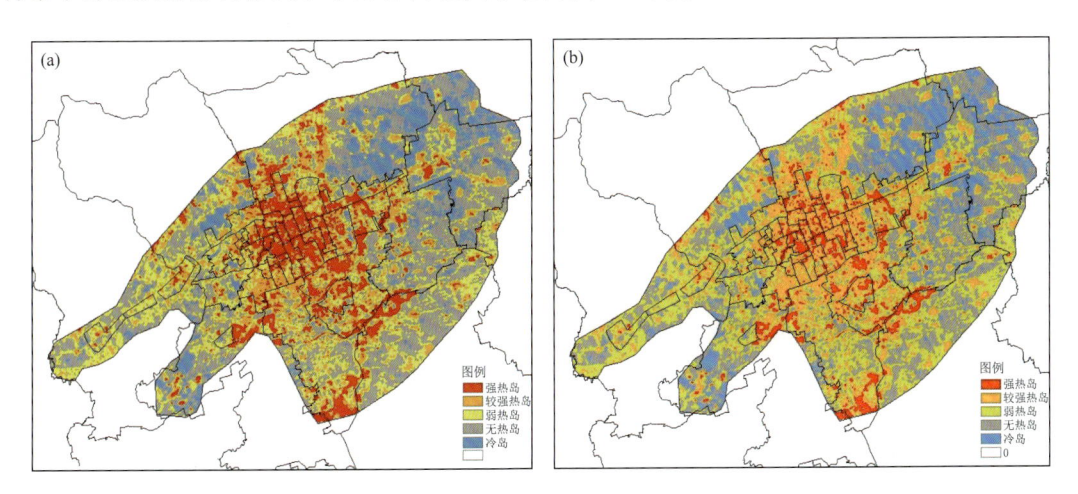

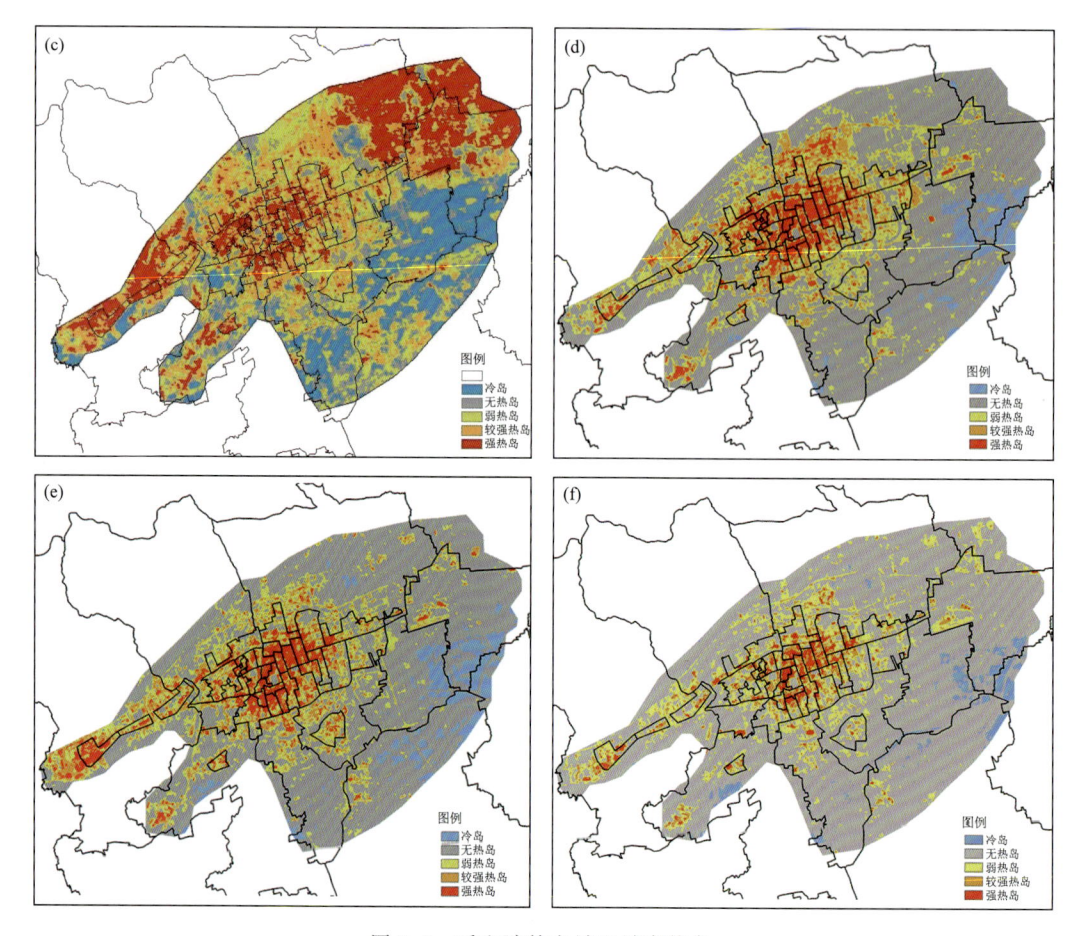

图 9.3 呼和浩特主城区城市热岛

(a)2000 年,(b)2005 年,(c)2010 年,(d)2013 年,(e)2016 年,(f)2019 年

分布的现象。城市冷岛和强热岛比例均增加,无热岛面积减小,弱热岛面积先减小后增加,较强热岛面积先增加后减小,结合热岛空间分布可以发现,这两种类型相互转换较为活跃(表 9.3)。

表 9.3 呼和浩特市不同等级热岛面积比例统计 单位:%

	2000 年	2005 年	2010 年	2013 年	2016 年	2019 年	2020 年
冷岛(日热岛强度≤-3 ℃)	5.04	6.23	7.45	4.02	5.13	2.73	4.57
无热岛(-3 ℃<日热岛强度≤-3 ℃)	37.19	31.58	20.19	59.11	60.02	72.81	29.18
弱热岛(3 ℃<日热岛强度≤5 ℃)	20.04	13.89	27.92	18.08	17.40	16.15	24.56
较强热岛(5 ℃<日热岛强度≤7 ℃)	27.42	42.06	24.39	12.31	11.06	5.98	22.55
强热岛(日热岛强度>7 ℃)	10.31	6.24	20.05	6.48	6.39	2.32	19.13

9.1.4 城市下垫面植被覆盖度变化

9.1.4.1 2020 年研究区下垫面植被覆盖度空间分布

2020 年呼和浩特市东南方植被生长相对旺盛,但整体植被长势以低覆盖、中覆盖为主。

2019年呼和浩特市夏季植被分布主要以市区周边大青山植被生长相对更加旺盛,呼和浩特城区内城市生态环境也受到相应的影响。呼和浩特高覆盖地区基本分布在城市南侧,尤其东南地区高植被覆盖度基本连片分布。

城市下垫面的类型也影响城市热岛的面积和分布,分析呼和浩特市主城区的植被覆盖度分布特征,植被覆盖度在0~0.1为裸土、在0.1~0.3为低覆盖度、在0.3~0.45为中覆盖度、在0.45~0.6为中高覆盖度、>0.6为高覆盖度。

在城市强热岛分布区域植被覆盖度大多小于10%,较强热岛分布区域相应的植被覆盖度值范围在0.1~0.3,无热岛区域的植被覆盖度范围大于0.6。相较于2013年,2019年中覆盖度面积在强热岛分布的面积减小,裸土的面积增加,在较强热岛区域中高植被覆盖度的像元有所增加。2020年植被变化主要表现为高覆盖度向中高覆盖度的转化和低覆盖度、中覆盖度的转化,但裸土面积持续下滑。加之呼和浩特市的下垫面土地覆盖类型由单一化向多元化转变,城区内高植被覆盖绿地的降温效应比较显著(图9.4)。

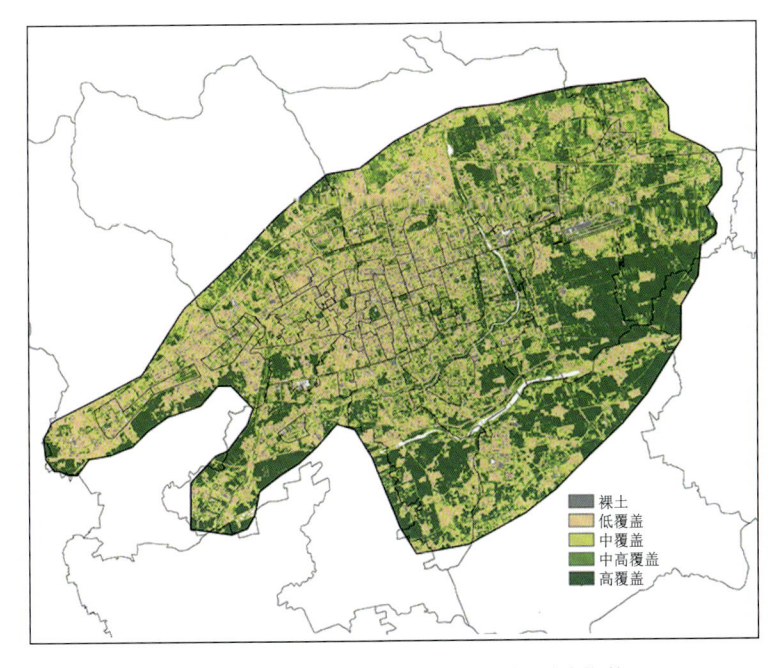

图 9.4 2020年呼和浩特主城区植被覆盖指数

9.1.4.2 近20年研究区植被覆盖度时空变化

2000—2020年呼和浩特市主城区的植被覆盖度的变化特征表现为:裸土覆盖先增加后减少,且分布变化特点表现为裸土地表覆盖类型先连片后分散再连片的现象;植被低覆盖地区在波动下滑,且多分布于裸土区域周边;植被中覆盖地区的面积比例呈现先上升再下降后上升的趋势,2000年和2020年比例差距不大;中高覆盖区域基本表现为波动上升,而高覆盖区域比例除2005年以外,均高于25%,有着明显向好的趋势,说明呼和浩特城市生态环境整体向好,植被覆盖比例变大(表9.4、图9.5)。

表 9.4 呼和浩特市不同等级植被覆盖度面积比例统计　　　　　　　　　　单位:%

植被覆盖度	2000 年	2005 年	2010 年	2013 年	2016 年	2019 年	2020 年
裸土 0~0.1	4.39	10.14	7.27	9.46	9.41	12.75	4.94
低覆盖 0.1~0.3	36.95	25.57	32.11	21.55	18.72	16.29	26.31
中覆盖 0.3~0.45	19.37	31.54	19.84	12.09	11.48	10.16	20.41
中高覆盖 0.45~0.6	12.05	27.78	10.79	10.22	10.03	9.15	16.48
高覆盖≥0.6	27.24	4.97	29.99	46.69	50.35	51.66	31.86

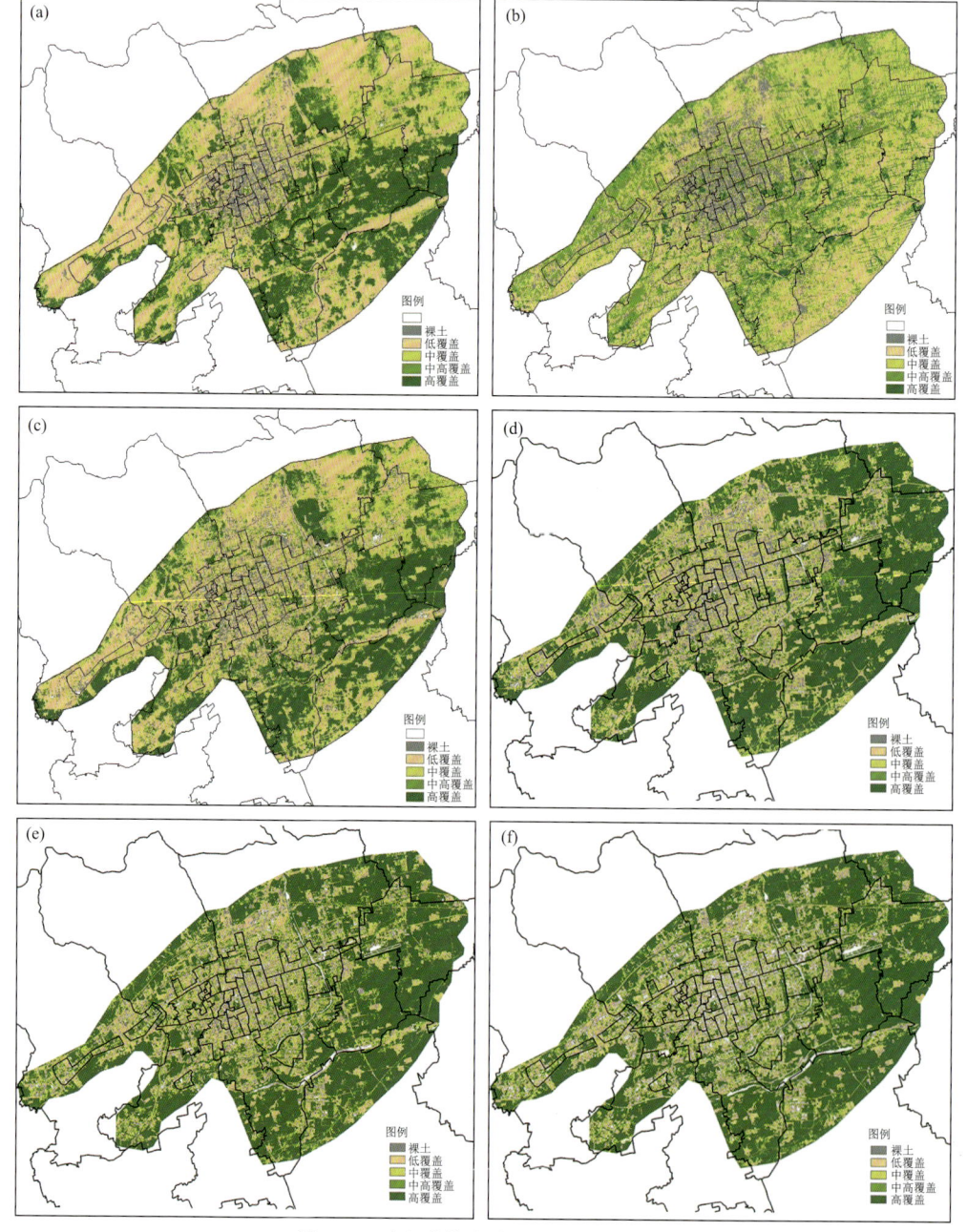

图 9.5　呼和浩特主城区植被覆盖指数
(a)2000 年,(b)2005 年,(c)2010 年,(d)2013 年,(e)2016 年,(f)2019 年

9.2 城市环境空气质量遥感监测分析

9.2.1 呼和浩特市大气污染物分布特征及卫星遥感监测

每年的 3—5 月为春季,6—8 月为夏季,9—11 月为秋季,12 月至次年 2 月为冬季,挑选出 2017 年 4 个季度的雾/霾天气过程,将每次过程的气溶胶厚度(NASA 发布的 MCD19A2 产品)进行叠加,求算各季度的 AOD(气溶胶光学厚度)平均值,分别得到了 4 个季度的 AOD 空间分布特征,并将气溶胶厚度按等间距分级法分为 10 个等级(图 9.6—图 9.9)。

2017 年春季主要发生过两次雾/霾天气过程,分别为 5 月 2—5 日、5 月 24—27 日,气溶胶高值区主要分布在土左旗南部、呼和浩特市的市区南区、托克托县大部,整体呈条带状,自西向东经过呼和浩特市,平均 AOD 为 0.54。

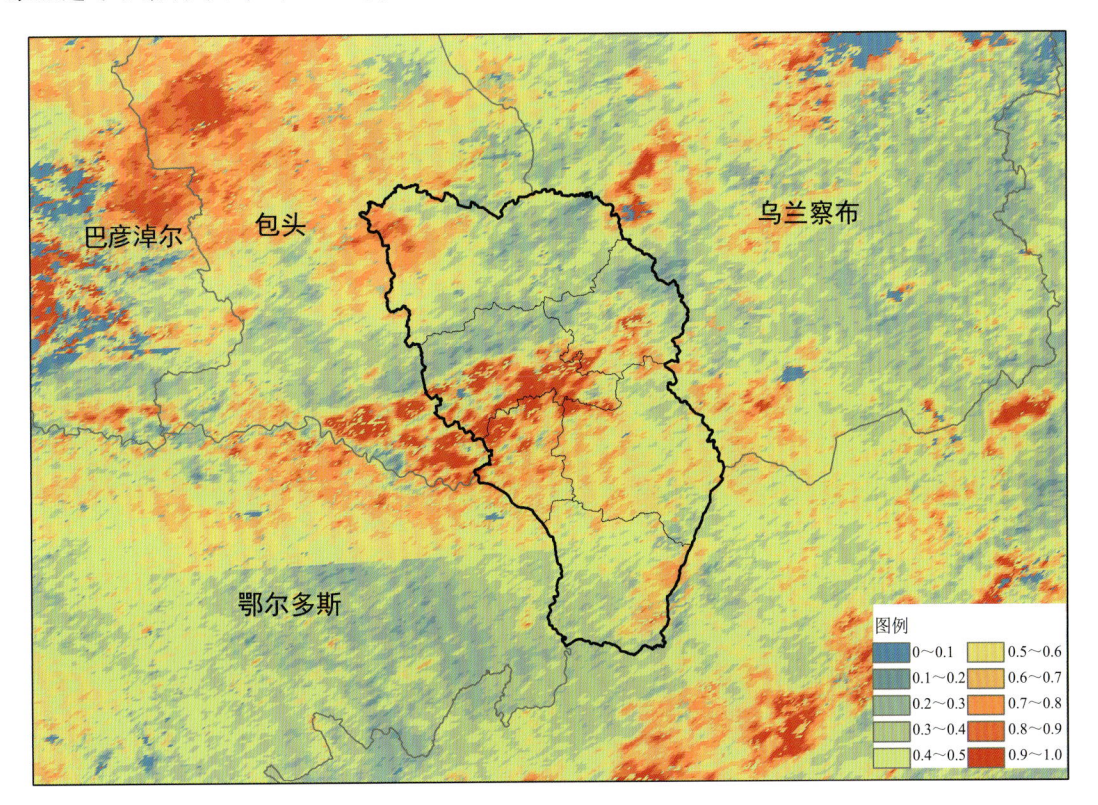

图 9.6 春季气溶胶光学厚度等级分布

2017 年夏季主要发生过两次雾/霾天气过程,分别为 6 月 26—7 月 5 日、7 月 11—19 日,气溶胶高值区主要分布在呼和浩特市的中部,托克托县中部与和林格尔县东部部分地区 AOD 大于 0.9,整体平均 AOD 为 0.62。

2017 年秋季主要发生过两次雾/霾天气过程,分别为 11 月 5—7 日、11 月 18—20 日,气溶胶高值区主要分布在土左旗、市区南区、和林格尔县北部,平均 AOD 为 0.59。

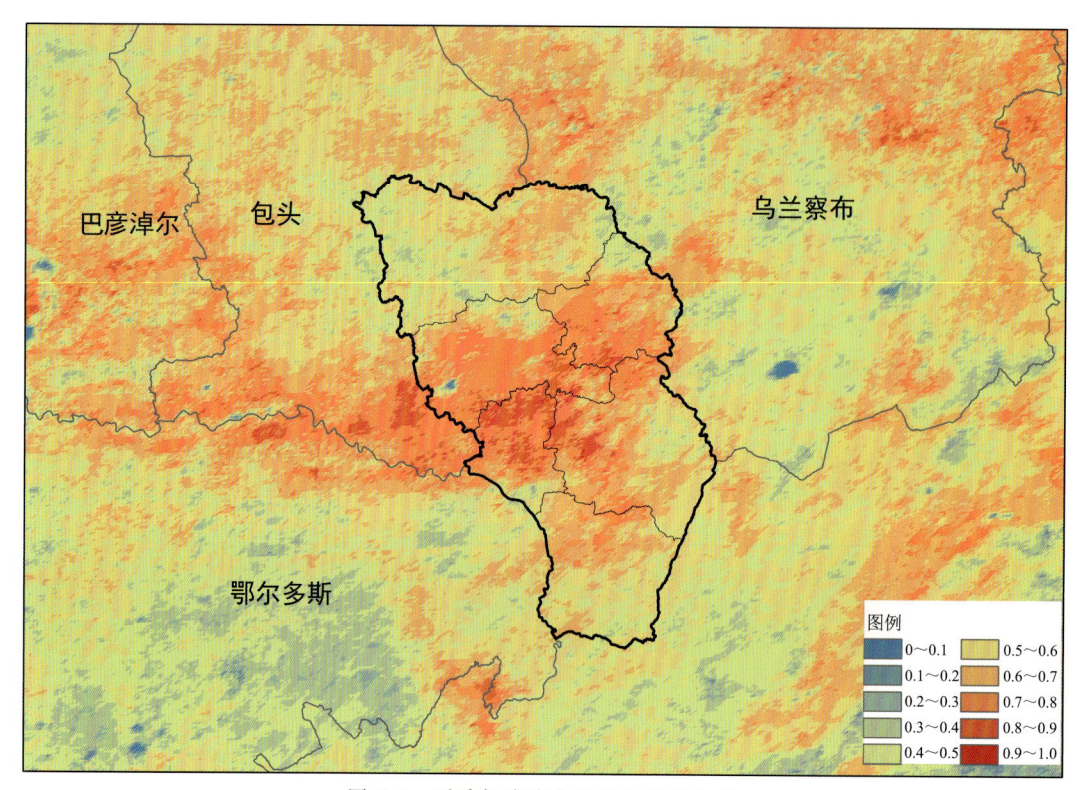

图 9.7　夏季气溶胶光学厚度等级分布

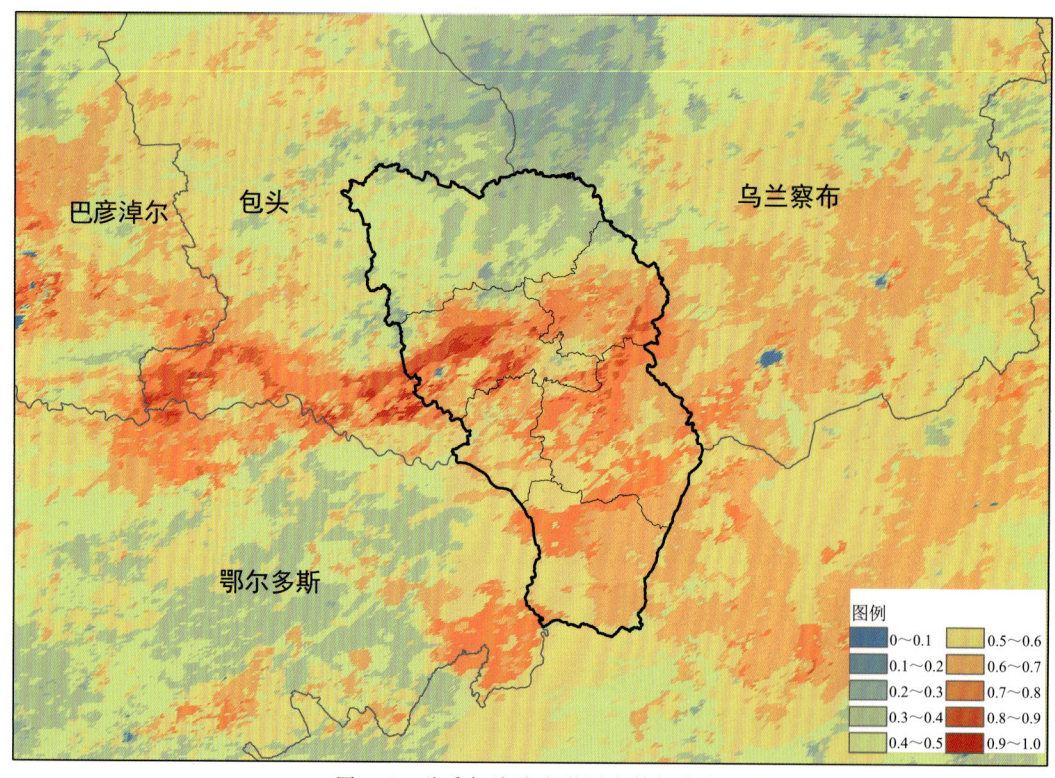

图 9.8　秋季气溶胶光学厚度等级分布

2017年冬季主要发生过两次雾/霾天气过程,分别为12月21—29日、次年2月15—18日,气溶胶高值区主要分布在土左旗西部、托克托县大部,AOD大于0.9区域主要分布在土左旗西部,冬季整体AOD较小,为0.50。

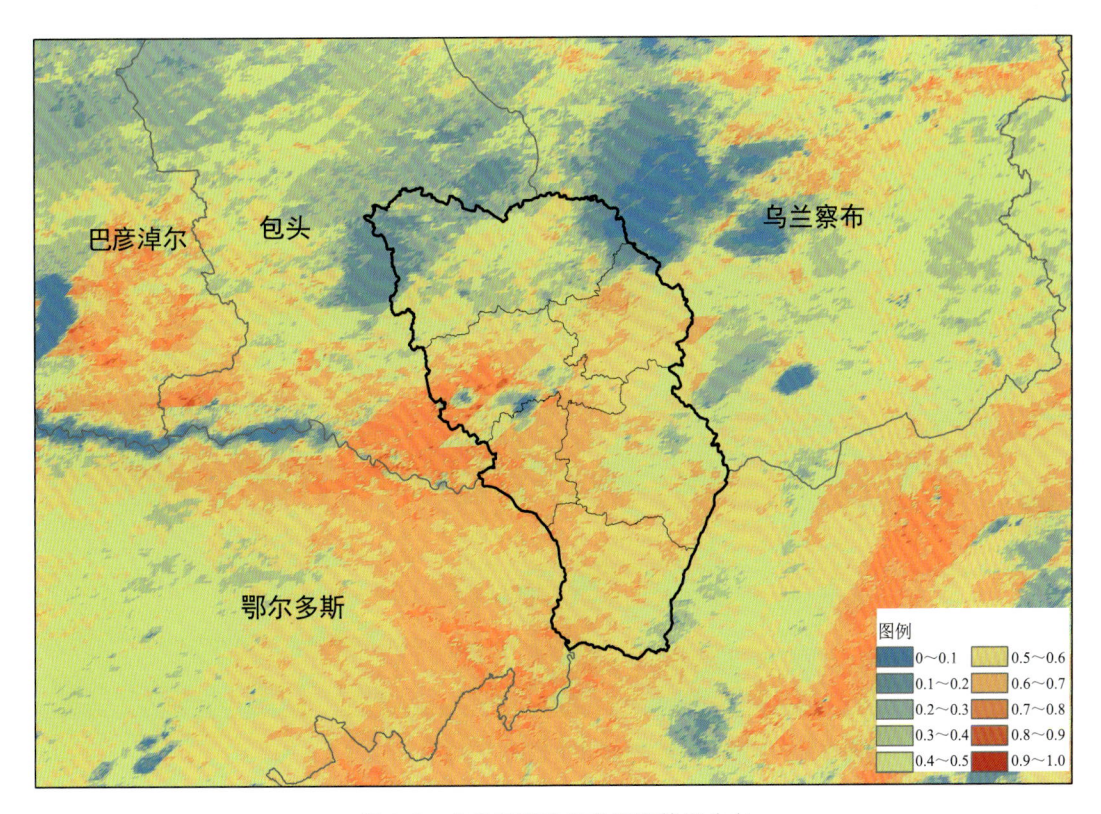

图 9.9 冬季气溶胶光学厚度等级分布

2017年研究区春季AOD为0.4~0.5所占面积比例最大,约为24.04%,夏季AOD所占比例最大的区间也是0.4~0.5,约为28.47%,秋季AOD为0.5~0.6所占比例最大,约为24.67%,冬季AOD所占比例最大的区间是0.5~0.6,约为37.91%(表9.5)。

表 9.5 2017年四季气溶胶等级分布面积　　　　　　　　　　　　　　　　　　单位:km²

季度	0~0.1	0.1~0.2	0.2~0.3	0.3~0.4	0.4~0.5	0.5~0.6	0.6~0.7	0.7~0.8	0.8~0.9	0.9~1.0
春季	15	267	1745	3802	4135	3176	1902	936	512	709
夏季	9	15	291	2261	4897	4860	4041	814	11	0
秋季	0	7	45	1805	2099	4243	4023	4010	760	208
冬季	0	767	890	1489	3393	6521	3496	606	38	0

通过对2016年1月1日—2018年12月31日呼和浩特市地区发生雾霾天气过程的气溶胶数据的处理,共得到91个图层,通过栅格计算器进行叠加计算处理,将所得近3年AOD平均值结果运用自然段点法分为9个等级,绘制出3年AOD平均值空间分布特征(图9.10、表9.6)。可以看到,气溶胶大值区域主要分为两个部分,一部分位于土默特左旗西部,沿着大青

山南坡一直分布到市区南部；一部分位于清水河县西南部,一直向东伸进,延续到托克托县,分布到市区回民区并与另一条线路汇合。

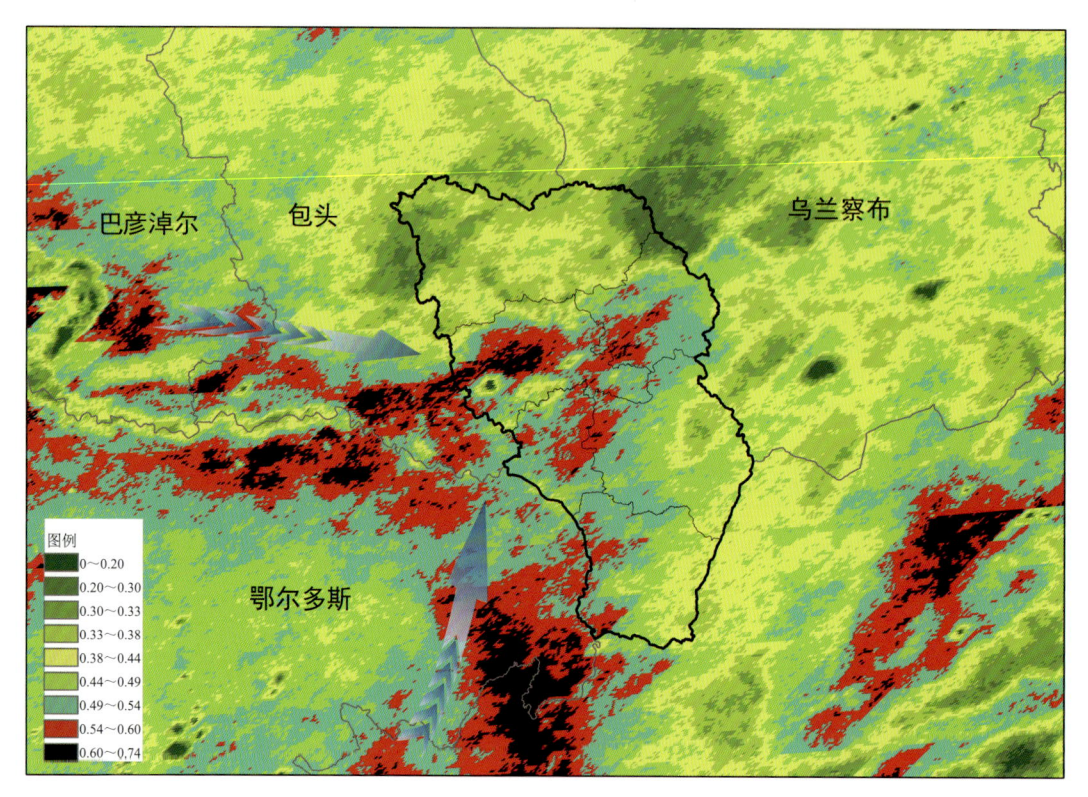

图 9.10　2016—2018 年呼和浩特市气溶胶光学厚度等级分布

表 9.6　呼和浩特市 2016—2018 年气溶胶等级分布　　　　　　　　　　　　　　　单位:km²

等级	0~0.20	0.20~0.30	0.30~0.33	0.33~0.38	0.38~0.44	0.44~0.49	0.49~0.54	0.54~0.60	0.60~0.74
面积	3587	2868	2423	2031	1879	1761	1325	947	380

9.2.2　呼和浩特市重污染天气过程及地基激光雷达遥感监测

内蒙古高原边界层西南风的持续时间和强度,各河谷盆地边界层垂直结构、稳定度及风的特征对大气污染物中距离输送特征有明显的影响,边界层上层西南风是污染物输送的主要气象背景条件,但是输送量还与边界层低空流场形成的污染物汇聚、暖湿平流形成的暖空气盖等垂直输送因子有关。

在稳定层结情况下,相对高浓度污染层较低,污染浓度较大。而受高原辐射及气温日变化的影响,局地温度层结和相对高浓度污染物的垂直厚度有明显的日变化和非日变化的特征。

使用地基激光雷达对 2020 年 1 月呼和浩特市重污染天气过程进行监测,得出整月呼和浩特地区边界层平均高度在 430~550 m。污染边界层高度持续偏低,造成了此次重污染天气的持续发生;同时 1 月重污染天气的污染源以本地污染源为主,大气污染物以细粒子为主要成分。

通过呼和浩特站激光雷达实时垂直扫描,在消光系数图像上显示 1 月 1 日 10 时前后有污染物到达本站,污染物在400 m的高度上逐渐积累但不及地,在12—17时浓度达到最高,且集中在400~600 m的高度上,17时后污染物逐渐扩散,浓度降低,影响时间较短暂。查看同时段的污染边界层发现,高度始终维持在600 m以上,同时污染物高度与污染边界层高度呈现同步缓慢下降。查看退偏比图像发现,同时段粗粒子无明显聚集,说明此次污染以细粒子为主,无沙尘伴随。分析$PM_{2.5}$图像显示同时段有高于消光系数的浓度聚集,进一步验证此次短时间污染以细粒子为主(图9.11)。

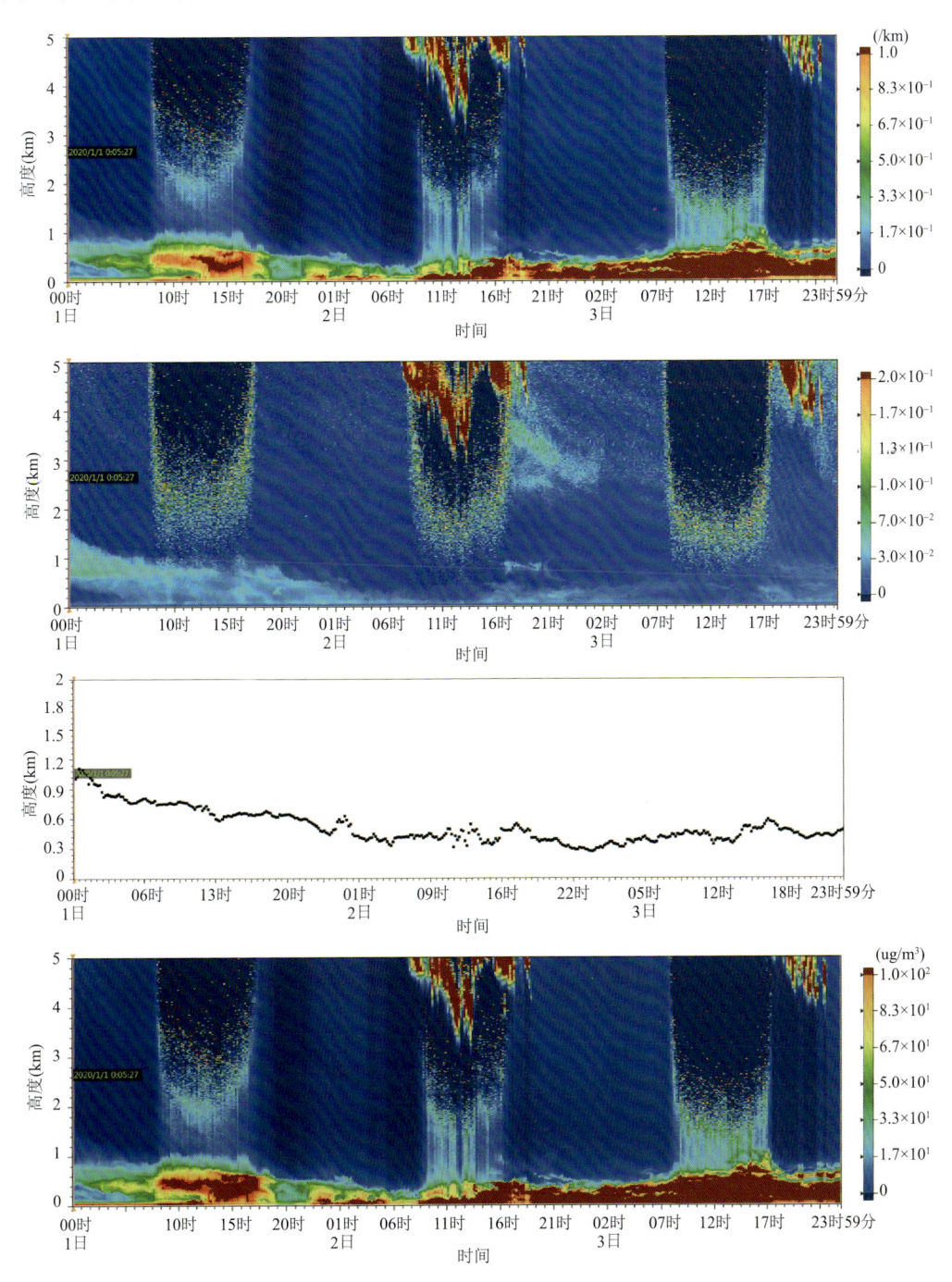

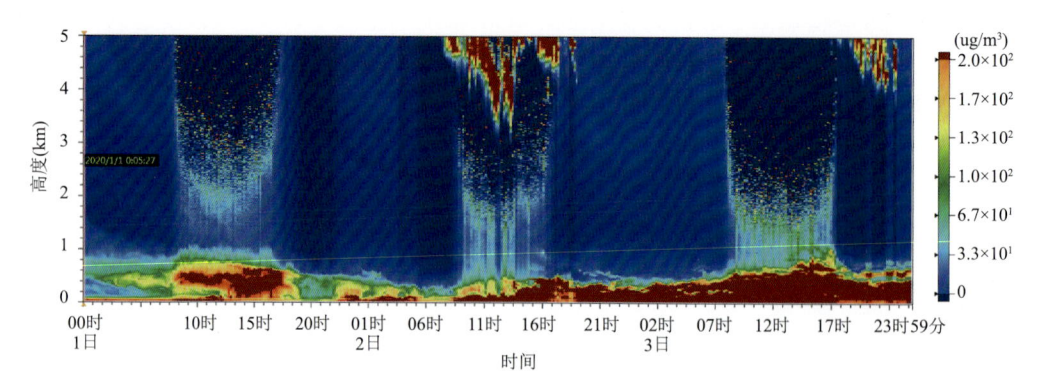

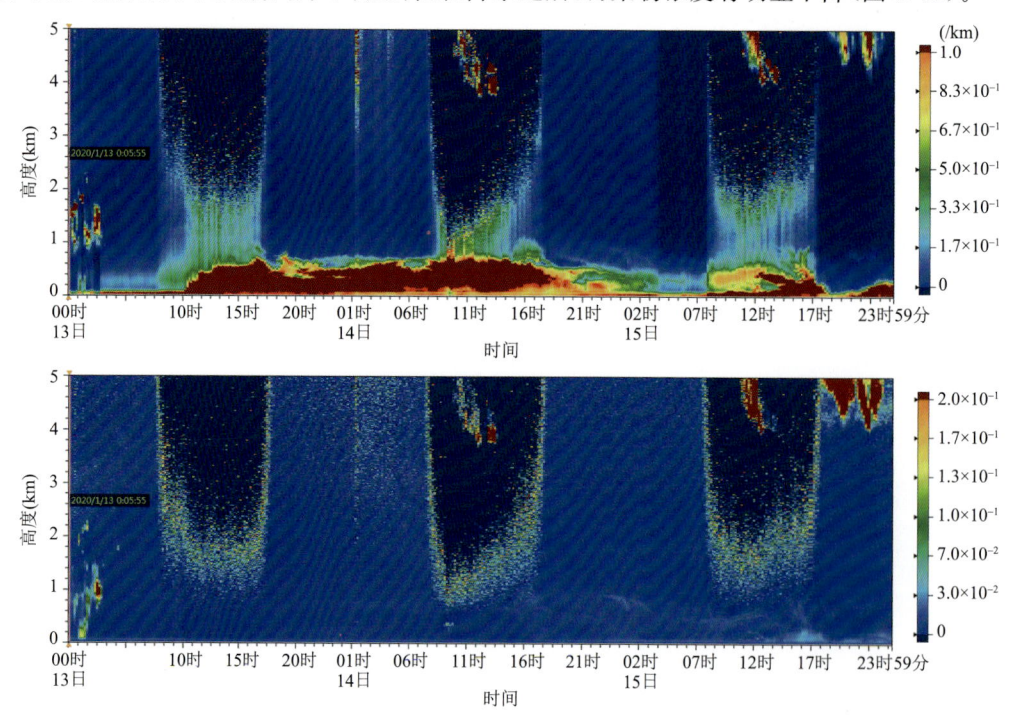

图 9.11 2020年1月1—3日呼和浩特市地区消光系数、退偏比、污染边界层、PM$_{2.5}$、PM$_{10}$图像

1月2日09时有污染物在近地面不断聚集,直至4日05—08时污染物浓度稍有降低,随后再次汇集,一直持续到4日18时,致使2—4日连续3 d均为重度污染。2日污染物高度始终维持在400 m以下,3日略向上扩散,但污染高度仍然维持在距地600 m内,与污染边界层的高度相一致。分析退偏比得出,同时段粗粒子无明显聚集,说明此次污染以细粒子为主;且污染物由近地面向上扩散,因此为本地生成。PM$_{2.5}$浓度高于消光系数,显示污染物以PM$_{2.5}$为主,且因PM$_{2.5}$浓度高,使PM$_{10}$图像上有大值同步显示(图9.12)。

9日07时污染物在近地面聚集,高度维持在500 m以下,一直持续到12日10时,造成10—12日3 d重度污染。此次污染以细粒子污染为主。此后污染边界层高度升高至900 m,扩散条件转好,且受12日弱降水影响,污染物得到有效清除,13—14日污染状况略有转好。通过分析发现,在降水开始之前以及降水期间,由于近地面湿度大且中低层辐合条件较好,污染物容易聚集,清除效果在此期间并不明显;但在降水之后,污染物浓度有明显下降(图9.12)。

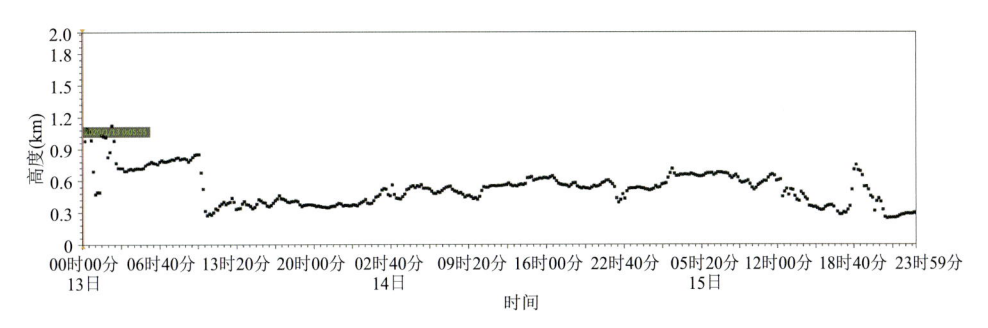

图 9.12　2020 年 1 月 13—15 日呼和浩特市地区消光系数、退偏比、污染边界层图像

22 日起污染物大量聚集，一直持续到 25 日 20 时，污染边界层高度集中在 600 m 以下，以细粒子污染为主，并造成重度至严重污染（图 9.13）。

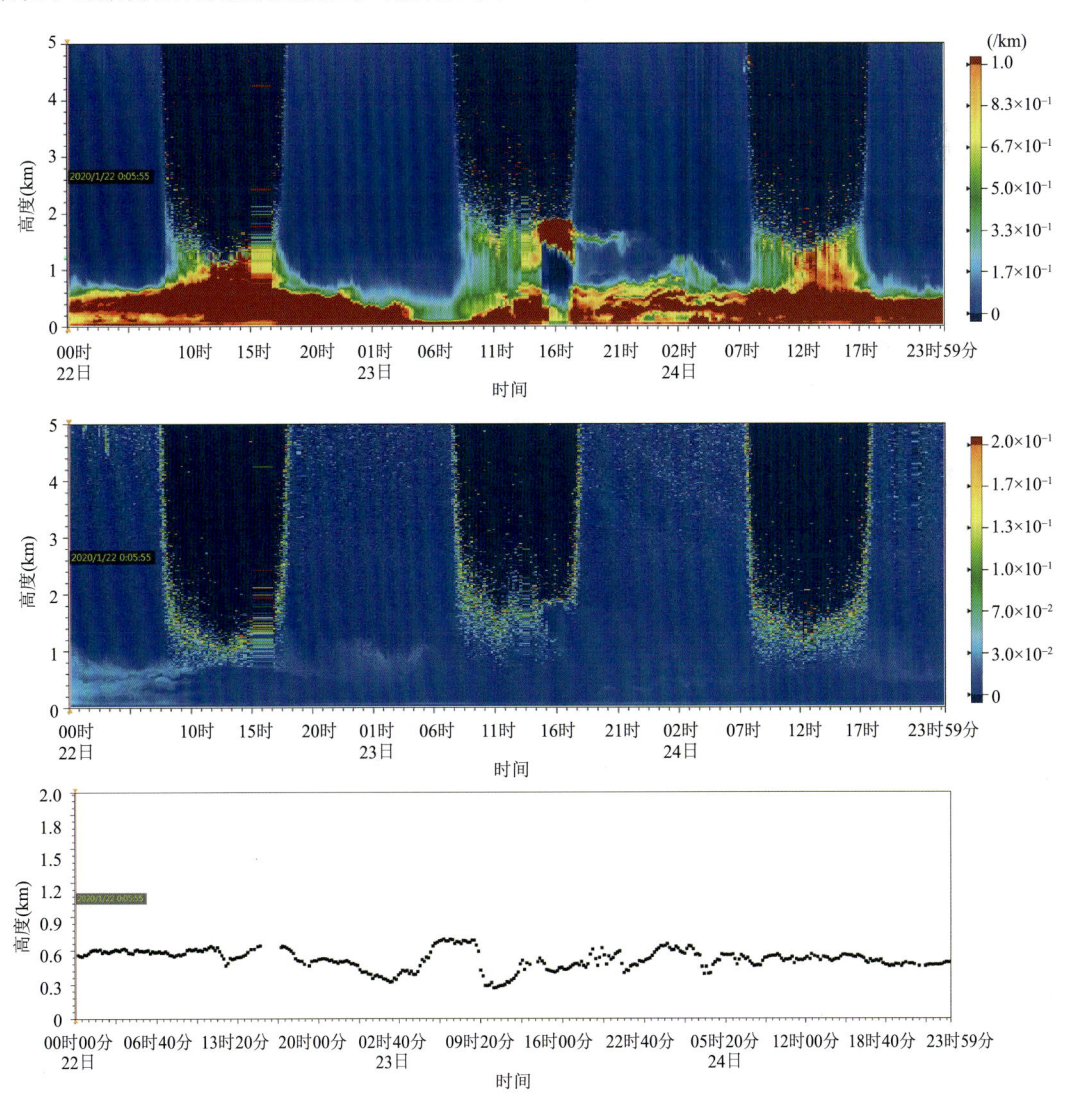

图 9.13　2020 年 1 月 22—24 日呼和浩特市地区消光系数、退偏比、污染边界层图像

27日07时起污染物大量聚集,一直持续到31日19时,污染边界层高度较低,造成污染物在低层聚集,造成污染加重。同时,31日02—10时有低浓度的粗粒子输送到本站,但仍以细粒子污染为主。

9.2.3 内蒙古河套地区区域污染特征及卫星遥感监测

内蒙古河套地区出现的污染事件有典型区域同步污染特点,即受气象、地形等条件影响,污染事件会在相邻的几个城市同时出现(图9.14—图9.20),表现在AQI(空气质量指数)和分类的污染物监测值时序图中都出现数值不同程度同时升高的现象,空气污染过程结束又同时回落的特点。

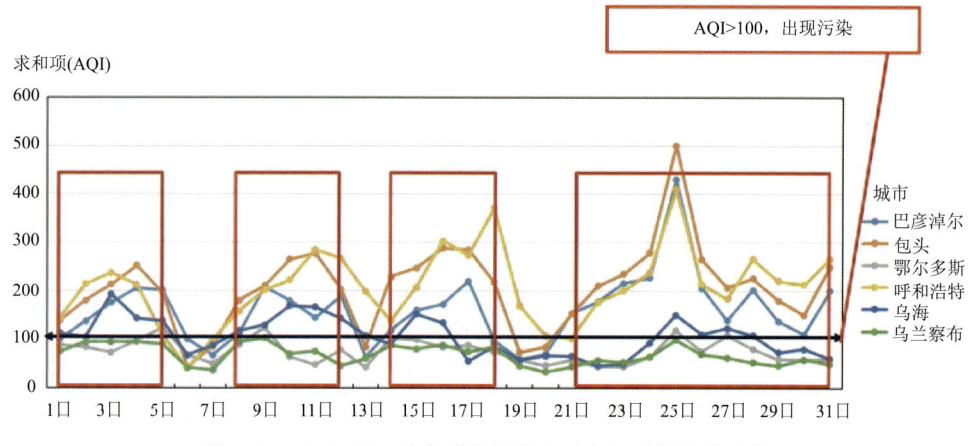

图9.14 2020年1月内蒙古河套地区空气质量指数时序

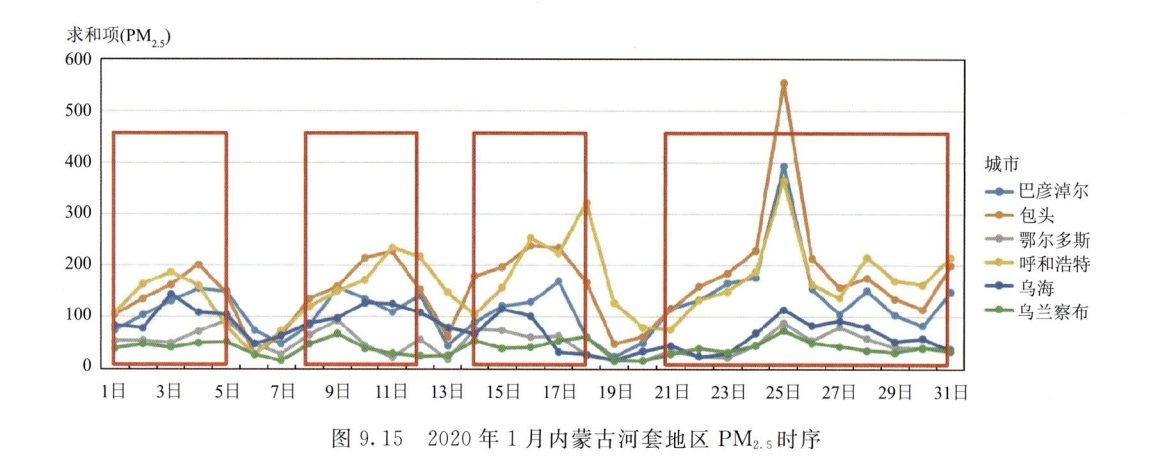

图9.15 2020年1月内蒙古河套地区$PM_{2.5}$时序

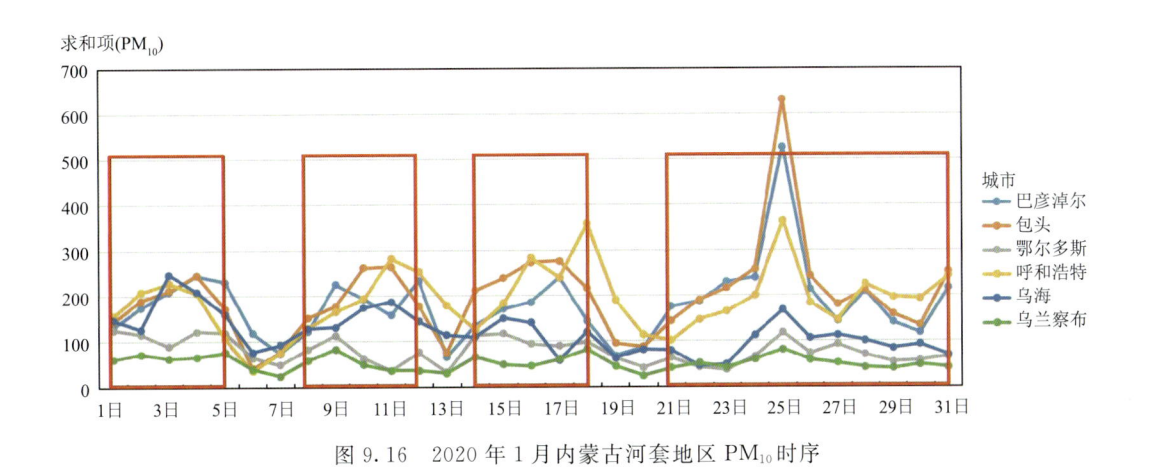

图 9.16 2020年1月内蒙古河套地区 PM_{10} 时序

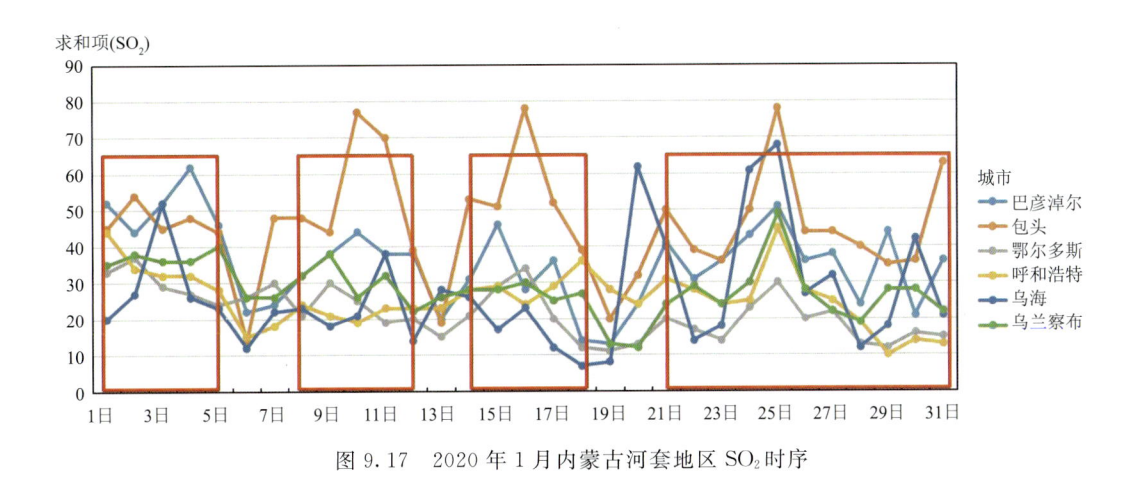

图 9.17 2020年1月内蒙古河套地区 SO_2 时序

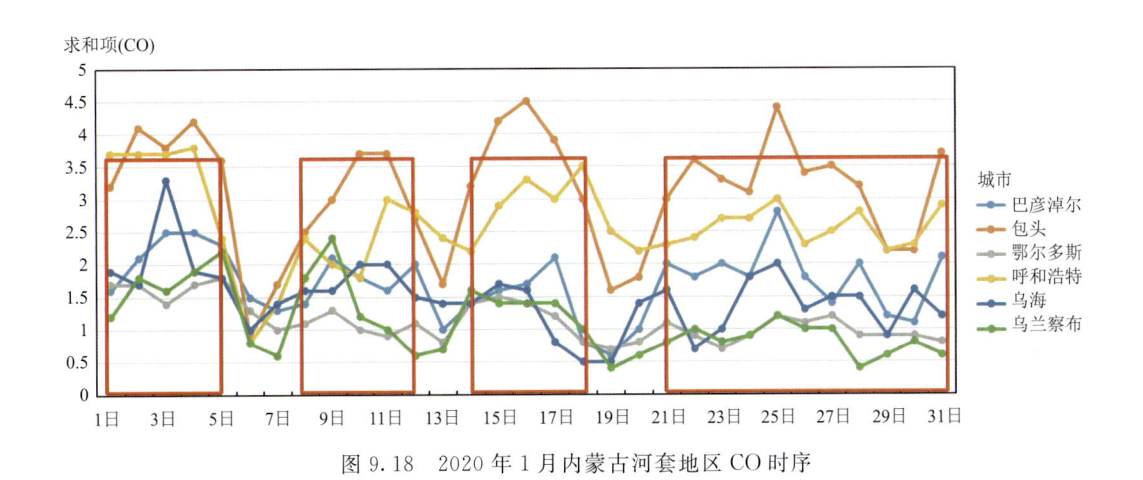

图 9.18 2020年1月内蒙古河套地区 CO 时序

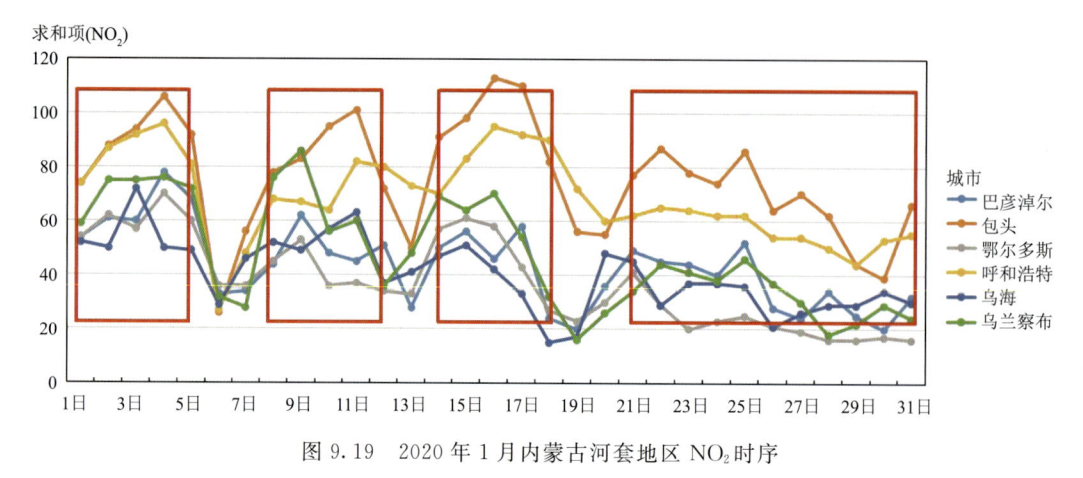

图 9.19　2020 年 1 月内蒙古河套地区 NO_2 时序

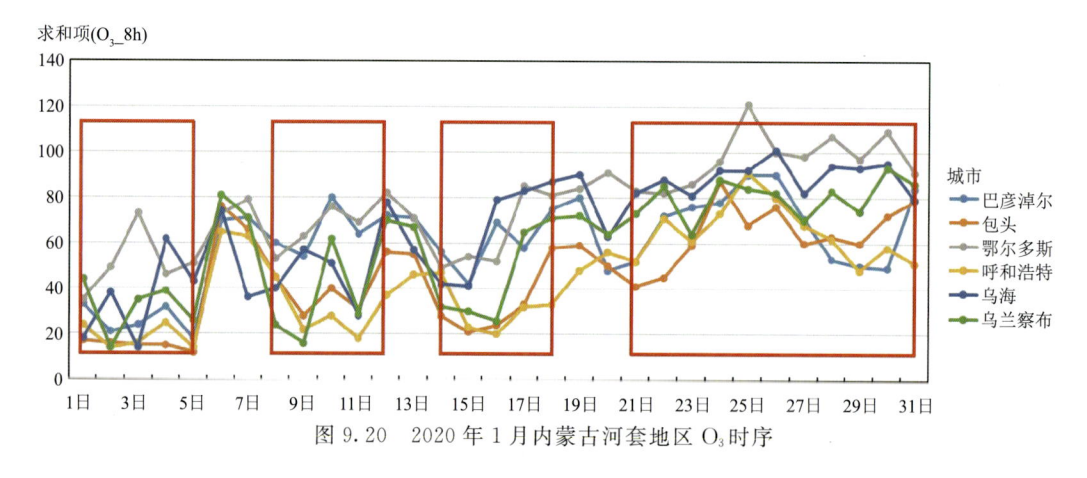

图 9.20　2020 年 1 月内蒙古河套地区 O_3 时序

地方性气压系统在中大尺度气压系统控制下通常被淹没,只有在各类均压场系统控制下才能形成明显的局地性环流系统。在这类系统控制下,气团内垂直输送极弱,内蒙古河套地区受地形地貌影响明显的局地风使污染物向阴山南侧和贺兰山北部、沿黄河谷地的污染物汇聚区汇聚,进而形成局部重污染天气(图 9.21、图 9.22)。在阴山南侧和贺兰山北部、沿黄河谷地易形成污染物汇聚区(以下称河套汇聚区),呼和浩特、包头、巴彦淖尔、乌海 4 个城市处于这个汇聚区内,乌兰察布、鄂尔多斯处于汇聚区外围。

9.2.4　内蒙古河套地区典型大气污染过程监测

2020 年 1 月,内蒙古河套地区(呼和浩特市、包头市、巴彦淖尔市、乌海市、鄂尔多斯市、乌兰察布市)连续出现区域性空气重污染事件。从 1 月环境监测数据统计看,6 个盟市中,巴彦淖尔市、包头市、呼和浩特市空气质量最差,优良天数分别为 7 d、5 d、2 d。1 月 23 日呼和浩特市政府发布空气污染红色预警,2 月 1 日解除预警。1 月 24—31 日,呼和浩特市出现重度及严重污染空气质量等级日数为 7 d,巴彦淖尔市出现重度及严重污染空气质量等级日数为 4 d,包头市出现重度及严重污染空气质量等级日数为 6 d。利用 CALIPSO 卫星星载激光雷达资料、葵花八号高时空分辨率静止气象卫星可见光红外资料和 CLDAS 陆面同化资料,对内蒙古河套地区 1 月 24—31 日的区域性重污染天气过程发生范围、气溶胶类型、能见度情况进行监测。

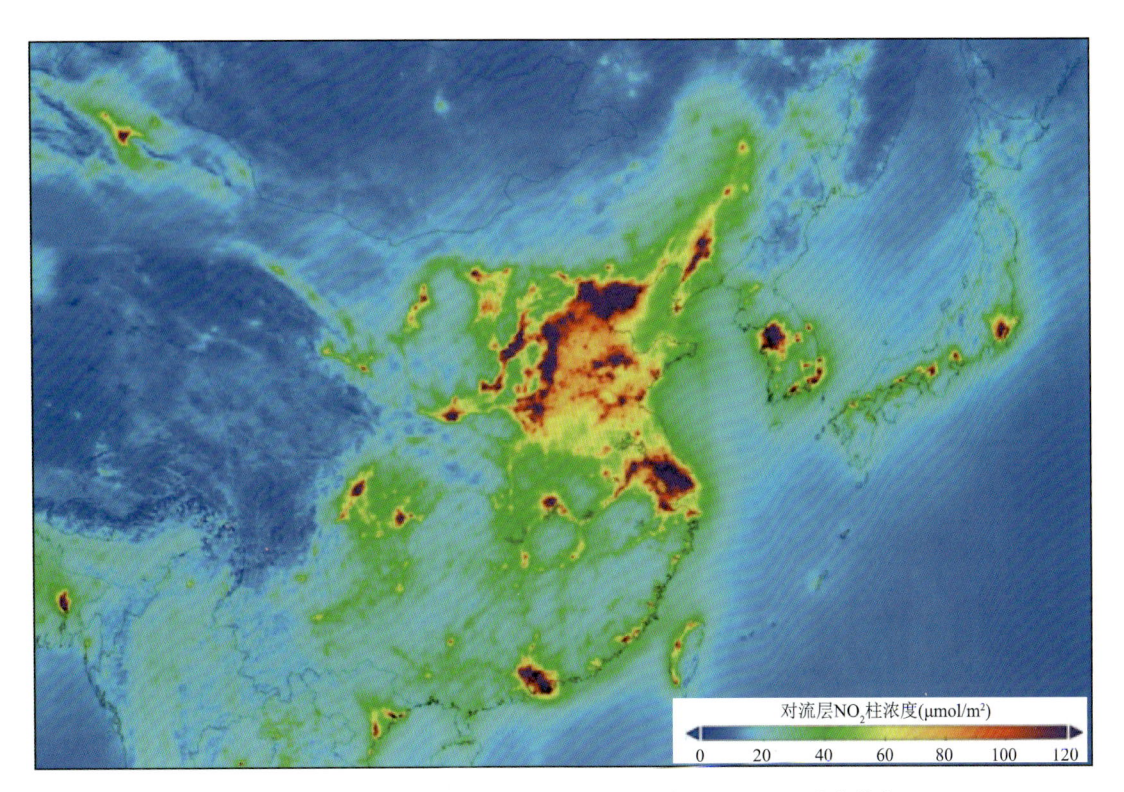

图 9.21　2018 年 4—9 月哨兵 5P 观测到的东亚地区 NO_2 浓度分布

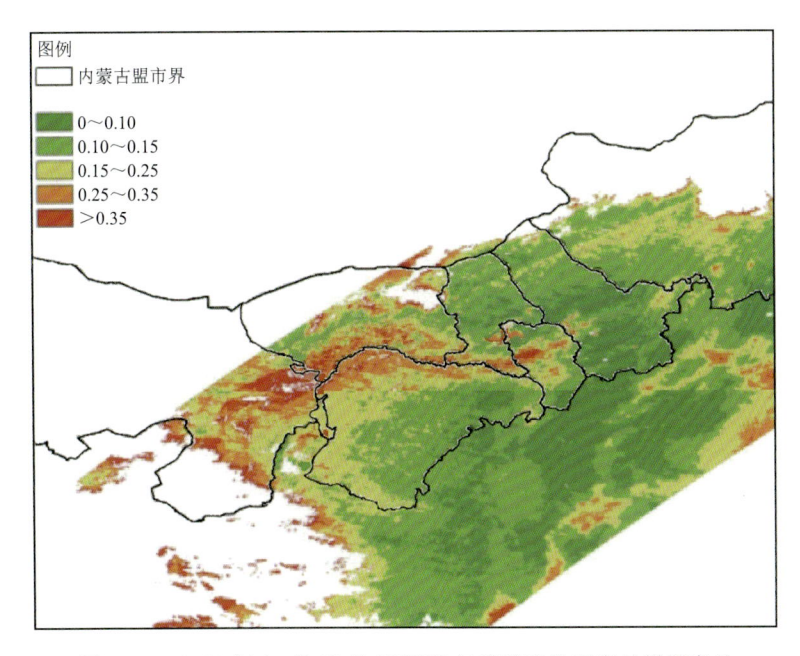

图 9.22　2019 年 10 月 27 日 MODIS 气溶胶光学厚度日拼图产品

2020 年 1 月 24—31 日，整个内蒙古河套地区，在巴彦淖尔市南部、鄂尔多斯市北部、包头市南部、呼和浩特市大部、乌兰察布市西南部，有大范围雾区一直维持（图 9.23—图 9.26），

2020年2月1日此雾区才消散。从使用葵花八号高时空分辨率静止气象卫星遥感观测数据提取到的雾区分布(图9.27)看,2020年1月24—31日,呼和浩特市、包头市、鄂尔多斯市、巴彦淖尔市四城市交界的黄河沿岸是雾的主要分布区,每个城市雾区的面积见表9.7。

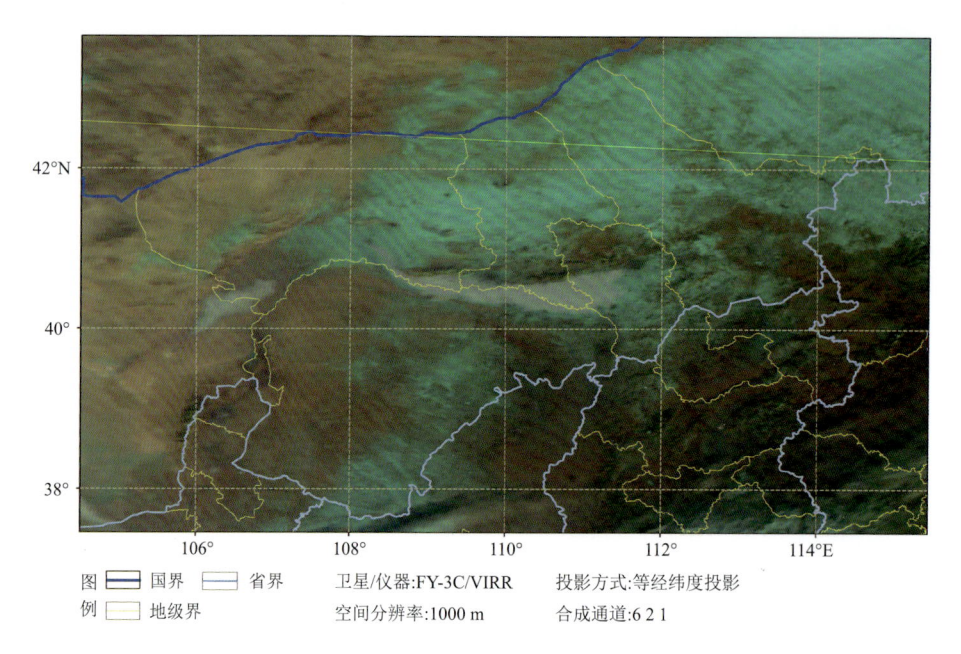

图 9.23 2020 年 1 月 25 日内蒙古河套地区卫星云图

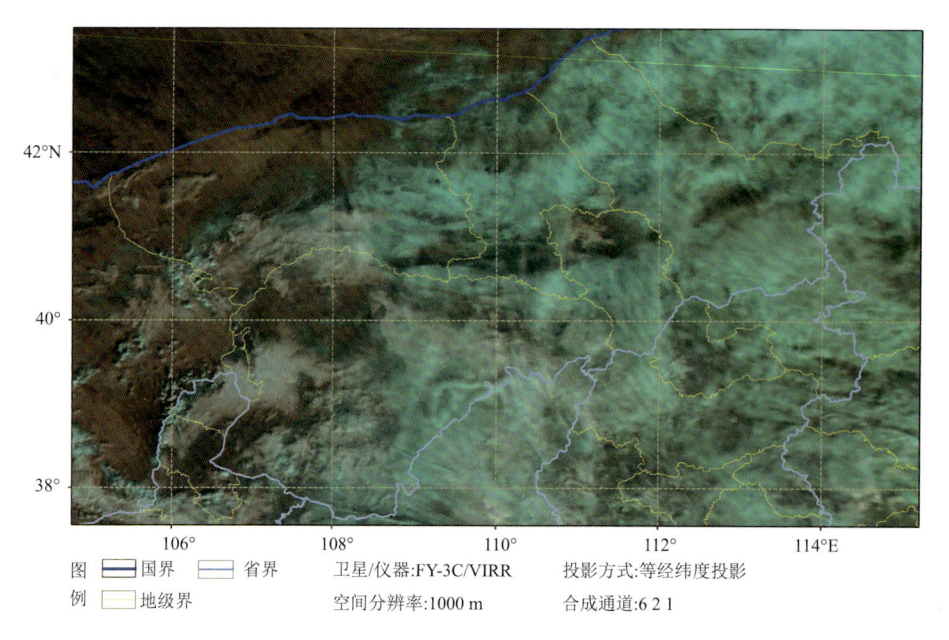

图 9.24 2020 年 1 月 27 日内蒙古河套地区卫星云图

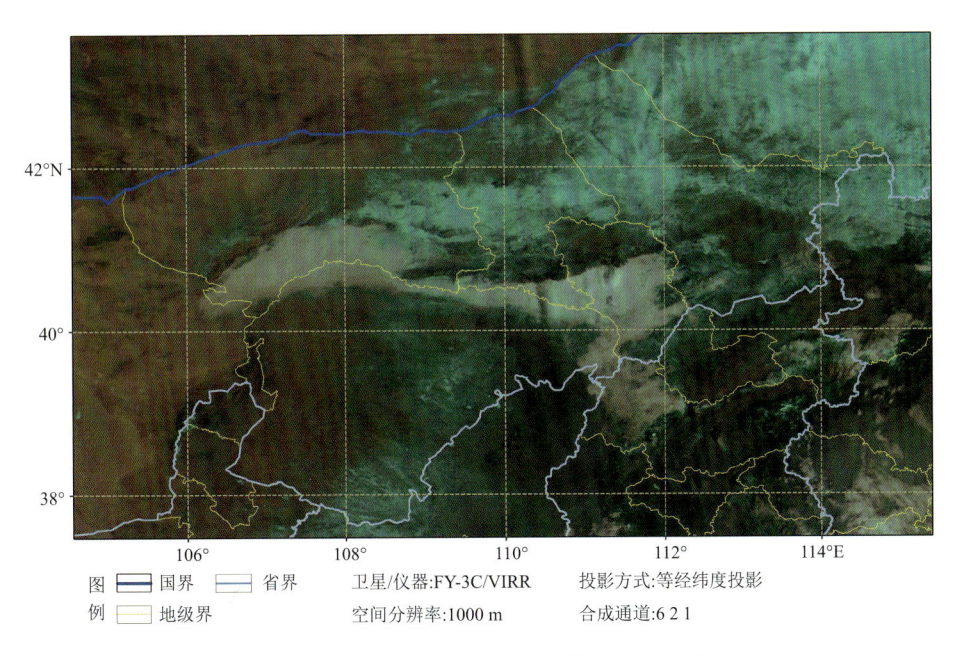

图 9.25　2020 年 1 月 29 日内蒙古河套地区卫星云图

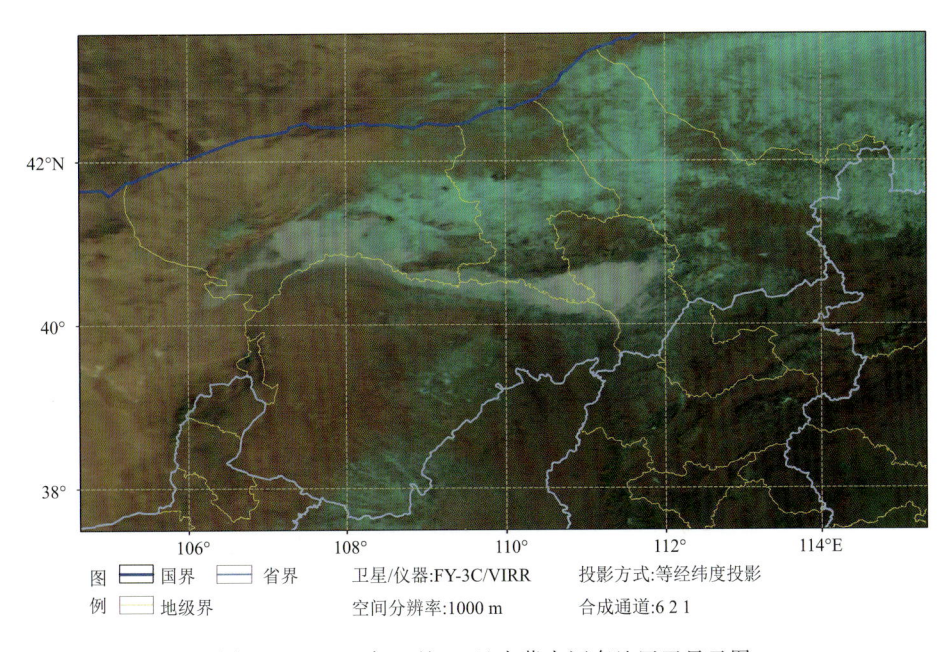

图 9.26　2020 年 1 月 31 日内蒙古河套地区卫星云图

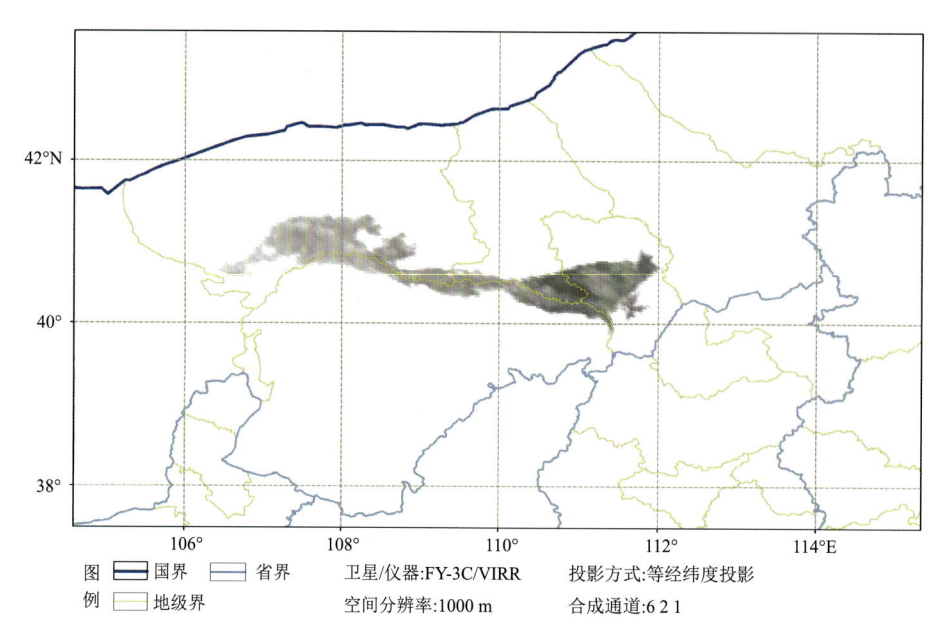

图 9.27 2020年1月24—31日内蒙古河套地区雾区分布

表 9.7 2020年1月24—31日内蒙古河套地区雾区面积分布　　　　单位:万 km²

盟市名称	呼和浩特市	包头市	鄂尔多斯市	巴彦淖尔市
面积	0.66	0.37	0.58	1.26

由于在监测时间段内云量一直较多,且在监测范围内地表积雪大面积覆盖,严重干扰气溶胶光学厚度定量反演的流程和精度,因而使用葵花八号高时空分辨率静止气象卫星遥感数据来定性提取雾/霾混合区分布情况(图9.28)。图中空白处是雾区或者较厚云覆盖区域,而棕色越深表示大气消光越差,进而反映地面能见度也越差。可见,巴彦淖尔市南部、鄂尔多斯市东部及西部的黄河谷地、包头市南部、呼和浩特市南部和北部、乌兰察布市南部的雾/霾混合区域,大气能见度较差,空气质量欠佳。

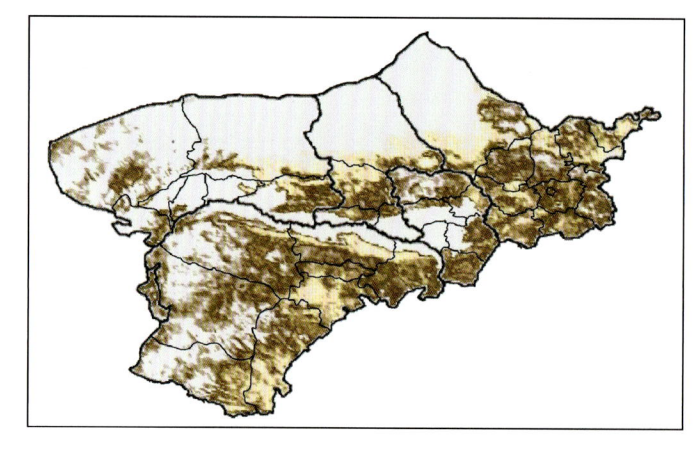

图 9.28 2020年1月24—31日内蒙古河套地区雾/霾混合区分布

利用 CALIPSO 卫星 532 nm 激光总后向散射系数的气溶胶类型资料分析大气污染成分（图 9.29），2020 年 1 月 24—31 日，共有 23 条 CALIPSO 卫星扫描轨迹经过内蒙古河套地区，星载激光雷达监测显示，0～4 km 的高空存在大量的气溶胶，气溶胶类型主要为大陆型污染物、抬升的烟尘和污染型沙尘。

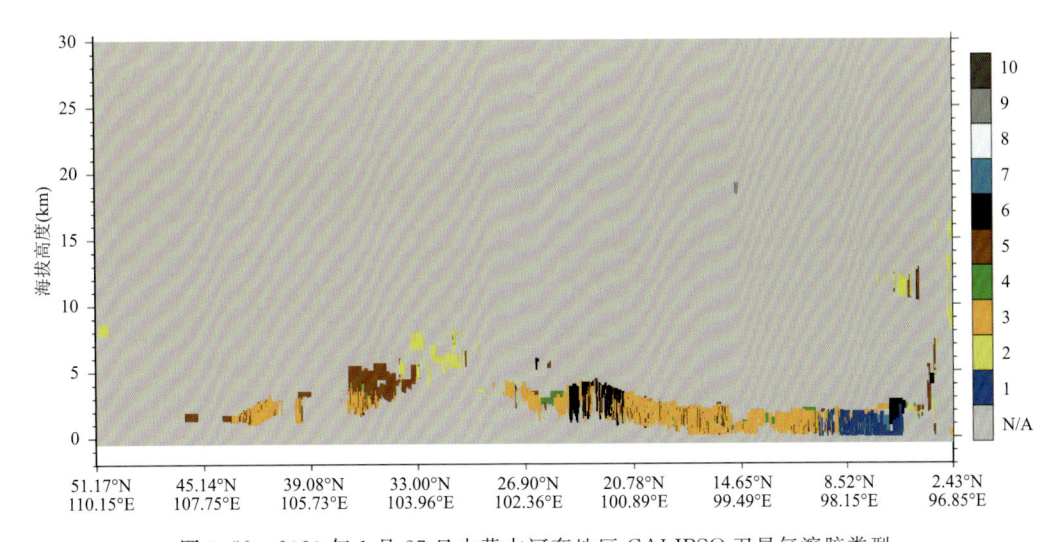

图 9.29 2020 年 1 月 27 日内蒙古河套地区 CALIPSO 卫星气溶胶类型
（N/A 表示未确定，1 表示海洋型，2 表示自然沙尘型，3 表示污染大陆/煤烟型，4 表示清洁大陆型，5 表示污染沙尘型，6 表示抬升煤烟型，7 表示卫星，8 表示极地平流层云气溶胶型，9 表示火山灰型，10 表示硫酸盐/其他型）

使用 CLDAS 陆面同化系统中 5 km 分辨率的能见度同化数据，得到 2020 年 1 月 24—31 日内蒙古河套地区能见度分布（图 9.30），可见巴彦淖尔市西南部和东南部、鄂尔多斯市西北部和中部、包头市南部、呼和浩特市、乌兰察布市南部能见度不足 2000 m。

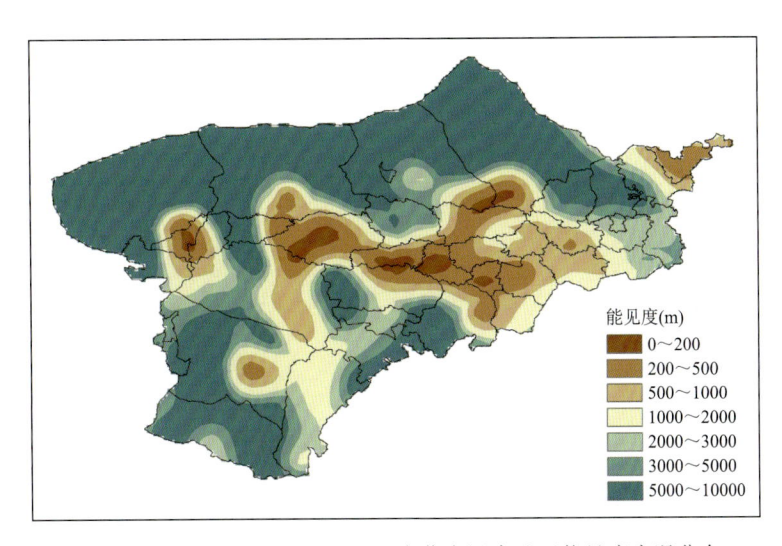

图 9.30 2020 年 1 月 24—31 日内蒙古河套地区能见度实况分布

9.3 本章小结

本章以呼和浩特市为例,利用 Landsat 数据分析 2000—2020 年城市内部热岛及植被时空分布及变化特征。呼和浩特市热岛变化呈波动减弱趋势,几个主城区间热岛分布面积差异较大;植被整体长势变好,其中赛罕区绿化程度相对高;植被覆盖度表明,城市生态环境整体向好,植被覆盖比例变大;基于重污染天气发生时的常规气象观测数据、地面污染物浓度数据、卫星遥感可见光红外波段数据及大气气溶胶光学厚度数据、地基和星载激光雷达数据,从大气遥感角度分析了呼和浩特市的空气污染特征,并初步揭示了内蒙古河套地区重污染天气发生时的区域性特点。

第 10 章 气象灾害监测评估

10.1 干旱综合监测及评估

干旱灾害是发生频率最高、持续时间最长、影响面最广的气象灾害,对全球农业生产、生态环境和社会经济发展影响深远。我国是全球干旱灾害发生最频繁的国家之一,粮食减产有一半以上来自旱灾。干旱已经成为严重威胁我国粮食安全和生态安全的重要灾害,制约着经济、社会、生态的可持续发展。近几十年来,我国干旱灾害的发生频率、影响范围和旱灾强度呈加重趋势,因气象灾害造成的经济损失约占所有自然灾害的 71%,其中干旱灾害造成的损失达 53%。干旱问题直接影响到国家粮食安全、生态文明、边疆稳定与农牧民的生产与生活。

内蒙古自治区位于我国北部边疆,受地理环境及气候条件的限制,水热分布极不平衡。在各种自然灾害中,旱灾占 44%,居各类灾害之首。干旱直接影响农牧业生产和人民生活,是政府各级部门和广大农牧民高度关注的灾害之一。因此,要及时准确地做好干旱气象服务,这对于政府部门和广大群众安排部署抗旱救灾意义重大。

依据内蒙古生态与农业气象中心业务工作的重点内容,通过对已有干旱指标梳理与整合、适用性分析与修正,并基于野外试验资料检验,筛选适合内蒙古自治区不同植被类型的干旱指标,逐步形成干旱监测、预报预警、评估等一套指标体系,初步实现多尺度观测、多方法印证、多数据融合等多种技术手段的综合应用功能。

10.1.1 干旱监测评估数据资源的整合与综合应用

本着边研究边应用边改进的原则,逐步形成数据采集、格式转换、入库、质量考核、数据查询、智能分析以及自动成图等诸多功能于一体的干旱综合业务能力。业务能力集中体现在以下几个方面:多源数据综合应用、干旱监测指标建立、干旱评估指标优化、现有业务系统升级改造等。通过梳理内蒙古土壤水分报文格式、类型以及频次,将自动土壤水分逐小时观测数据和 5 d 一次的人工观测数据进行分类处理,通过编程实现了全区土壤水分数据的自动入库等功能;Z 报、AB 报文、TR 报、自动站数据以及土壤墒情等历史与实时数据均实现了任意时段查询的功能;综合考虑人工土壤水分观测站、自动土壤水分观测站及区域站降水量反演、相对湿度增量计算方法、土壤质地、土壤水分冻结解冻判断标准,制定了土壤水分数据使用规则地方标准;在综合降水距平百分率、无有效降水日数等指标,基于权重系数法,构建了内蒙古干旱综合评估模型。

由于干旱影响机理复杂,尽管国内外已开展了大量的研究且获得了众多指标,通过对比研究大量国内外干旱指标发现,这些干旱指标在内蒙古的应用中均存在空间和时间不适用问题。基于此,在充分考虑指标选取科学性、业务运行可行性、数据获取便捷性的基础上,依据"农业干旱等级(国标)标准"进行了内蒙古本地化修订,给出了内蒙古及农区、牧区和林区的干旱划分等级指标(表10.1—表10.3)。什么样的植被孕育什么样的土壤,内蒙古自治区自西向东植被类型多样,土壤类型复杂,不考虑植被、土壤、地形的单一指标监测内蒙古自西向东的干旱,显然不够科学,本研究首次将土壤质地引入内蒙古全区农牧业干旱的判识当中,考虑土壤的入渗能力,基于大量地面监测站点,对比研究了GIS的不同插值方法空间输出效果,考虑监测站点空间分布不均导致插值结果失真问题,部分区域添加了控制站点,使内蒙古干旱监测分布尽可能符合内蒙古实际。

表10.1 土壤相对湿度的农业干旱等级划分

等级	程度	土壤相对湿度指数 Rsm(%)		
		沙土	壤土	黏土
0	无旱	Rsm≥50	Rsm≥55	Rsm≥60
1	轻旱	40≤Rsm<50	45≤Rsm<55	50≤Rsm<60
2	中旱	30≤Rsm<40	35≤Rsm<45	40≤Rsm<50
3	重旱	20≤Rsm<30	25≤Rsm<35	30≤Rsm<40
4	特旱	Rsm<20	Rsm<25	Rsm<30

表10.2 土壤相对湿度的牧区干旱等级划分

等级	程度	土壤相对湿度指数 Rsm(%)		
		沙土	壤土	黏土
0	无旱	Rsm≥45	Rsm≥50	Rsm≥50
1	轻旱	35≤Rsm<45	40≤Rsm<50	40≤Rsm<50
2	中旱	25≤Rsm<35	30≤Rsm<40	30≤Rsm<40
3	重旱	15≤Rsm<25	20≤Rsm<30	25≤Rsm<30
4	特旱	Rsm<15	Rsm<20	Rsm<25

表10.3 土壤相对湿度的林区干旱等级划分

等级	程度	土壤相对湿度指数 Rsm(%)		
		沙土	壤土	黏土
0	无旱	Rsm≥45	Rsm≥50	Rsm≥50
1	轻旱	35≤Rsm<45	40≤Rsm<50	40≤Rsm<50
2	中旱	25≤Rsm<35	30≤Rsm<40	30≤Rsm<40
3	重旱	15≤Rsm<25	20≤Rsm<30	25≤Rsm<30
4	特旱	Rsm<15	Rsm<20	Rsm<25

10.1.2 内蒙古干旱空间变化的动态监测

利用全区土壤类型分布图与全区实时土壤相对湿度分布图,按照内蒙古干旱等级划分标准,制作了内蒙古干旱空间监测图,并统计各盟市不同类型干旱的分布面积;完成干旱空间变化的判识,实现了干旱动态监测;基于 GIS 的空间计算功能对内蒙古全区干旱空间变化进行分析,实现了干旱持续、加重、缓解与解除的空间信息与面积变化提取功能,真正意义上实现了干旱变化的动态监测(图 10.1、图 10.2、表 10.4、表 10.5)。

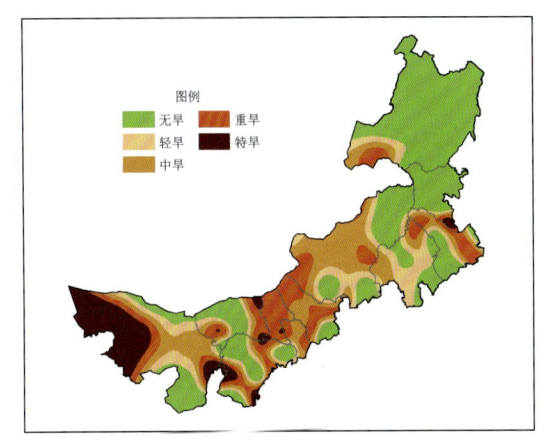

图 10.1　2015 年 8 月 15 日内蒙古干旱分布

图 10.2　2015 年 8 月 15 日内蒙古干旱变化

表 10.4　2015 年 8 月 15 日内蒙古干旱面积及百分比

盟市名称	轻旱 面积(万 km²)	轻旱 百分比(%)	中旱 面积(万 km²)	中旱 百分比(%)	重旱 面积(万 km²)	重旱 百分比(%)	特旱 面积(万 km²)	特旱 百分比(%)
阿拉善盟	3.3	13.0	4.8	18.9	2.7	10.5	10.1	39.7
巴彦淖尔市	0.9	13.9	0.9	13.9	1.6	23.8	0.4	5.9
包头市	0.0	1.8	0.2	6.4	2.4	85.3	0.2	6.4
赤峰市	3.9	43.8	1.8	20.2	0.5	5.7	0.0	0.0
鄂尔多斯市	1.5	16.4	1.4	15.7	1.7	19.2	0.8	9.3
呼和浩特市	0.2	8.9	0.9	49.2	0.7	40.7	0.0	1.1
呼伦贝尔市	1.3	4.9	1.4	5.3	1.0	3.9	0.0	0.0
通辽市	0.9	15.5	1.2	19.4	1.7	27.5	0.0	0.3
乌海市	0.0	3.6	0.0	7.4	0.0	10.6	0.1	77.8
乌兰察布市	0.4	6.6	1.8	33.1	2.6	46.6	0.0	0.0
锡林郭勒盟	3.6	17.4	7.8	38.0	2.3	11.1	0.0	0.0
兴安盟	0.2	2.8	0.1	1.9	0.2	3.6	0.3	4.5
总计	16.1	13.6	22.2	18.8	17.3	14.7	11.9	10.1

注:百分比指不同干旱等级面积占盟市总面积的百分比。

表 10.5　2015 年 8 月 15 日内蒙古干旱面积及百分比

盟市名称	出现旱情 面积（万 km²）	出现旱情 百分比（%）	旱情持续 面积（万 km²）	旱情持续 百分比（%）	旱情加重 面积（万 km²）	旱情加重 百分比（%）	旱情解除 面积（万 km²）	旱情解除 百分比（%）	旱情缓解 面积（万 km²）	旱情缓解 百分比（%）
阿拉善盟	0.1	0.0	10.2	40.0	1.8	7.2	1.8	7.2	8.8	34.4
巴彦淖尔市	0.2	0.0	1.1	15.9	1.0	15.4	0.6	9.6	1.5	22.6
包头市	0.0	0.0	1.7	59.7	0.8	28.6	0.0	0.0	0.3	10.1
赤峰市	4.9	0.6	0.7	7.8	0.6	6.5	0.0	0.6	0.0	0.0
鄂尔多斯市	0.4	0.0	2.1	23.9	1.3	14.5	0.9	9.7	1.5	16.6
呼和浩特市	0.5	0.3	0.4	22.3	0.8	47.0	0.0	0.0	0.0	0.0
呼伦贝尔市	3.6	0.1	0.0	0.0	0.0	0.0	0.0	0.0	0.0	0.0
通辽市	0.3	0.1	0.8	14.2	2.5	41.5	0.0	0.8	0.1	1.7
乌海市	0.0	0.0	0.2	100.0	0.0	0.0	0.0	0.0	0.0	0.0
乌兰察布市	0.6	0.1	2.3	41.5	0.4	7.8	0.0	0.0	1.4	26.0
锡林郭勒盟	5.6	0.3	3.3	16.1	3.1	15.3	0.2	1.2	1.6	8.0
兴安盟	0.1	0.0	0.1	1.7	0.5	9.3	0.1	2.1	0.0	0.2
总计	16.5	14.0	22.8	19.3	12.9	10.9	3.8	3.2	15.2	12.9

注：百分比指不同干旱等级面积占盟市总面积的百分比。

10.1.3　内蒙古干旱影响评估

考虑到单一土壤水分数据评估干旱的片面性，增加了降水距平百分率、无有效降水日数，按照盟市赋予不同的权重，构建干旱综合指数。

$$\text{CDI} = k_1 \times \text{PAP} + k_2 \times \text{NEPD} + k_3 \times \text{RSM} \tag{10.1}$$

式中，CDI 为综合干旱指数，PAP 为降水距平百分率归一化指数，NEPD 为无有效降水日数归一化指数，RSM 为土壤相对湿度指数，k_1、k_2、k_3 分别为对应的权重系数。

按照表 10.6 对干旱综合指数进行划分，对应不同程度的干旱。给出内蒙古全区干旱影响评估空间分布，较单独利用全区土壤水分数据监测的干旱有明显的提升，更加准确地反映当地农牧业实际干旱情况（图 10.3、图 10.4）。

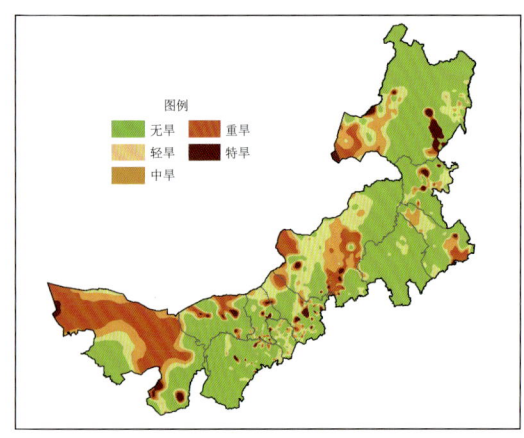

图 10.3　2017 年 6 月 9 日内蒙古干旱监测 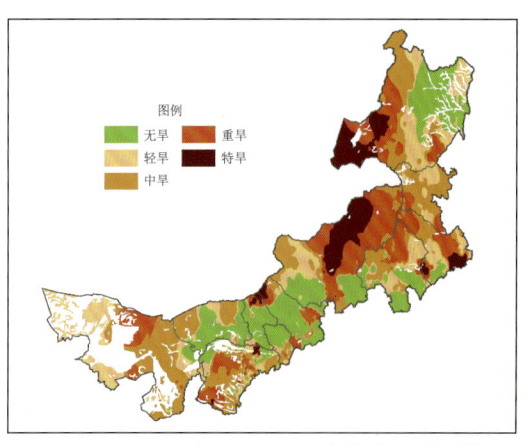　　图 10.4　2017 年 6 月 30 日内蒙古干旱评估

表 10.6　内蒙古自治区干旱综合指数划分标准

	无旱	轻旱	中旱	重旱	特旱
综合干旱指数	<40%	40%～50%	50%～65%	65%～80%	≥80%

10.1.4　近 5 年内蒙古干旱综合评估分析

在作物的生长季,一般采用 5 d 一次的频率监测干旱的发生发展情况。图 10.5 为 2016—2020 年不同时期不同程度的干旱面积占全区总面积的比例,反映了内蒙古不同范围和程度的干旱情况。整体来看,在内蒙古每年都会爆发干旱面积超全区面积一半的干旱事件,干旱时间持续长,干旱程度较重。干旱程度虽以轻旱和中旱为主,但也有相当比例的重旱和特旱发生。

从全区来看,干旱的程度和发生发展的年际变化大。如在 2016 年、2018 年、2019 年、2020 年干旱均在 7 月中下旬就发生并达到最大值随后旱情缓解,其中 2016 年、2018 年、2019 年在 8 月上旬旱情又再次地反复。2020 年较大范围的干旱则一直持续,没有较大幅度的起伏。2017 年干旱则在 7 月上旬才发展到最大,其后在 9 月上旬干旱程度继续加重。

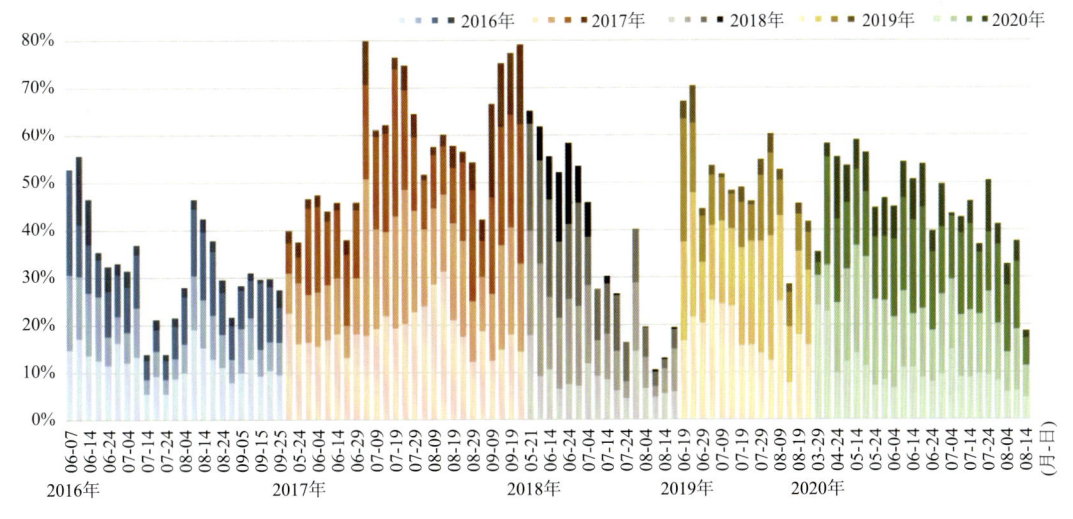

图 10.5　2016—2020 年内蒙古干旱发生面积占比统计

注:颜色由浅至深分别表示轻旱、中旱、重旱、特旱

从空间分布来看,内蒙古的干旱分布不均,局地性特征明显。这是由内蒙古复杂的地形地貌、地表特征、土壤质地、气候条件等共同决定的。图 10.6 为用全区 119 个土壤湿度观测站数据统计的干旱发生频率,从中可以看出,干旱事件在全区广泛分布,在巴彦淖尔市北部、乌兰察布市南部及呼伦贝尔市西部,干旱时间长达近乎持续整个作物生长季。干旱的空间差异巨大,在同一区域也存在明显的区别,如鄂尔多斯市的西部和东部、锡林郭勒盟的西北部和南部、赤峰市的中部和其东西两侧。事实上,由于内蒙古降水的局地性强,即使在同一县域内,干旱情况也存在显著差异。所以除了使用常规土壤水分观测站数据外,引入分布更为广泛的区域自动站降水数据指标十分必要。

总的来看,内蒙古干旱以西部为主,东部较少。事实上,这种空间分布也存在明显的年际变化。图 10.7 为选取的 2016—2020 年每年面积最大值的干旱事件发生时,各盟市的不同程

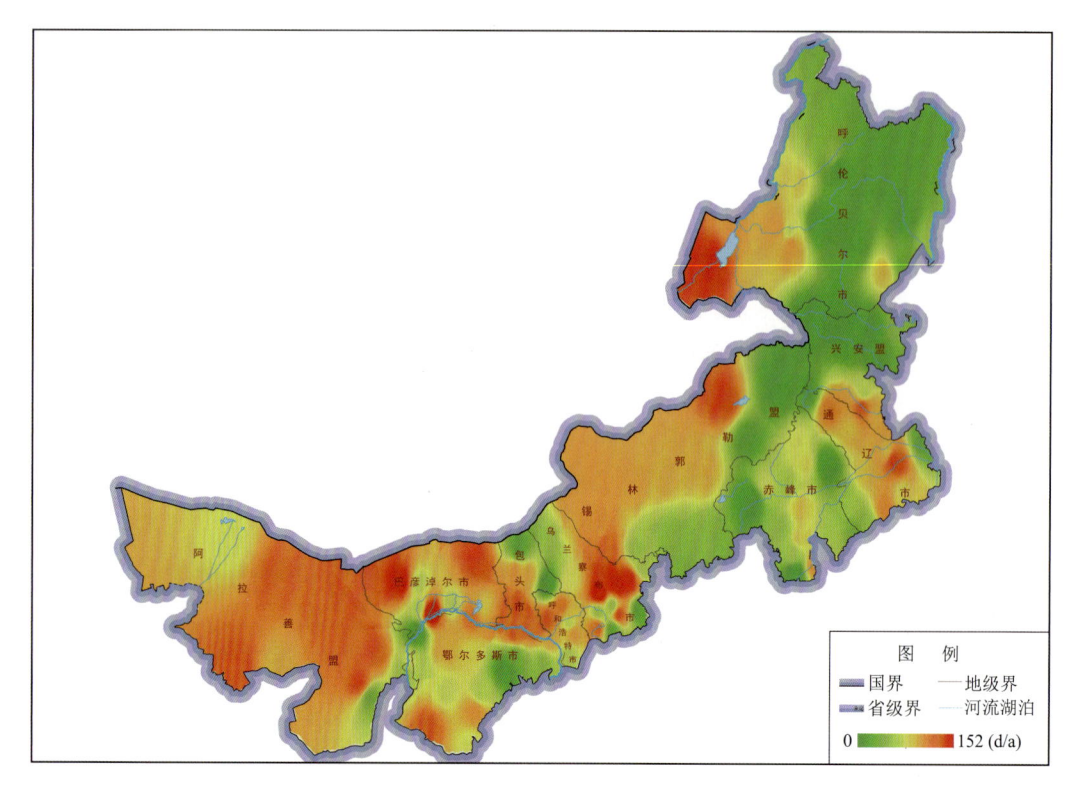

图 10.6　2016—2020 年内蒙古干旱频率分布

度的干旱面积占其盟市总面积的比例。阿拉善盟由于其独特的地理位置和气候特点,干旱每年都会发生。从全区不同盟市的对比来看,2016 年干旱主要发生在内蒙古西部地区,乌海市干旱面积比例甚至达到 100%,重旱和特旱的比例也占全部干旱的一半以上。偏中部的巴彦淖尔、鄂尔多斯市、包头市的干旱面积比例也在 50% 以上,但在东部的赤峰市、通辽市干旱面积和程度都较轻。2018 年全区的干旱范围都较大,干旱程度较重的主要以中部为主。2018 年、2019 年干旱均表现为东西部范围较大、中部范围较小的特征,且特旱发生的比例很小。2020 年干旱则以中部的鄂尔多斯市、包头市、呼和浩特市、乌兰察布市的范围比例最大、程度较重。

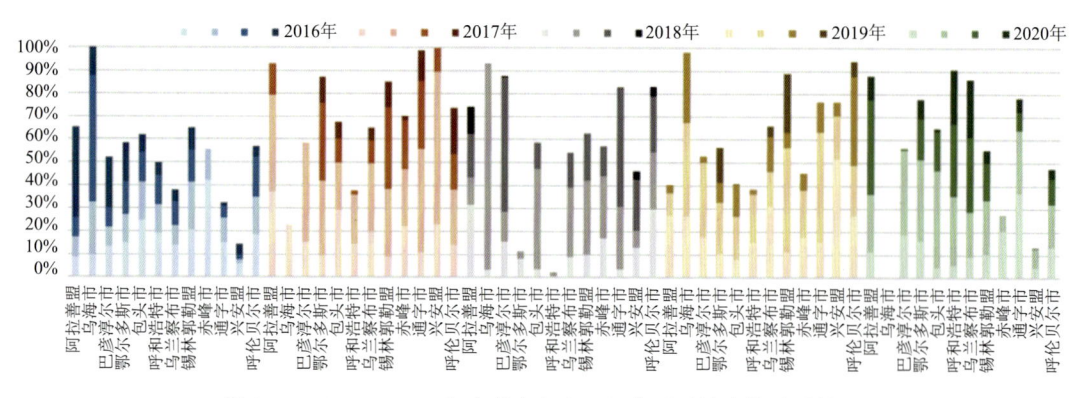

图 10.7　2016—2020 年内蒙古各市(盟)典型干旱事件干旱情况
注:颜色由浅至深分别表示轻旱、中旱、重旱、特旱

10.2 沙尘天气过程卫星遥感监测与评估

10.2.1 沙尘卫星遥感监测研究现状

气溶胶是大气辐射平衡和气候变化中不确定性的一个关键因素。沙尘作为对流层气溶胶的主要成分,对气候系统有许多影响,如辐射效应减少地表暴晒及其与云微物理的相互作用,从而抑制降水。同时,作为环境污染物,对人类健康危害很大,而且对社会经济发展、生态安全以及水循环等一系列活动有着直接或间接的影响。沙尘天气一般在春季爆发,全球范围主要有中亚、北美、北非及澳大利亚4个频发区。我国南疆盆地、内蒙古西部荒漠是中亚沙尘源的一部分,对我国北方大部分区域的生产和生活有较大影响。沙尘气溶胶对气候、海洋生态系统和生物化学循环也有重要的影响。有研究[49-52]表明,空气中来自自然的尘土颗粒可以改善空气质量。沙尘天气过程生物气溶胶含量显著增加。

沙尘气溶胶具有明显的时空变化特性和复杂的化学组成,地基观测资料的限制使得沙尘气溶胶的研究还有很大的不确定性,而且沙尘爆发一般具有较大的影响范围,一般发生在自然条件恶劣的地区,而这些地区地基观测站点少且分散,给监测、预报和研究沙尘带来很大困难[53]。而卫星遥感监测范围广、波段多的优势可以弥补这些不足,因此,针对沙尘遥感监测开展了许多研究,发展了一些算法。

由于有时在同一通道上(例如,可见光或热红外通道)沙尘、地表和云的探测数值十分接近,故使用单一通道准确判识沙尘比较困难,而通过不同通道的探测值的数学组合,可以较好地获得沙尘、地表和云在反照率和温度上存在的差异,来判识沙尘区。

20世纪70年代中期,国际上已经尝试应用卫星遥感手段来进行沙尘气溶胶监测,但受限于技术条件,方法简单且效果不佳。

Shenk 等[54]利用静止卫星的可见光通道监测海上沙尘并计算了光学厚度。Ackerman[55]利用卫星数据提取沙尘信息,论证了卫星反演沙尘气溶胶光学厚度的可行性。20世纪90年代后,随着卫星技术发展,沙尘遥感突破了单通道局限,多通道监测成为主流。郑新江等[56]利用 $3.7~\mu m$ 和 $11~\mu m$ 通道亮温比值和 $1.06~\mu m$ 波段反射率建立回归关系来判识沙尘。Romano 等[57]利用基于可见光和红外波段的多通道方法对 MSG-SEVIRI 的数据进行了沙尘识别。但是在可见光波段,沙尘在特征上表现出了与细碎云、积云等中低云的相似性,给识别造成一定困难。范一大等[58]利用 NOAA/AVHRR 可见光和红外通道建立查找表来显示沙尘信息,但云仍是判识的主要制约因素。

自1970年以来,科学家在利用卫星资料识别沙尘爆发方面主要通过两种手段。一个是可见光和近红外通道,一个是热红外通道。Ackerman[55]较早提出分裂窗插值识别沙尘,利用红外亮温差($T3.7~\mu m - T11~\mu m$)监测沙尘,为以后的沙尘定量识别提供了思路。可以说热红外分裂窗在沙尘识别上具有较大优势,特别是在高反射地表和夜间。因此,热红外亮温差(BTD)也经常被用于沙尘的监测。延昊等[59]利用热红外亮温差($T11~\mu m - T12~\mu m$)针对 NOAA/AVHRR 资料进行沙尘监测,Chaboureau 等[60]利用 BTD 对沙尘和卷云的区域气象预测模型进行了评估。Schepanski 等[61]采用 $8.7~\mu m$、$10.8~\mu m$ 和 $12~\mu m$ 三通道亮温差对撒哈拉沙漠地区的沙尘源区进行了分析。Zhang 等[62]利用 BTD 进行了 MODIS 数据的沙尘监测,并利用辐射传输模式建立了不同光学厚度、BTD、BT11μm 与有效粒子半径的查找表。Kluser 等[63]结合 BTD 用时间序列方法进行沙尘监测，Legrand 等[64]也利用晴空和沙尘的热红外亮温差异来识别沙尘，但是对强度大、持续时间长的沙尘效果较差。Sang 等[65]在 BTD 的基础上引入了亮温比 BTR 来消除地表温度变化造成的影响。BTD 是一种既简单又行之有效的沙尘监测方法，但是其本身也存在着一些局限。因为大气的水汽含量对 BTD 也有较大影响，在地表温度一定的条件下，只有当水汽含量较小时，亮温差才对各等级的沙尘气溶胶敏感；当水汽含量较大时不敏感。同时，无论水汽含量多少，亮温差绝对值均随地表温度升高而增大。水汽含量较低时，在沙尘十分浓厚的情况下，差值反而会回升[66]。在一些云和沙尘混合的地区该方法识别效果较差，几乎不能有效识别沙尘。

罗敬宁等[67]对多通道沙尘光谱特征进行分析，提出综合遥感沙尘判识方法。利用风云三号卫星的近红外 1.6 μm、中红外 3.7 μm 以及热红外分裂窗进行了一次全球沙尘的实例监测。海全胜等[68]利用地物比辐射率特征，结合 MODIS 热辐射波段特征，讨论了沙尘爆发时地表比辐射率在 8.5 μm 和 11 μm 处的变化特征，建立了一个判别沙尘强度的指数 DSI。徐辉等[69]利用风云三号卫星，假设 12 μm 比辐射率为 1 的情况下，沙尘区的 11 μm 相对比辐射率会小于 1 的特征识别沙尘。但比辐射率在云和沙尘混合的区域识别效果较差，因为水汽云在 11 μm 的散射能力强于 12 μm，而吸收能力弱于 12 μm，表现出与沙尘相似的比辐射率特征，特别是弱沙尘区域。多个研究基于葵花 8 号卫星综合不同波段红外亮温差，组合阈值在不同地表类型判识沙尘[70]。

Huang 等[71]认为，BTD 方法对识别卷云下沙尘几乎没有效果，因此他发展了利用 Aqua/AMSR-E 微波数据对卷云下沙尘的识别方法。其研究表明，沙尘发生时在小于 36.5 GHz 的低频波段亮温值大于晴空，但在高频波段由于沙尘对微波的散射、吸收作用大于向外辐射，沙尘亮温值比晴空小，证明沙尘对高频微波有明显削弱作用。基于此提出了微波极化亮温差（MPTD）微波极化指数（MPI）来识别沙尘，取得了一定效果。

沙尘过程一般都伴随着云，而云是沙尘判识中的主要干扰因素。在可见光波段难以与细碎积云等中低云区分；在热红外波段对纯沙尘的判识效果较好，但对于混有云的沙尘则效果较差；在微波方面，由于微波传感器多搭载于极轨卫星，数据存在时间和空间分辨率都较低的局限，无法对沙尘发生发展进行实时有效的监测预警。因此，如何利用高时空分辨率数据进行更加有效的沙尘识别是当前主要的研究方向[72-74]。李彬等[75]采用葵花 8 号卫星数据，提出一种针对性的识别方法。他引入了 0.46 μm 和 0.51 μm 反射率差值（RDI），统计发现，该指数在一定范围内可以表现出沙尘连续性特征，并有效地将中高云和大部分地表与沙尘区分开来。碎积云的 RDI 分布与沙尘的较为相似，为此进一步引入了灰度熵方法来滤除。

10.2.2 沙尘卫星遥感监测技术概述

10.2.2.1 沙尘天气概述

沙尘天气根据风速和能见度可以划分为 5 个等级。

浮尘：当天气条件为无风或平均风速小于或等于 3 m/s 时，尘沙浮游在空中，使水平能见度小于 10 km 的天气现象。

扬沙：风将地面尘土吹起，使空气相当混浊，水平能见度在 1～10 km 的天气现象。

沙尘暴：强风将地面尘土吹起，使空气很混浊，水平能见度小于 1 km 的天气现象。

强沙尘暴:大风将地面尘土吹起,使空气非常混浊,水平能见度小于 500 m 的天气现象。

特强沙尘暴:狂风将地面尘土吹起,使空气特别混浊,水平能见度小于 50 m 的天气现象。俗称"黑风"。

沙尘天气形成的条件:

沙源、强风及热力不稳定的空气层结是产生沙尘暴的 3 个主要条件。沙源是形成沙尘暴的物质基础。强风是发生沙尘暴的动力。大气上冷下热的不稳定层结虽非必要,但却是十分重要的条件。沙尘暴一般多发生在午后傍晚,因为午后地面最热,上下对流最旺盛,沙尘飞得最高。相反,"狂风怕日落",夜间对流停止,沙尘难以上扬。

沙尘预报:预计未来 24 h,2 个及以上省(区、市)非沙漠的部分地区将出现扬沙天气;或者已经出现并可能持续。

(1)橙色预警:预计未来 24 h,2 个及以上省(区、市)部分地区将出现强沙尘暴,并且有成片的特强沙尘暴,或者已经出现并可能持续。

(2)黄色预警:预计未来 24 h,2 个及以上省(区、市)部分地区将出现沙尘暴,并且有成片的强沙尘暴,或者已经出现并可能持续。

(3)蓝色预警:预计未来 24 h,2 个及以上省(区、市)部分地区将出现扬沙天气,并且将有成片的沙尘暴;或者已经出现并可能持续。

表 10.7 列出了我国沙尘灾害的主要地理分布情况。

表 10.7 我国沙尘灾害地理分布

分区	范围	频次	特征
Ⅰ	河西走廊,内蒙古西部干旱区,宁夏干旱半干旱区	最多	范围广
Ⅱ	南疆盆地干旱区	次多	强度大,但大多为无人区,且受青藏高原阻挡,影响范围局限于甘肃西部及塔克拉玛干周边地区
Ⅲ	内蒙古中部、河西西北部半干旱地区	较少	以冷涡、蒙古气旋活动为主要驱动力,受蒙古国沙源输入影响较大,可对京津冀等广大北方地区造成影响

10.2.2.2　沙尘遥感的光学特性及原理

卫星遥感监测目标的物理基础是地物间光谱特征的差异。清楚认知沙尘的光谱特征,是客观准确识别沙尘天气的基础。

沙尘中含有大量矿物质,它们会吸收和散射太阳辐射及地面和云层的长波辐射等,根据沙尘粒子的辐射传输特性,通过分析沙尘在不同光谱波段上的散射和反射特性,同时结合沙尘信息的空间分布形态特征和下垫面、云等信息来遥感监测沙尘,是沙尘灾害监测(尤其是沙尘信息提取与强度监测)的主要理论基础,也是有效监测、跟踪、分析沙尘天气,定量分析沙尘信息有关参数的主要技术手段。

沙尘粒子的辐射特性主要体现沙尘粒子的粒径大小、形状、质地。随着强度不同,沙尘粒径在 0.01~100 μm 及以上。沙尘天气中 5 μm 以上占绝大多数。粒子半径越大,前向散射集中,吸收消光增加,散射比降低。而影响卫星遥感监测沙尘有两方面:云层的覆盖及地面的沙化和裸露。云层的覆盖会导致沙尘的信息被屏蔽;而地面沙化和裸露则让轻薄沙尘的监测变得困难。

可见近红外通道是遥感卫星的经典通道,也是最早用于沙尘遥感判识的通道。在可见光波段和近红外波段,沙尘气溶胶有较高的反射率,和卷云及其他透光或半透光的中高云体反射率相近。

在短波红外波段(1.3~1.9 μm),沙尘气溶胶的反射率高于可见光波段和近红外波段的反射率,而且明显高于这一波段中高云的反射率。在该波段地表物体中,水体的反射率很低,地表植被较低,裸土的反射率较高,沙漠的反射率最高。这一光谱差异可用于识别沙尘、植被和中高云。

在中红外波段(3.5~3.9 μm),沙尘气溶胶散射辐射的绝对能量低于可见光、近红外、短波红外波段,但仍远高于热红外波段。在中红外波段,沙尘气溶胶散射能量增加了亮温值,有利于区别水体、地表植被、裸土、低云和高层云、高积云、浓积云等部分中高云。由于卷云等高云也表现有明显的散射特性,另外稀疏植被地表、裸土、沙漠等也有很高的辐射温度,因此,这一波段的遥感信息有时不能有效区别地表和高云。相比其他目标,沙尘在近红外波段有较高的反射,蓝光波段有较低的反射。0.47~1.61 μm反射率随波长增加,1.61 μm后减小。可以用作反演沙尘强度(表10.8)。

表10.8 沙尘监测主要卫星传感器及其特征

卫星/传感器	通道数	光谱范围(μm)	空间分辨率(m)	沙尘监测特性
NOAA-18/AVHRR	5	0.58~12.5	1090	极轨卫星,较高空间分辨率,有两个热红外通道,可实现分裂窗监测沙尘,但无法动态监测
Landsat8/OLI&TIRS	11	0.43~12.51	100,30,15	极轨卫星,过高空间分辨率,不利于大范围沙尘监测。有两个热红外通道,可实现分裂窗监测沙尘,但无法动态监测
EOS/MODIS	36	0.4~14	250,500,1000	适宜的空间分辨率,较高的光谱分辨率,上午星和下午星协同。在沙尘监测方面有一定应用价值,但无法动态监测
FY-3D/MERSI-II	23	0.412~12	250,1000	适宜的空间分辨率,较高的光谱分辨率,上午星和下午星协同。在沙尘监测方面有一定应用价值,但无法动态监测
FY-3B/VIRR	10	0.43~12.5	1000	适宜的空间分辨率,较高的光谱分辨率,上午星和下午星协同。在沙尘监测方面有一定应用价值,但无法动态监测
FY-4A/ARGI	14	0.46~13.3	1000,2000,4000	适宜的空间分辨率,较高的时间分辨率,较多的波段设置,可实现大范围动态监测,具有很高的应用价值
Himawari-8/AHI	16	0.46~13.3	500,1000,2000	适宜的空间分辨率,较高的时间分辨率,较多的波段设置,可实现大范围动态监测,具有很高的应用价值
CALIPSO/CALIOP	—	—	333	极轨主动激光雷达卫星,可进行沙尘气溶胶垂直廓线探测

热红外通道(10.3～12.5 μm)，沙尘气溶胶的吸收较强，卫星传感器接收到的辐亮度明显低于水体、地表植被、裸土和沙漠，沙尘的等效黑体亮温与水体、地表植被、裸土和沙漠有一定的温度差异。利用热红外通道可区别沙尘和地面背景，结合中红外波段，利用二者对相同目标物反映的差异，可有效地识别沙尘和地面背景。根据 Mie 散射理论，干燥沙尘气溶胶，对 11 μm、12 μm 红外波段辐射有不同的消光，其中对 11 μm 波长消光略强于 12 μm 波长，使得 12 μm 波段的探测值大于 11 μm 波段。通过对亮温差的分析可以反推气溶胶的存在，因此在一定条件下，利用卫星传感器在 11 μm、12 μm 通道亮温的差值可以提取沙尘信息，称为热红外分裂窗法。但是某些卷云与沙尘气溶胶在分裂窗通道的亮温差相当，但他们的红外亮温不同，红外亮温差除以某一个温度因子就可以抑制云的信号。但是，当沙尘比较薄时，分裂窗的差异就会变小，亮温差也较难区分。

10.2.2.3 沙尘遥感监测技术概述

(1)沙尘的目视解译

目视解译方法优势：简便、快捷，监测结果直观、实用。在卫星图像中，可以通过颜色、色调、纹理和形状等的特征就可以识别出沙尘区域。目视解译采用的图像包括黑白图像、彩色图像、快速增强彩色图像。对于黑白图像，常使用的是静止气象卫星的可见光通道图像，主要原因是可见光图像的空间分辨率较高，有时也会使用红外通道图像。相较于黑白图像，彩色图像更直观清晰显示沙尘区，包括真彩色和假彩色图像。

可见光云图特征：陆地表面有水体、森林覆盖的地方反照率小，呈黑色；有作物、牧草、荒漠草原覆盖的地区为深灰色或灰色；在气候干燥的荒漠、沙漠地区由于植被稀少，反照率较大，呈灰色或淡灰色；云系和高山积雪反照率最大，为浅灰色或白色；浮尘、扬沙、沙尘暴形成的"沙尘羽"和低云相似，呈灰色或灰白色，沙尘区的反照率比地表高，比云顶低，沙尘区顶部结构均匀，顺着风向有纹理。"沙尘羽"的分布受地形走向影响，它的边缘往往和盆地边缘一致(图 10.8)。

图 10.8 FY-3B/VIRR 沙尘真彩色图像

彩色图像中可以确定沙尘分布和强度以及相对密度的空间分布情况,在彩色图像中,空中的沙尘区为沙黄色且有顺风的纹理,地面裸沙也为沙黄色,但是没有顺风向的纹理,地面为绿色或深绿色,白色为云。

如果光谱通道足够,可以选择可见光的3个通道,组合成红色、绿色、蓝色的真彩色图像。通过多时次彩色图像的对比分析,可以确定沙尘的起源地、移动路径、移动速度、影响区域和未来推进方向及其有关的动态信息。但有时彩色图像对沙尘区空间分布的识别不理想,尤其是对稀薄沙尘覆盖的区域。表10.9列出了几种常用卫星的真彩色通道组合。

表10.9 常用卫星真彩色合成通道组合

EOS/MODIS:20,15,1
NOAA18/AVHRR:3 或 4,2,1
FY-3D/MERSI:3,2,1
FY-3B/VIRR:1,8,7
H8/AHI:3,2,1
Landsat8/OLI:4,3,2

(2)基于假彩色图像的沙尘监测

沙尘遥感监测主要利用沙尘粒子的反射和辐射特性。通过不同通道探测值的数学组合,可以将沙尘、地表、云在图像显示上进行区分,据此判识沙尘发生区域信息。一些图像的通道组合选择对沙尘敏感的可见光、近红外和中红外(或远红外)3个光谱波段或其差值,赋予红色、绿色、蓝色,利用加色法合成,可以得到突出沙尘信息的假彩色图像。

对应EOS/MODIS资料,合成图像的组合方式可以有多种。最佳组合可以是:第1通道、第15通道、第20通道。对于NOAA就是第1、2、3通道分别赋予蓝、绿、红,利用假彩色合成法,可以得到突出沙尘的假彩色图像(表10.10、表10.11)。

表10.10 FY-4A/AGRI利用3通道合成数据进行沙尘监测

颜色	通道(μm)	对应的物理特征	对信号的贡献较小	对信号的贡献较大
红	IR12.3−IR10.4	云光学厚度 沙尘	薄冰云	沙尘
绿	IR10.4−IR8.6	云相态	薄冰云、沙尘	水云、沙漠
蓝	IR10.4	温度	冷云	暖地表、暖云

表10.11 Himawari-8/AHI利用3通道合成数据进行沙尘监测

颜色	通道(μm)	对应的物理特征	对信号的贡献较小	对信号的贡献较大
红	IR12.3−IR11.2	云光学厚度 沙尘	薄冰云	沙尘
绿	IR10.4−IR3.9	云相态	薄冰云、沙尘	水云、沙漠
蓝	IR11.2	温度	冷云	暖地表、暖云

对于最新一代静止气象卫星风云四号和葵花8号其组合方式如表10.7、表10.8所示。沙尘影响区域在假彩色图像下会呈现粉红色,如图10.9所示。

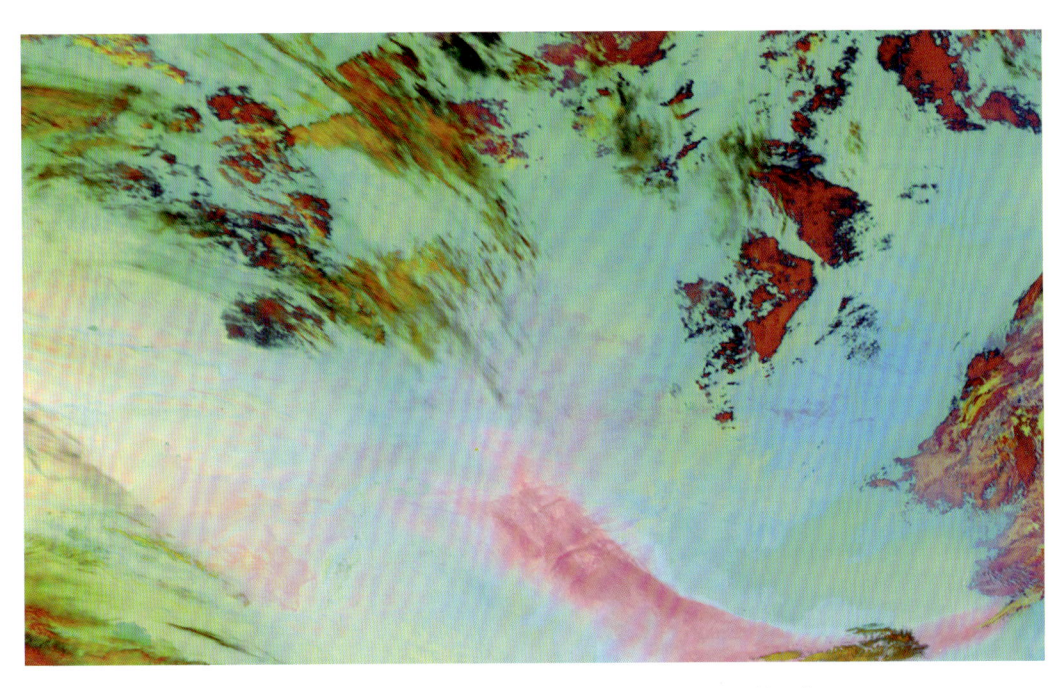

图 10.9　Himawari-8 假彩色合成图像(沙尘区呈现粉红色)

(3)通道阈值的沙尘监测

NOAA18/AVHRR 沙尘判识。郭铌等[76]分析多次沙尘过程光谱特征,提出沙尘判识指数 SI。

$$SI=(ch1+ch2)-(ch4+ch5) \tag{10.2}$$

式中,ch1、ch2 分别为第 1、第 2 通道反射率,ch4 和 ch5 分别为第 4 和第 5 通道亮温。

EOS/MODIS 沙尘判识。首先区分地表与沙尘/云,采用如下阈值:

$$R_1+R_2>0.70 \text{ 且 } BT32<285 \text{ K}$$
$$R_1+R_2>0.63 \text{ 且 } BT32<275 \text{ K}$$

式中,R_1 和 R_2 分别为第 1 和第 2 通道反射率,BT32 为第 32 通道亮温。然后区分云和沙尘,计算 NDDI:

$$NDDI=(R_7-R_3)/(R_7+R_3) \tag{10.3}$$
$$NDDI>0.28$$

式中,R_3 和 R_7 分别为第 3 和第 7 通道反射率。监测结果如图 10.10 所示。

Himawari-8/AHI 沙尘判识。对于干旱半干旱区:

$$BT11-BT8.6<8 \text{ 且 } BT11-BT12<1.2 \text{ 且 } BT3.9-BT11>18 \tag{10.4}$$

对于相对暗的地表:

$$BT11-BT8.6<5 \text{ 且 } BT11-BT12<1.4 \text{ 且 } BT3.9-BT11>10 \tag{10.5}$$

高纬度地区

$$BT11-BT8.6<5 \text{ 且 } BT11-BT12<0 \text{ 且 } BT3.9-BT11>18 \tag{10.6}$$

式中,BT11 表示 11 μm 波段亮温,以此类推。

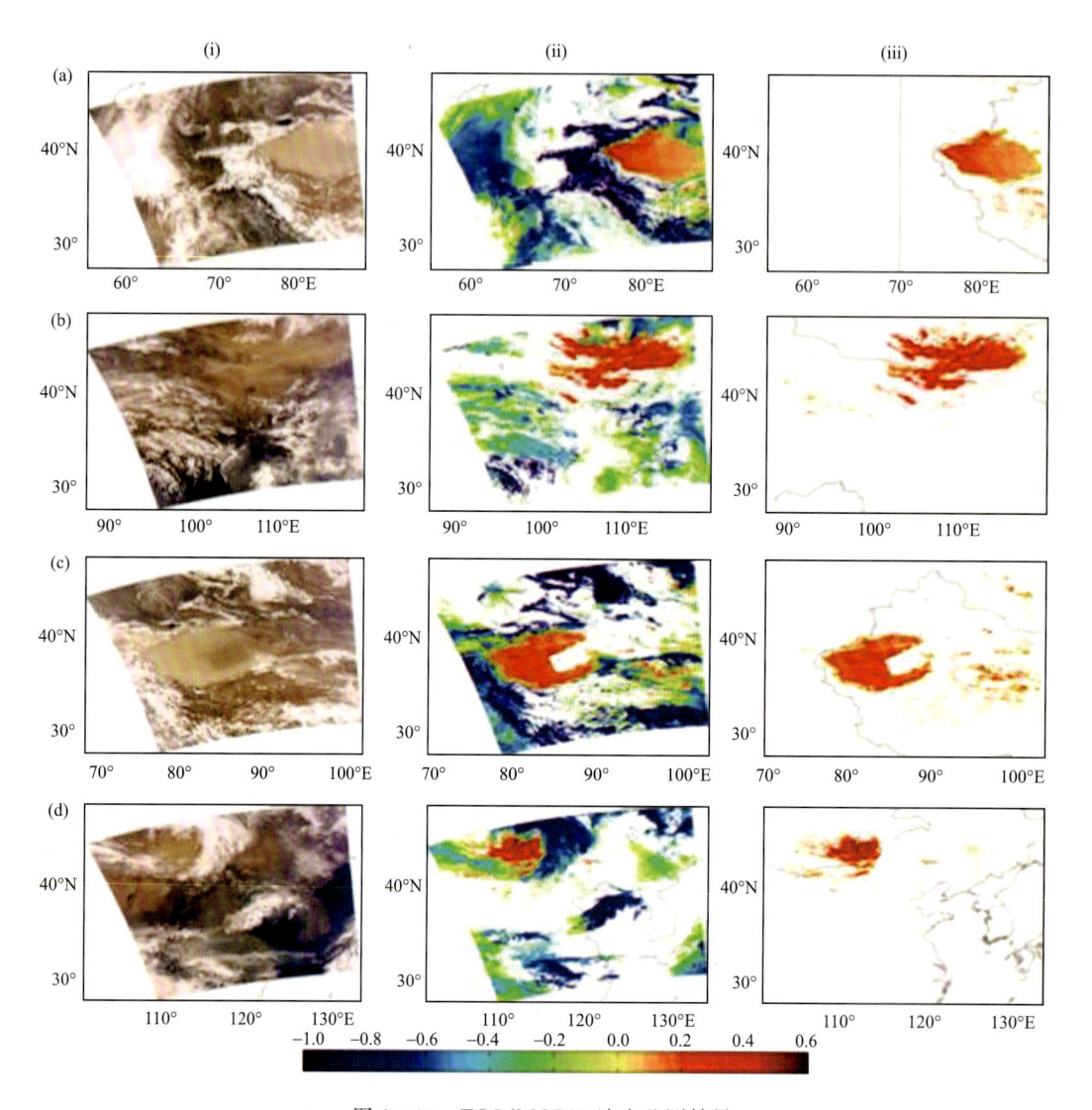

图 10.10　EOS/MODIS 沙尘监测结果

多通道阈值法是沙尘遥感监测业务中使用最多,效果最好,也是最为便捷的方法。判识结果通常以二值图的形式呈现,即沙尘为 1 值,其他为 0 值。也可以叠加真彩色图像形成有背景的监测图,即沙尘为黄色或橙色,其他为真彩色图像。依据判识结果还可以进行相应的沙尘强度估算及影响面积统计。

(4)被动微波

可见光和红外技术虽然能够有效监测沙尘信息,但无法穿透冰云,不能有效监测云下沙尘。学者们通过分析沙尘对微波辐射的影响,提出了利用微波技术识别部分云下沙尘区域的新方法。对沙尘的微波辐射传输进行敏感性分析的结果表明,沙尘发生时在小于 36.5 GHz 的低频波段亮温值大于晴空,但在高频波段由于沙尘对微波的散射、吸收作用大于向外的辐射,沙尘目标亮温值比晴空的小,证明了沙尘情况下对高频微波会有明显的削减影响,并有较弱的去极化作用。基于这种影响,定义了一种新的极化亮温差指数(MPI),用于监测沙尘。

$$\text{MPI} = (\text{Tb}_{89v} - \text{Tb}_{89h}) - (\text{Tb}_{23.8v} - \text{Tb}_{23.8h}) \tag{10.7}$$

微波技术可以有效识别冰云下沙尘,结合可见光与热红外技术,可以提高判识精度(图 10.11)。

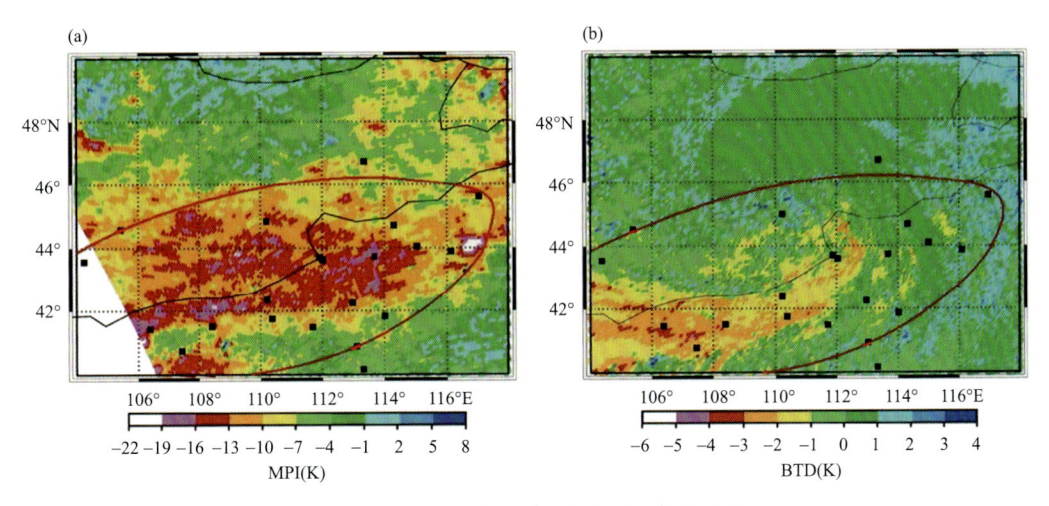

图 10.11 MPI 与 BTD 沙尘判识结果对比

(5)主动激光雷达

激光雷达属于主动遥感手段,优点在于探测距离大,精度高且可以进行连续观测,在沙尘气溶胶垂直分布特征研究上具有独特优势。CALIPOSO 和 CloudSat 等星载激光雷达为高空大气气溶胶提供了直观有效的观测资料(图 10.12)。星载激光雷达探测技术的不足之处是受激光能量限制,白天探测高度有限,且在数据反演算法上仍有待改进。

10.2.3　2015—2020 年内蒙古卫星遥感沙尘天气评估

2015 年,气象卫星共在内蒙古地区监测到沙尘天气过程 7 次,影响盟市超过 3 个的过程 5 次,全区 12 个盟市均不同程度受到沙尘天气影响,累计可视沙尘区面积为 45.54 万 km²,占全区总面积的 38.50%。遥感反演显示,7 次沙尘天气多为扬沙天气,其中,5 次监测到的能见度范围为 50~10000 m,1 次能见度范围为 50~5000 m,1 次能见度范围为 500~10000 m,这一特点清楚地印证出,内蒙古自治区的沙尘天气既有境外沙尘源的影响,同时也有境内沙尘源局地加强的贡献;内蒙古自治区内沙尘天气境内沙尘源主要分布在阿拉善盟、巴彦淖尔市北部、包头市北部、乌兰察布市北部、锡林郭勒盟、赤峰市北部的草原区和沙漠区。赤峰市、锡林郭勒盟、乌兰察布市、巴彦淖尔市、阿拉善盟是受沙尘天气影响频率最高的盟市,7 次沙尘天气过程,至少有 4 次影响了这些盟市(表 10.12)。锡林郭勒盟、乌兰察布市、巴彦淖尔市、阿拉善盟是受沙尘天气影响面积最大的盟市,7 次天气过程累计受影响面积都在 4.00 万 km² 以上,其中锡林郭勒盟年度累计可视沙尘天气影响面积达到 18.70 万 km²(表 10.12)。

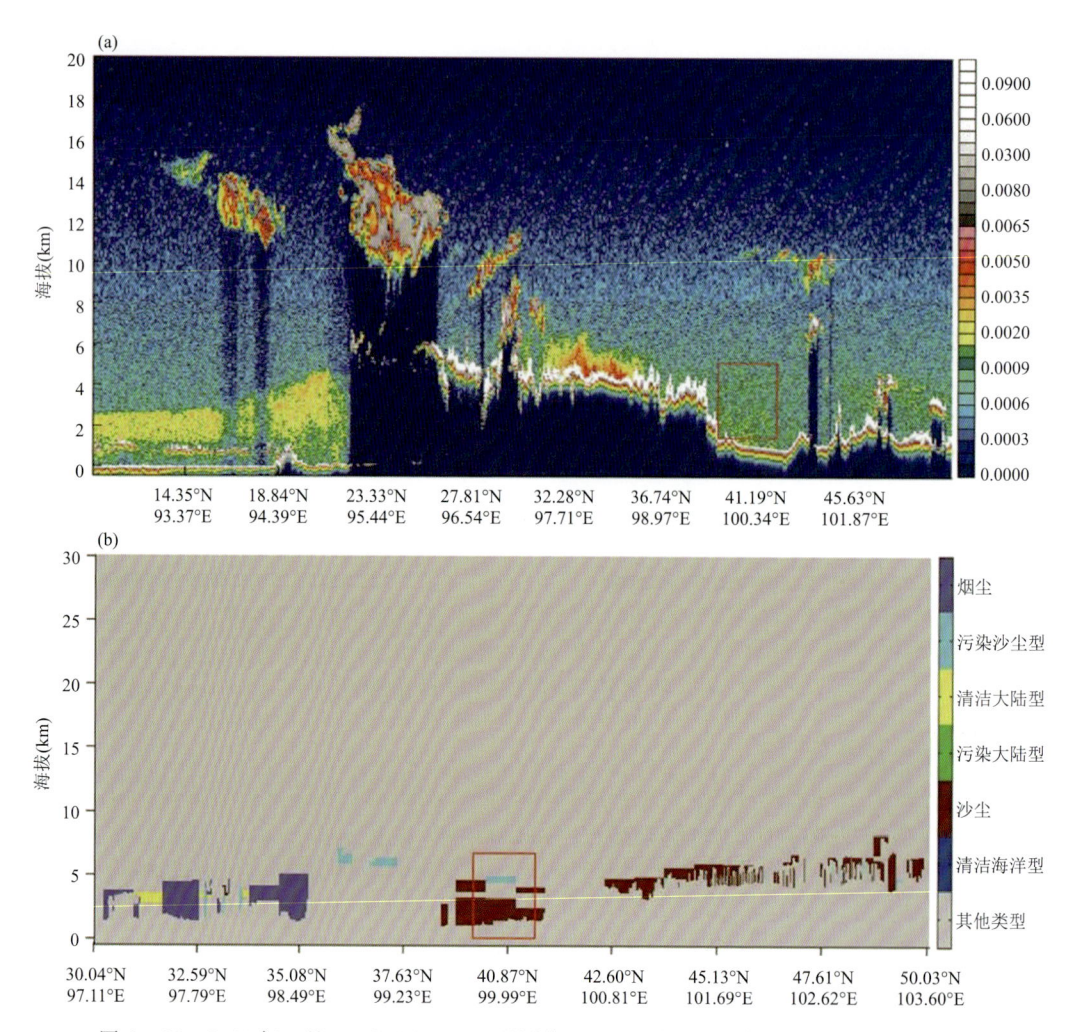

图 10.12　2016 年 4 月 16 日 CALIPSO 观测的 532 nm 总后向散射系数（单位：km^{-1}/sr）
垂直剖面（a）和气溶胶分离（b）

表 10.12　2015 年气象卫星在内蒙古监测到的沙尘天气

监测时间	能见度范围（m）	可视沙尘区面积（10000 km²）	可视影响范围
3 月 14 日 15 时	50～10000	6.55	赤峰西北部、锡林郭勒盟中西部、乌兰察布市东北部地区
3 月 15 日 13 时	50～10000	6.48	呼伦贝尔市东部的部分地区、兴安盟西部的部分地区、通辽市北部的部分地区、赤峰市中部和西部的部分地区、锡林郭勒盟大部、乌兰察布市东部、包头北部的局部、巴彦淖尔市北部部分和阿拉善盟的局部地区
3 月 20 日 15 时	50～10000	2.97	赤峰市西部、锡林郭勒盟南部、乌兰察布市中部、呼和浩特市北部部分地区和包头市东部

续表

监测时间	能见度范围(m)	可视沙尘区面积(10000 km²)	可视影响范围
3月24日9时	50~5000	12.90	阿拉善盟、巴彦淖尔市大部、鄂尔多斯市西部包头市北部、乌兰察布市北部和锡林郭勒盟西北部部分地区
3月27日17时	50~10000	1.74	阿拉善盟东北部局部、巴彦淖尔市北部部分、乌兰察布市北部和锡林郭勒盟西北部部分地区
4月15日14时	50~10000	9.52	锡林郭勒盟以及以西大部地区
5月5日10时	500~10000	5.38	兴安盟南部、通辽市大部、赤峰市东部地区
合计		45.54	全区12盟市均不同程度受到影响

2016年，气象卫星在内蒙古地区共有效监测到沙尘天气过程4个，较2015年同期监测到的过程数少3个。影响盟市超过3个的过程有3个，全区12个盟市均不同程度受到沙尘天气影响，全年沙尘区覆盖面积为56.868万 km²，占全区总面积的48.07%。

能见度范围（表10.13）显示，2016年监测到的沙尘天气过程以扬沙天气为主，但内蒙古境内沙尘源的局地加强作用仍不可忽视。

表10.13　2016年气象卫星在内蒙古监测到的沙尘天气

监测时间	能见度范围(m)	沙尘区覆盖面积(10000 km²)	沙尘区覆盖范围
3月4日10时、15时	50~10000	35.981	全区12盟市均不同程度受影响
4月8日16时	50~10000	24.327	兴安盟南部、通辽市南部、赤峰市东部和南部、锡林郭勒盟南部、乌兰察布市中东部
4月21日15时	50~10000	6.111	乌兰察布市北部局部、锡林郭勒盟西北部
5月5日15时、18时	5000~10000	26.728	巴彦淖尔市北部局地、包头市东北部、乌兰察布市北部、锡林郭勒盟、赤峰市、通辽市西部北部、兴安盟西部北部、呼伦贝尔市西南部

中部地区是沙尘天气高影响区，锡林郭勒盟、乌兰察布市是受沙尘天气影响频率最高的盟市，4个沙尘天气过程均影响了这两个盟市（图10.13）；锡林郭勒盟、赤峰市、阿拉善盟、乌兰察布市是受沙尘天气影响面积最大的盟市，全年沙尘天气过程累计影响面积都在10.00万 km²以上，其中锡林郭勒盟全年沙尘天气过程影响累计面积达到35.788万 km²（图10.14）。

2017年气象卫星在内蒙古有效监测沙尘天气过程5次，沙尘区覆盖面积占全区总面积近8成，全区12个盟市均不同程度受到沙尘天气影响。全年沙尘天气过程以扬沙、浮尘天气为主，内蒙古境内沙尘源的局地加强作用显著。此外，中西部地区是沙尘天气明显的高影响区。

2017年，利用卫星遥感在内蒙古自治区共监测到沙尘天气过程5次，其中有2次影响范围较小，相比2016年增加1次。全区12个盟市均不同程度地受到影响，全区被沙尘覆盖过的区域面积达86.43万 km²，占全区总面积的73.06%。其中一些被云覆盖的区域未能有效监测。

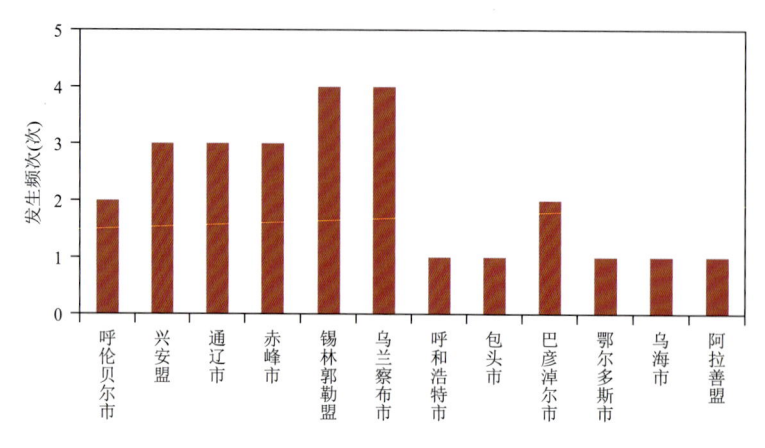

图 10.13　2016 年内蒙古 12 盟市沙尘天气发生频次

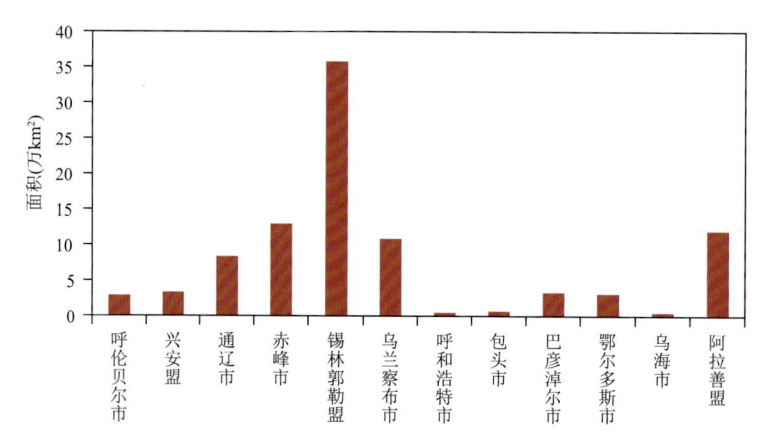

图 10.14　2016 年内蒙古 12 盟市沙尘天气过程累计影响面积

2017 年的沙尘过程主要以浮尘和扬沙为主,内蒙古境内的沙尘源的局地加强作用仍然不可忽视。表 10.14 列出了这 5 次沙尘过程的发生时间、影响范围及能见度范围。5 月 3—4 日的沙尘过程强度大、影响范围广、持续时间长。

表 10.14　2017 年遥感监测沙尘天气信息

发生时间	能见度范围(km)	覆盖面积(万 km²)	主要覆盖的盟市区域
4 月 16 日	5~10	7.94	阿拉善盟
5 月 3—4 日	1~10	58.98	阿拉善盟、巴彦淖尔市、鄂尔多斯市、包头市、呼伦贝尔市、兴安盟、通辽市、赤峰市、锡林郭勒盟、乌兰察布市
6 月 2 日	5~10	0.75	呼和浩特市、包头市
8 月 2 日	3~5	0.23	阿拉善盟
9 月 21 日	1~6	18.53	阿拉善盟、巴彦淖尔市、包头市、锡林郭勒盟、乌兰察布市

虽然2017年沙尘影响的区域范围较大,但是不同地区受影响的频次却有较大差异,中西部地区仍是受沙尘天气影响最多的地区。5次过程中,被影响到3次的盟市有阿拉善盟、包头市、乌兰察布市、巴彦淖尔市和鄂尔多斯市。其中,鄂尔多斯市杭锦旗与巴彦淖尔市临河区、五原县、杭锦后旗等均被3次沙尘天气过程覆盖。2017年阿拉善盟、巴彦淖尔市、锡林郭勒盟是受沙尘天气影响面积最大的盟市,累计影响面积都在10万 km² 以上,其中,阿拉善盟累计影响面积达24万 km²(图10.15)。

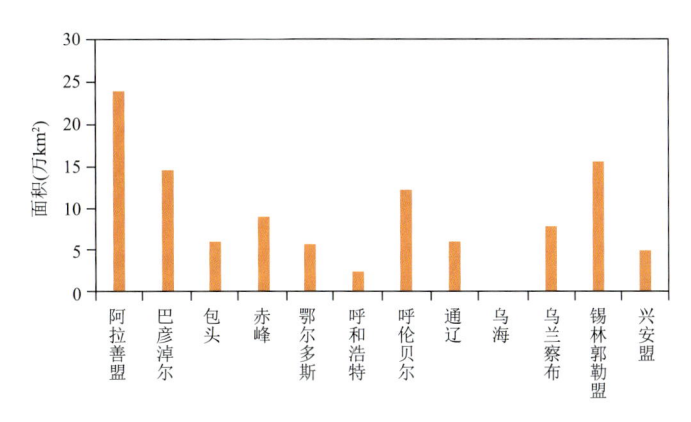

图 10.15　2017年内蒙古各盟市沙尘过程累计影响面积

2017年累计影响面积超过4万 km² 的旗县有阿拉善盟阿拉善左旗、阿拉善右旗、额济纳旗,巴彦淖尔市乌拉特中旗、乌拉特后旗,锡林郭勒盟苏尼特右旗,乌兰察布市四子王旗,鄂尔多斯市杭锦旗,包头市达茂旗,呼伦贝尔市鄂伦春旗。其中,阿拉善右旗累计受影响面积最大,达10.77万 km²。

2018年气象卫星在内蒙古地区有效监测沙尘天气过程15次,与2017年相比增加10次,其中有9次影响范围超过8万 km²。全区被沙尘覆盖过的区域面积达76.36万 km²,占全区总面积的64.54%。全区12个盟市均不同程度受到沙尘天气影响,其中一些被云覆盖的区域未能有效监测。全年沙尘天气过程以扬沙、沙尘暴天气为主,几乎都集中在上半年,春季高发。内蒙古境内沙尘源的局地加强作用显著,中西部地区仍是沙尘天气明显的高影响区。

表10.15列出了这15次沙尘过程的发生时间、影响范围及能见度范围。4月9—11日的沙尘过程强度大、影响范围广、持续时间长。全年的沙尘天气过程集中在上半年,共发生14次,占比达93%,主要集中在3—5月;下半年仅监测到一次沙尘天气过程。春季仍是内蒙古自治区沙尘天气的高发季节,内蒙古地区干旱少雨、春季气温回升较快,主要沙尘源区地表植被还未返青、土壤干燥疏松,在较强天气条件下极易发生沙尘天气。

表 10.15　2018年内蒙古遥感监测沙尘天气

发生时间	能见度范围 (km)	沙尘强度	覆盖面积 (万 km²)	主要覆盖的盟市区域
2月8日	2~5	扬沙、沙尘暴	15.04	阿拉善盟、巴彦淖尔市、包头市、锡林郭勒盟、乌兰察布市
3月6日	2~5	扬沙、沙尘暴	8.34	阿拉善盟、巴彦淖尔市、包头市

续表

发生时间	能见度范围 （km）	沙尘强度	覆盖面积 （万 km²）	主要覆盖的盟市区域
3月15日	2.5～4.5	扬沙	0.83	阿拉善盟
3月27—29日	2～5	浮尘、扬沙	24.59	阿拉善盟、巴彦淖尔市、包头市、锡林郭勒盟、乌兰察布市
4月1—2日	3～5	浮尘	20.01	阿拉善盟、锡林郭勒盟、呼伦贝尔市、乌兰察布市
4月4日	2～6	扬沙、沙尘暴	8.82	阿拉善盟、巴彦淖尔市
4月7日	4～6	浮尘、扬沙	3.68	巴彦淖尔市、包头市、锡林郭勒盟、乌兰察布市
4月9—11日	1～10	浮尘、扬沙、沙尘暴	45.13	阿拉善盟、巴彦淖尔市、包头市、锡林郭勒盟、乌兰察布市、鄂尔多斯市
4月13日	1～5	扬沙、沙尘暴	16.19	巴彦淖尔市、包头市、锡林郭勒盟、乌兰察布市
4月30日	2～6	扬沙	3.17	锡林郭勒盟
5月8日	2～10	扬沙	1.45	阿拉善盟
5月22—23日	2～5	扬沙	4.63	锡林郭勒盟、赤峰市
5月25—27日	1～10	扬沙、沙尘暴	22.3	阿拉善盟、巴彦淖尔市、包头市、锡林郭勒盟、乌兰察布市
6月11日	2～5	扬沙	1.35	锡林郭勒盟
11月26日	1～6	扬沙、沙尘暴	20.72	巴彦淖尔市、包头市、锡林郭勒盟、乌兰察布市、呼和浩特市

  2018年沙尘影响的区域范围较大，但不同地区受影响的频次却有较大差异，中西部地区仍是受沙尘天气影响最多的地区（图10.16）。15次过程中，被影响到5次以上的盟市有阿拉善盟、包头市、乌兰察布市、巴彦淖尔市和锡林郭勒盟。其中，包头市达茂旗，阿拉善盟额济纳旗、巴彦淖尔市乌拉特中旗、锡林郭勒盟的苏尼特右旗、苏尼特左旗、镶黄旗等旗县的部分地区均被8次沙尘天气过程影响。

  2018年沙尘主要为浮尘、扬沙和局地沙尘暴。通过遥感监测的沙尘强度指数对15次过程平均强度的统计，可以看出，平均沙尘强度达到沙尘暴级别盟市有鄂尔多斯市、巴彦淖尔市和锡林郭勒盟、阿拉善盟局部地区，其中4月9日的过程贡献较大。

  2018年锡林郭勒盟、阿拉善盟、巴彦淖尔市、乌兰察布市是受沙尘天气影响面积最大的盟市，累计影响面积都在20万 km² 以上，其中，锡林郭勒盟累计影响面积达62.92万 km²（图10.17）。

  2018年累计影响面积超过4万 km² 的旗县有阿拉善盟阿拉善左旗、阿拉善右旗、额济纳旗、巴彦淖尔市乌拉特中旗、乌拉特后旗，锡林郭勒盟苏尼特右旗、苏尼特左旗、阿巴嘎旗、东乌珠沁旗、锡林浩特，乌兰察布市四子王旗，包头市达茂旗。其中，阿拉善右旗累计受影响面积最大，达18.02万 km²。

  2019年气象卫星在内蒙古地区有效监测沙尘天气过程16次，相比2018年增加1次，其中有11次影响范围超过8万 km²。全区被沙尘覆盖过的区域面积达112.59万 km²，占全区

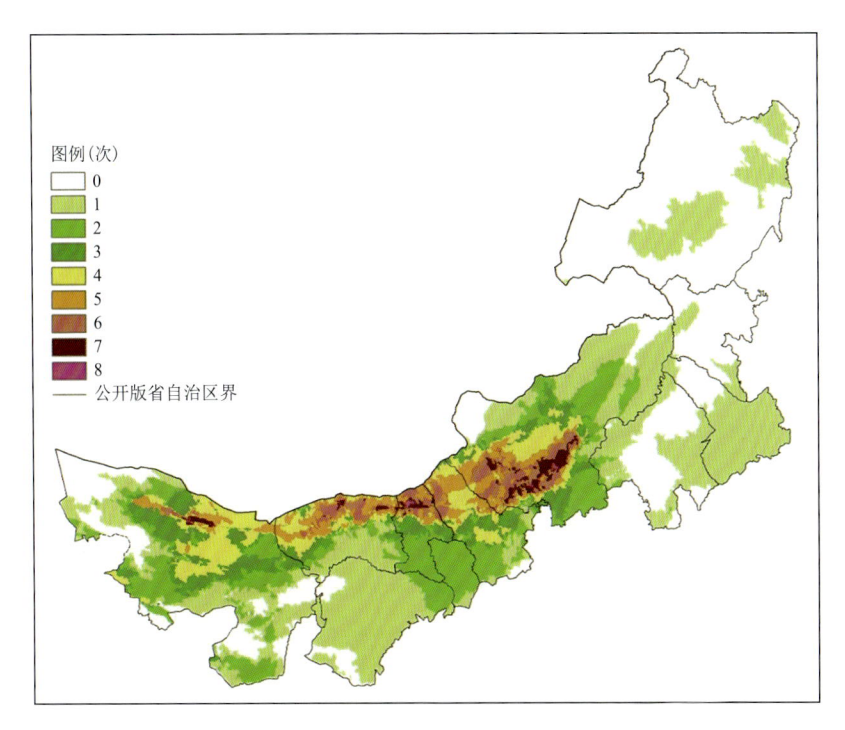

图 10.16　2018 年内蒙古遥感监测沙尘发生频次

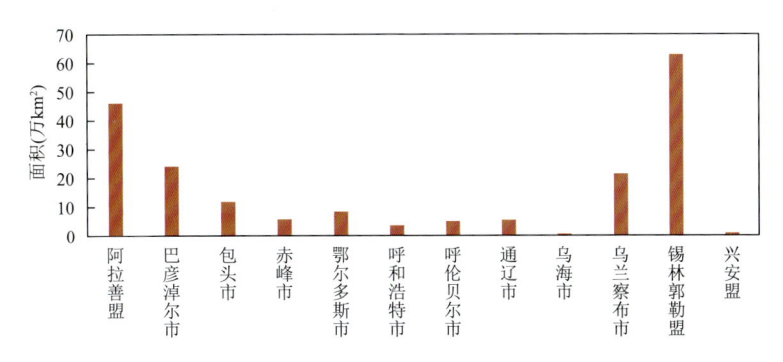

图 10.17　2018 年内蒙古各盟市沙尘过程累计影响面积

总面积的 95.17%。全区 12 个盟市均不同程度受到沙尘天气影响,其中一些被云覆盖的区域未能有效监测。全年沙尘天气过程以扬沙、沙尘暴天气为主,几乎都集中在上半年,春季高发。外部主要由蒙古国输入,内蒙古境内沙尘源的局地加强作用显著,中西部地区是沙尘天气明显的高影响区。

表 10.16 列出了这 16 次沙尘过程的发生时间、影响范围及能见度范围。受强天气过程影响,5 月 11—13 日、14—16 日的沙尘过程强度大、影响范围广、持续时间长。全年的沙尘天气过程集中在上半年,共发生 13 次,占比达 81%,主要集中在 3—5 月;下半年仅监测到三次沙尘天气过程。春季仍是内蒙古沙尘天气的高发季节,内蒙古干旱少雨,春季气温回升较快,主要沙尘源区地表植被还未返青、土壤干燥疏松,在较强天气条件下极易发生沙尘天气。

表 10.16　2019 年内蒙古遥感监测沙尘天气

发生时间	能见度范围（km）	沙尘强度	覆盖面积（万 km²）	主要覆盖的盟市区域
3月6日	2~5	浮尘、扬沙	9.73	阿拉善盟
3月19—20日	1~5	浮尘、扬沙、沙尘暴	4.01	阿拉善盟、巴彦淖尔市、包头市、鄂尔多斯市
3月26日	2~5	浮尘、扬沙	14.63	阿拉善盟、巴彦淖尔市、包头市、鄂尔多斯市
3月27日	2~5	浮尘、扬沙	24.59	阿拉善盟、巴彦淖尔市、包头市、锡林郭勒盟、乌兰察布市
4月4日	3~5	浮尘	4.12	赤峰市、通辽市、锡林郭勒盟
4月15日	2~6	扬沙	0.88	阿拉善盟
4月17日	3~6	浮尘、扬沙	9.53	赤峰市、通辽市、锡林郭勒盟
4月23日	1~10	浮尘、扬沙、沙尘暴	7.57	呼伦贝尔市
4月30日	2~5	扬沙	10.32	通辽市、呼伦贝尔市、锡林郭勒盟、兴安盟
5月11—13日	1~10	扬沙、沙尘暴	51.07	阿拉善盟、巴彦淖尔市、包头市、锡林郭勒盟、乌兰察布市、赤峰市、乌海市
5月14—16日	1~10	扬沙、沙尘暴	86.64	阿拉善盟、巴彦淖尔市、包头市、锡林郭勒盟、乌兰察布市、赤峰市、乌海市、通辽市、兴安盟、呼伦贝尔市
5月18日	2~5	扬沙	13.16	阿拉善盟、巴彦淖尔市、包头市、鄂尔多斯市、呼和浩特市
5月24—25日	1~6	扬沙、沙尘暴	13.27	阿拉善盟、巴彦淖尔市、鄂尔多斯市、乌海市
10月19日	1~10	浮尘、扬沙、沙尘暴	55.85	阿拉善盟、巴彦淖尔市、包头市、锡林郭勒盟、乌兰察布市、赤峰市、乌海市、通辽市、兴安盟、呼伦贝尔市
10月27日	1~6	扬沙、沙尘暴	66.68	阿拉善盟、巴彦淖尔市、包头市、鄂尔多斯市、锡林郭勒盟、乌兰察布市、赤峰市、乌海市
11月17日	2~10	浮尘、扬沙	39.04	阿拉善盟、巴彦淖尔市、包头市、鄂尔多斯市、锡林郭勒盟、乌兰察布市、赤峰市

　　2019 年沙尘影响的区域范围较大，但不同地区受影响的频次却有较大差异，西部地区是受沙尘天气影响最多的地区（图 10.18）。16 次过程中，被影响到 5 次及以上的盟市有 11 个。其中，包头市、阿拉善盟、巴彦淖尔市、锡林郭勒盟、鄂尔多斯市等的部分地区均被 8 次以上沙尘天气过程影响（图 10.19）。

　　2019 年沙尘主要为浮尘、扬沙和局地沙尘暴，中西部地区仍是受沙尘天气影响最重的地区。通过遥感监测的沙尘强度指数对 16 次过程强度的统计，平均沙尘强度达到沙尘暴级别盟市有鄂尔多斯市、巴彦淖尔市和锡林郭勒盟、阿拉善盟的局部地区。

　　2019 年锡林郭勒盟、阿拉善盟、巴彦淖尔市、鄂尔多斯市是受沙尘天气影响面积较大的盟市，累计影响面积都在 30 万 km² 以上，其中，阿拉善盟累计影响面积达 129.56 万 km²（图 10.20）。

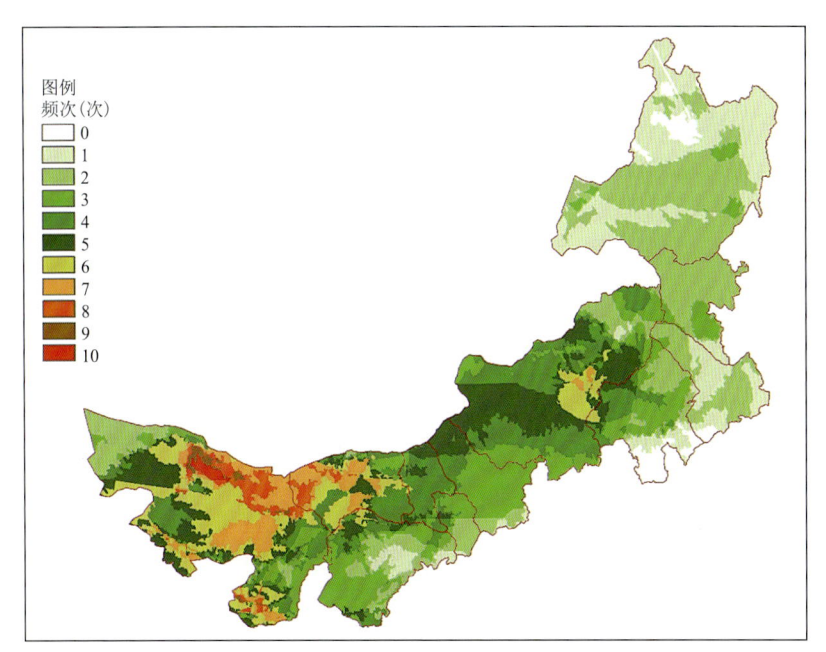

图 10.18　2019 年内蒙古遥感监测沙尘发生频次

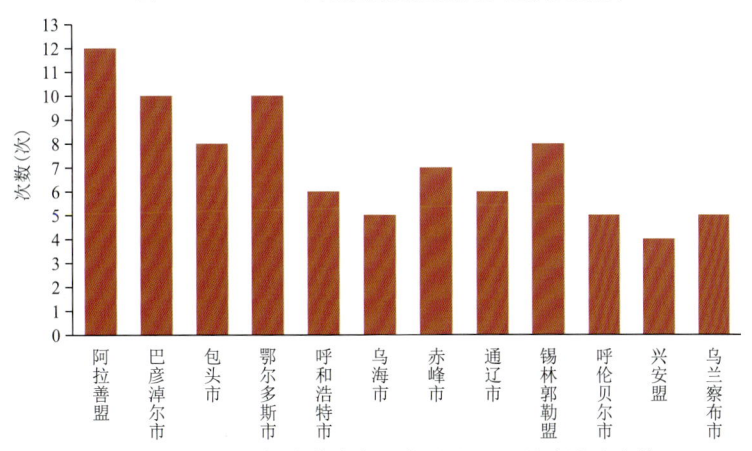

图 10.19　2019 年内蒙古各盟市沙尘过程累计影响次数

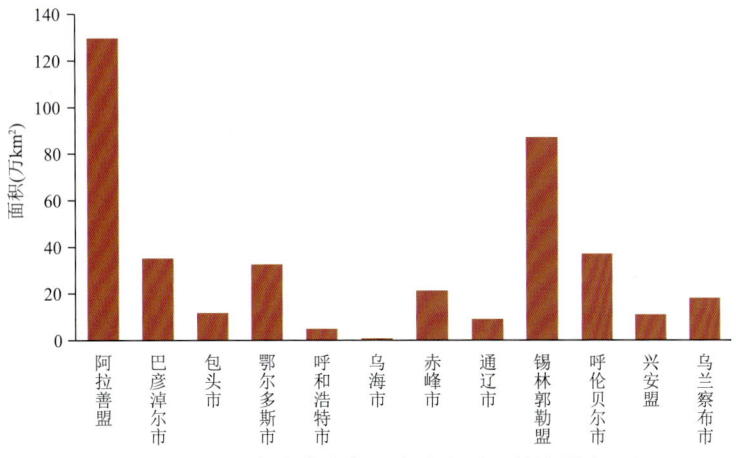

图 10.20　2019 年内蒙古各盟市沙尘过程累计影响面积

2020年利用气象卫星在内蒙古地区有效监测沙尘天气过程19次,相比2019年增加3次,发生频次整体稳定。全区被沙尘覆盖过的区域面积达85.37万 km²,占全区总面积的72.16%,其中有12次影响范围超过8万 km²。全区12个盟市均不同程度受到沙尘天气影响,其中一些被云覆盖的区域未能有效监测。外部主要由蒙古国输入,内部主要有内蒙古境内沙源和河西走廊的输入,其中局地加强作用显著。中西部地区仍是沙尘天气明显的高影响区(表10.17)。

表10.17 2018—2020年内蒙古遥感监测沙尘天气发生频次

月份	2018年	2019年	2020年
1			
2	1		
3	3	4	3
4	6	5	6
5	3	4	3
6	1		2
7			
8			
9			2
10		2	3
11	1	1	
12			
总计	15	16	19

表10.17列出了2018—2020年历次沙尘过程的发生的月份。可以发现,内蒙古地区沙尘发生的时间主要集中在3—5月。2018—2020年3—5月发生沙尘天气在全年中的占比分别为80%、81%、63%。图10.21为2018—2020年各月沙尘过程发生频次的对比,可以看出,4月在各年中均为最高发时段。

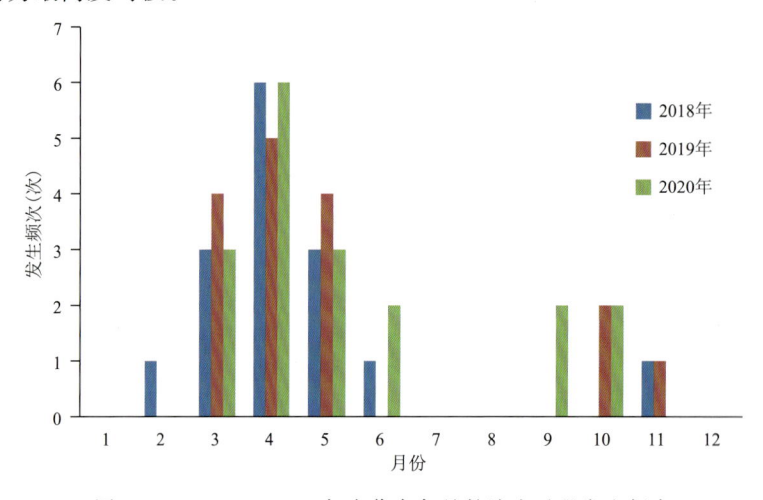

图10.21 2018—2020年内蒙古各月份沙尘过程发生频次

表10.18列出了这19次沙尘过程的发生时间、影响范围及能见度范围。受强天气过程影响,4月15—16日、5月11—12日、5月15—16日、6月1—2日、10月20—21日的几次沙尘过程强度大、影响范围广、持续时间长。全年的沙尘天气过程集中在上半年,共发生14次,占比达74%,主要集中在3—6月;下半年仅监测到5次沙尘天气过程。

春季仍是内蒙古自治区沙尘天气的高发季节,干旱少雨,春季气温回升较快,主要沙尘源区地表植被还未返青、土壤干燥疏松,在较强天气条件下极易发生沙尘天气。

表10.18 2020年内蒙古遥感监测沙尘天气信息

发生时间	能见度范围（km）	沙尘强度	覆盖面积（万 km²）	主要覆盖的盟市区域
3月18日	1~8	浮尘、扬沙、沙尘暴	10.03	阿拉善盟、巴彦淖尔市、乌海市、鄂尔多斯市、呼和浩特、锡林郭勒盟
3月19日	1~5	扬沙、沙尘暴	13.23	阿拉善盟、巴彦淖尔市、乌海市、鄂尔多斯市
3月30日	1~6	扬沙、沙尘暴	13.00	阿拉善盟
4月3日	1~8	扬沙、沙尘暴	13.43	阿拉善盟、赤峰市、通辽市、锡林郭勒盟、兴安盟
4月9日	1~5	扬沙、沙尘暴	8.63	阿拉善盟、巴彦淖尔市、
4月15—16日	1~10	浮尘、扬沙、沙尘暴	43.97	阿拉善盟、巴彦淖尔市、乌海市、鄂尔多斯市、呼和浩特、包头市、锡林郭勒盟、呼伦贝尔市、乌兰察布市
4月20日	3~10	浮尘、扬沙	3.91	赤峰市、通辽市、锡林郭勒盟、兴安盟
4月21日	3~10	浮尘、扬沙	2.47	阿拉善盟
4月24日	2~5	扬沙、沙尘暴	4.30	乌兰察布市、锡林郭勒盟
5月10日	1~6	扬沙、沙尘暴	2.47	赤峰市、通辽市
5月11—12日	1~10	浮尘、扬沙、沙尘暴	24.88	阿拉善盟、巴彦淖尔市、包头市、锡林郭勒盟、乌兰察布市、鄂尔多斯市、呼和浩特市
5月15—16日	1~10	浮尘、扬沙、沙尘暴	62.68	阿拉善盟、巴彦淖尔市、包头市、锡林郭勒盟、乌兰察布市、鄂尔多斯市、呼和浩特市、赤峰市、乌海市、通辽市、兴安盟、呼伦贝尔市
6月1—2日	1~6	扬沙、沙尘暴	17.76	阿拉善盟、巴彦淖尔市、包头市、锡林郭勒盟、乌兰察布市、鄂尔多斯市、呼和浩特市、乌海市
6月30日—7月1日	1~5	扬沙、沙尘暴	11.96	阿拉善盟
9月22日	2~6	浮尘、扬沙	4.57	阿拉善盟
9月30日	3~10	浮尘、扬沙	7.37	阿拉善盟、巴彦淖尔市
10月20—21日	1~10	浮尘、扬沙、沙尘暴	56.10	阿拉善盟、巴彦淖尔市、包头市、锡林郭勒盟、乌兰察布市、鄂尔多斯市、呼和浩特市、赤峰市、乌海市、通辽市、兴安盟、呼伦贝尔市
10月25日	5~10	浮尘、扬沙	2.65	阿拉善盟
10月31日	3~10	浮尘、扬沙	15.55	阿拉善盟、巴彦淖尔市、包头市、锡林郭勒盟、乌兰察布市、鄂尔多斯市、呼和浩特市

2020年沙尘影响的区域范围较大,但不同地区受影响的频次却有较大差异,中西部地区仍是受沙尘天气影响最多的地区(图10.22)。19次过程中,被影响到5次及以上的盟市有10个。其中,阿拉善盟、巴彦淖尔市、锡林郭勒盟、鄂尔多斯市、乌兰察布市、呼和浩特市等地区均被7次以上沙尘天气过程影响(图10.23)。

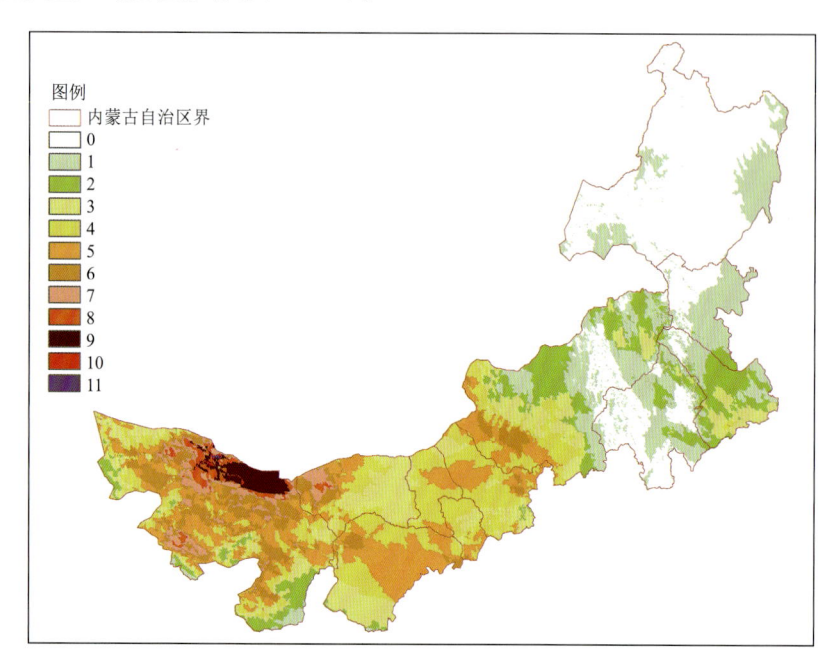

图10.22　2020年内蒙古遥感监测沙尘发生频次等级

2020年沙尘主要为浮尘、扬沙和局地沙尘暴,中西部地区仍是受沙尘天气影响最重的地区。通过遥感监测的沙尘强度指数对19次过程强度的统计,区域沙尘强度达到沙尘暴级别的频率较多的盟市有阿拉善盟、鄂尔多斯市、巴彦淖尔市和锡林郭勒盟等地区。

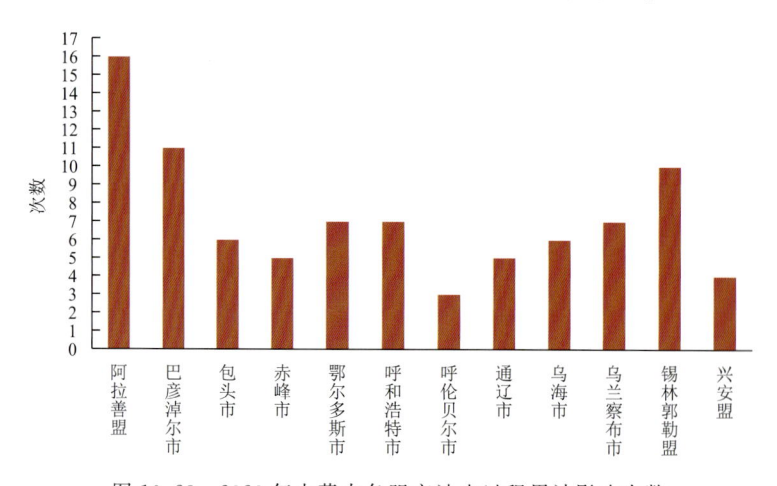

图10.23　2020年内蒙古各盟市沙尘过程累计影响次数

2020年锡林郭勒盟、阿拉善盟、巴彦淖尔市、鄂尔多斯市是受沙尘天气影响面积较大的盟市,累计影响面积都在30万 km² 以上,其中,阿拉善盟累计影响面积达127.32万 km²

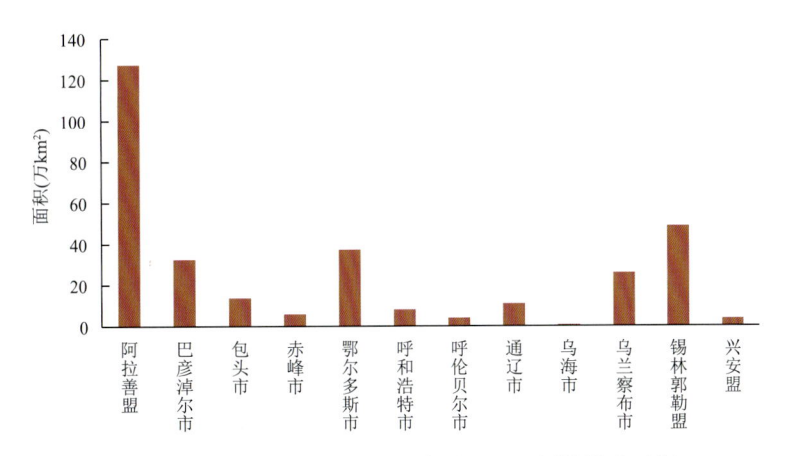

(图 10.24)。

图 10.24　2020 年内蒙古各盟市沙尘过程累计影响面积

10.3　积雪监测及生态影响评估

积雪是地球表面上分布广泛、季节变化最显著的地表覆盖物之一,对全球天气、气候、生态环境和社会发展有着较大的影响。冬春季积雪累积、融化是影响区域土壤冻融、牧草生长、农牧业生产以及春季土壤墒情和沙尘暴过程的关键气候因子之一。世界气候研究计划(WCRP)和国际地圈生物圈计划均将积雪作为重要的研究组分[77]。内蒙古是我国最主要的三大积雪区之一,也是典型的季节性积雪分布区,是我国北方重要的生态屏障和生态敏感性。积雪作为内蒙古地区重要的水资源来源之一,是春季土壤水分和部分河流重要的补充,对冬季土壤保墒具有重要的作用。

内蒙古自治区位于我国北部边疆,冬季较多的积雪对于补充春季土壤墒情具有重要作用,同时也能够影响春播的时间;一定厚度的积雪对草原牧草返青具有利好的作用,但过多的积雪会影响牧草的返青时间、牲畜的采食和温室种植。积雪直接影响农牧业生产和人民生产生活,也能影响天气气候,是政府各级部门和广大农牧民高度关注的灾害之一。因此,精准地做好雪灾气象服务对于政府部门防灾减灾部署和人民群众生产生活意义重大。

2013 年来,内蒙古生态与农业气象中心依托卫星遥感监测和陆面数据同化等手段,通过对已有积雪服务内容的不断改进和发展,形成了基于卫星遥感监测和陆面数据同化的积雪监测体系,并初步应用于内蒙古积雪监测业务中。

10.3.1　积雪深度空间分布特征

利用近 20 年 1 km×1 km 分辨率 MODIS 极轨气象卫星遥感监测资料,结合地面站点监测年最大雪深信息,对内蒙古自治区 2001—2020 年积雪覆盖和积雪深度(简称雪深)分布状况进行监测分析。监测结果显示,2001—2020 年全区遥感监测积雪呈现东部地区雪深较深、中部和西部地区雪深较小的空间分布特征。积雪深度≥25 cm 的地区主要分布在呼伦贝尔市大部、兴安盟西北部和东北部、赤峰市中部局部和南部、通辽市中部局部、锡林郭勒盟东北部和南部以及乌兰察布市东南部局部地区;积雪深度在 15～25 cm 的区域位于呼伦贝尔市西部局部、兴安盟中部和南部、通辽市大部、赤峰市东部和西部、锡林郭勒盟中部和西部偏东地区和乌兰察布市南部和中部地区,其余地区大部积雪深度小于 15 cm,阿拉善盟局部地区无积雪覆盖(图 10.25)。

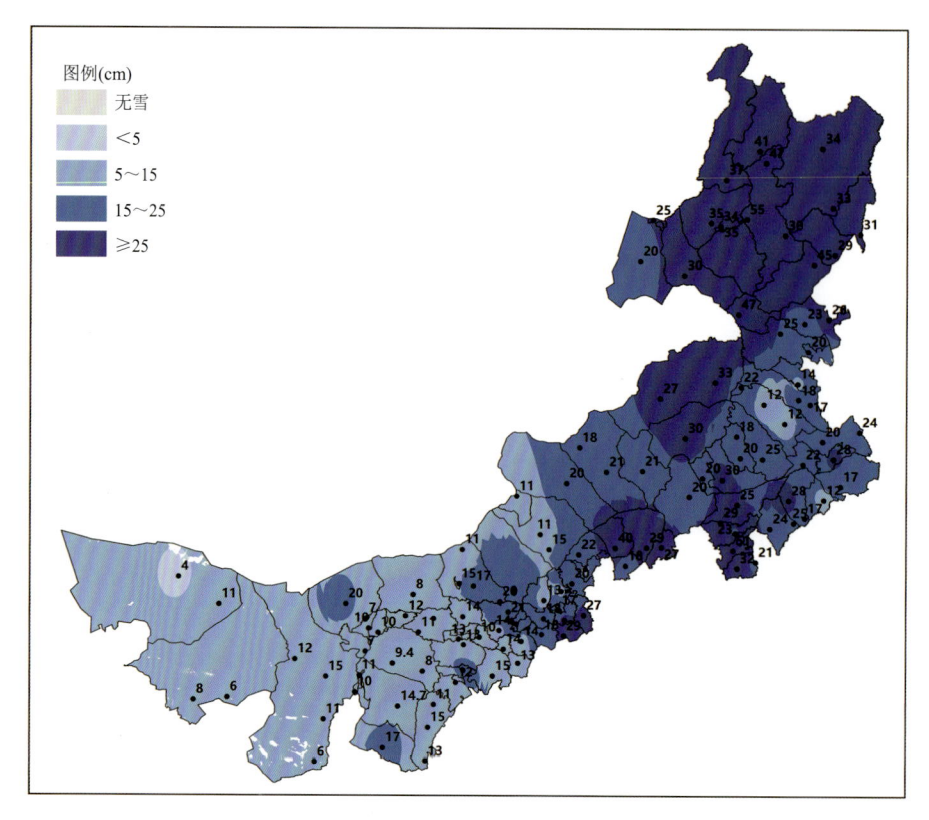

图 10.25　2001—2020 年内蒙古遥感监测积雪覆盖等级

2001—2020 年全区均有积雪覆盖。不同积雪深度区域覆盖面积及受影响人口和牲畜情况如表 10.19 所示。

表 10.19　2001—2020 年内蒙古积雪覆盖面积及受影响人口和牲畜情况

地区	积雪总面积(万 km²)	雪深小于 5 cm 面积(万 km²)	雪深 5~15 cm 区域 面积(万 km²)	雪深 5~15 cm 区域 受影响人口(万人)	雪深 5~15 cm 区域 受影响牲畜(羊单位,万只)	雪深 15~25 cm 区域 面积(万 km²)	雪深 15~25 cm 区域 受影响人口(万人)	雪深 15~25 cm 区域 受影响牲畜(羊单位,万只)	雪深大于或等于 25 cm 区域 面积(万 km²)	雪深大于或等于 25 cm 区域 受影响人口(万人)	雪深大于或等于 25 cm 区域 受影响牲畜(羊单位,万只)
全区	118.25	2.69	44.68	474.82	2381.17	32.30	881.91	4498.63	38.57	610.40	3035.84
呼伦贝尔市	25.3					1.36	2.76	143.95	23.94	267.74	1212.02
兴安盟	5.98		0.56	10.25	17.20	3.41	71.65	750.60	2.01	26.90	79.00
通辽市	5.95		0.97	32.83	322.15	4.58	123.17	776.41	0.4	22.67	93.13
赤峰市	9.0					5.82	174.32	1240.78	3.17	187.53	525.52
锡林郭勒盟	20.26	2.53	7.17	119.38		9.33	24.56	433.20	8.40	36.43	894.43
乌兰察布市	5.45	0.93	40.12	181.33		3.87	440.64	970.65	0.65	69.14	231.73

续表

地区	积雪总面积（万km²）	雪深小于5 cm面积（万km²）	雪深5~15 cm区域 面积（万km²）	雪深5~15 cm区域 受影响人口（万人）	雪深5~15 cm区域 受影响牲畜（羊单位,万只）	雪深15~25 cm区域 面积（万km²）	雪深15~25 cm区域 受影响人口（万人）	雪深15~25 cm区域 受影响牲畜（羊单位,万只）	雪深大于或等于25 cm区域 面积（万km²）	雪深大于或等于25 cm区域 受影响人口（万人）	雪深大于或等于25 cm区域 受影响牲畜（羊单位,万只）
呼和浩特市	1.72		0.80	6.67	14.17	0.92	24.96	106.28			
包头市	2.77		1.87	96.77	183.60	0.90	11.39	61.76			
巴彦淖尔市	6.44		5.45	138.84	743.68	0.99	0.29	6.50			
鄂尔多斯市	8.68		7.56	104.61	667.69	1.12	8.17	8.50			
阿拉善盟	26.53	2.69	23.84								
乌海市	0.17		0.17	32.73	12.84						

10.3.2 最大积雪深度时间变化特点

2001—2020年内蒙古日积雪深度最深为55 cm,出现在呼伦贝尔市牙克石国家气象观测站（2013年3月27日）,最大积雪深度出现时间较晚;近20年（2001—2020年）日积雪深度最大值的平均值为39.55 cm,最小值出现在2019年的阿尔山站,仅为26 cm;有85%的年积雪深度最大值出现在上半年,仅15%的年积雪深度最大值出现在下半年;近20年中,牙克石站和阿尔山站分别出现7次和6次年积雪深度最大值,表明这两个站点出现年最大积雪深度的概率显著高于其他站点（表10.20）。从2001—2020年内蒙古每年最大积雪深度的时间变化（图10.26）可以看出,内蒙古最大积雪深度呈现出略微增大的趋势,以每年0.33 cm的速度在增加,判定系数大于0.05,但并不显著。

表10.20 2011—2020年内蒙古日积雪深度最大值、出现测站和出现日期统计

年份	日积雪深度最大值(cm)	出现测站	出现日期	年份	日积雪深度最大值(cm)	出现测站	出现日期
2001	28	乌拉盖	1月31日	2011	44	阿尔山	3月24日
2002	40	牙克石	2月10日	2012	51	喀喇沁	11月5日
2003	34	牙克石	2月12日	2013	55	牙克石	3月27日
2004	47	图里河	3月10日	2014	42	牙克石	3月12日
2005	30	阿尔山	2月16日	2015	32	正镶白	12月31日
2006	34	海拉尔	2月22日	2016	40	正镶白	1月24日
2007	37	阿尔山	2月14日	2017	38	阿尔山	2月20日
2008	30	牙克石	2月22日	2018	47	阿尔山	3月4日
2009	48	牙克石	2月14日	2019	26	阿尔山	12月19日
2010	43	牙克石	3月5日	2020	45	扎兰屯	4月21日

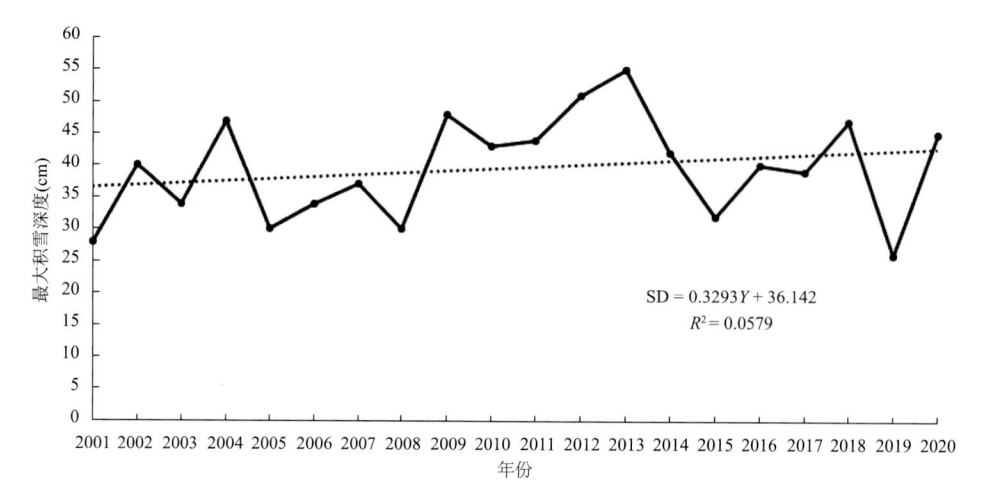

图 10.26　2001—2020 年内蒙古最大积雪深度逐年变化

注：SD 代表雪深，Y 代表年份

10.3.3　雪灾个例分析

在全球变暖背景下，内蒙古近 10 年来出现雪灾事件相对较少。2021 年 11 月 5—9 日，受横槽转竖切断为低涡和暖湿气流的共同持续影响，内蒙古大部出现大范围大风、降温、降雪天气，内蒙古自治区兴安盟、通辽市、赤峰市、锡林郭勒盟、乌兰察布市、呼和浩特市、包头市、鄂尔多斯市、阿拉善盟 9 个盟（市）共计 37 个国家气象观测站出现极端降雪事件，其中 8 站日降雪量超历史极值，通辽市库伦旗和青龙山连续 2 d 刷新历史纪录。极端降雪造成内蒙古中东部部分地区农牧业棚舍垮塌、牛羊受灾，给内蒙古自治区中东部地区的人民生产生活带来较大影响。

利用内蒙古自治区生态与农业气象中心研发的内蒙古陆面数据同化系统（简称 IMLDAS-V1.0）逐日高分辨率格点积雪深度资料，对 2021 年 11 月 6—10 日内蒙古自治区积雪进行监测[78—80]（图 10.27）。监测结果显示，内蒙古自治区积雪覆盖区域主要在呼伦贝尔市东南部、兴安盟、通辽市、赤峰市、锡林郭勒盟、乌兰察布市、呼和浩特市、包头市、鄂尔多斯市巴彦淖尔市大部、乌海市、阿拉善盟大部地区，面积约为 80.75 万 km²，约占内蒙古自治区总面积的 68.26%，内蒙古自治区 118 个国家气象观测站监测的最大积雪深度为 68 cm，出现在通辽市库伦旗国家气象站，为该站建站以来出现的最大积雪深度。

IMLDAS-V1.0 较好地监测了 2021 年 11 月 6—10 日从内蒙古自治区西部至中东部积雪逐渐变化的空间分布，超过 15 cm 深的积雪主要出现在锡林郭勒盟东部偏南、乌兰察布市南部、赤峰市南部和通辽市中南部地区，其中通辽市中南部出现大于 50 cm 的积雪深度。

IMLDAS-V1.0 系统采用了多重网格顺序变分同化方案，以风云静止气象卫星资料和站点观测小时降雪量资料为数据源，实时地生产了高时空分辨率的积雪深度格点监测数据，改进了之前内蒙古自治区生态与农业气象中心使用极轨气象卫星数据和站点观测积雪深度插值的雪情监测方式，不受云雨的干扰，且时空分辨率更高，在中国三大积雪区率先开展业务试用，取得了较好的应用效果。

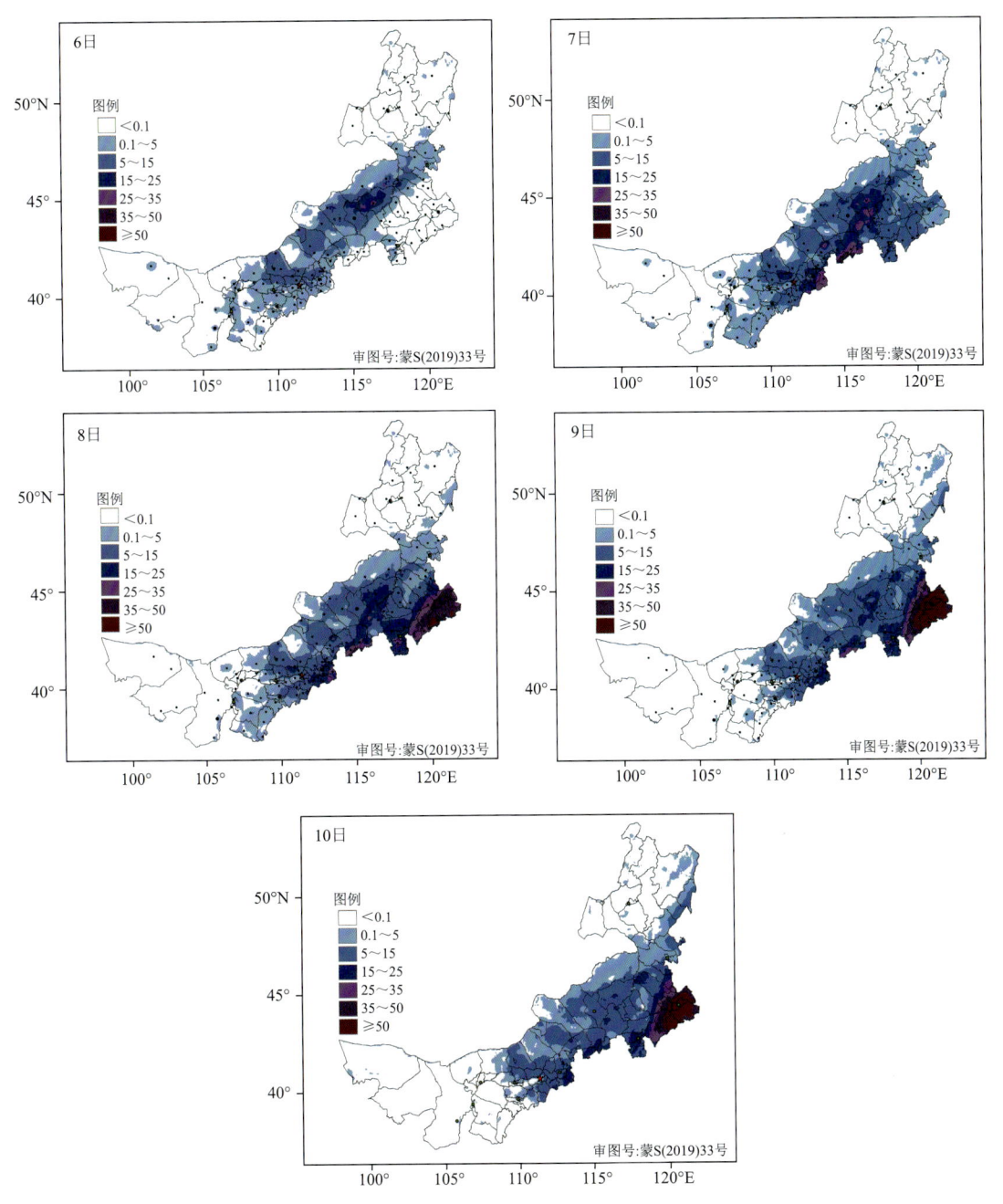

图 10.27　2021 年 11 月 6—10 日内蒙古逐日积雪深度等级分布(单位:mm)

10.4　森林草原火情监测及火险气象等级评述

　　内蒙古自治区草地和森林地域广阔,类型多样,为自治区生产和生活提供了良好的基础。但是草原和森林春秋季节干旱风大,尤其是东部地区牧草茂密,枯枝落叶丰厚,火灾频繁发生,破坏了自然资源和生态平衡,给畜牧业生产及人民生活造成了巨大损失。

10.4.1 监测内容及方法

（1）监测对象与监测内容

主要监测全区和边境地区草原与森林火点及高温点。

（2）数据与方法

森林草原火情监测采用的卫星数据来自TRREA、AUQA、FY-3A/B/3C/3D、FY-4A、NPP、Himawari-8、NOAA-18和NOAA-19。主要通过卫星传感器可见光和红外通道发现明火火点以及附近的烟雾来进行火情监测。

火险气象等级评估采用的数据来自地面气象观测中的温度、降水、风速和风向数据。主要通过综合平均气温距平、降水距平百分率与高温区风速、风向以及下垫面植被生长情况等信息来进行火险气象等级预测和评估。

10.4.2 内蒙古地区草原森林火点的时空分布

内蒙古遥感监测森林草原火情结果（图10.28）显示，全区监测到的火点分为草原火点、森林火点、境外火点、农区火点和其他火点。火点主要分布在内蒙古中东部地区。呼伦贝尔市和兴安盟为火灾多发区。其中，呼伦贝尔市陈巴尔虎旗和新巴尔虎旗为境外火频繁入境地区。而森林草原火情发生最频繁区域在43°～53°N,113°～126°E。

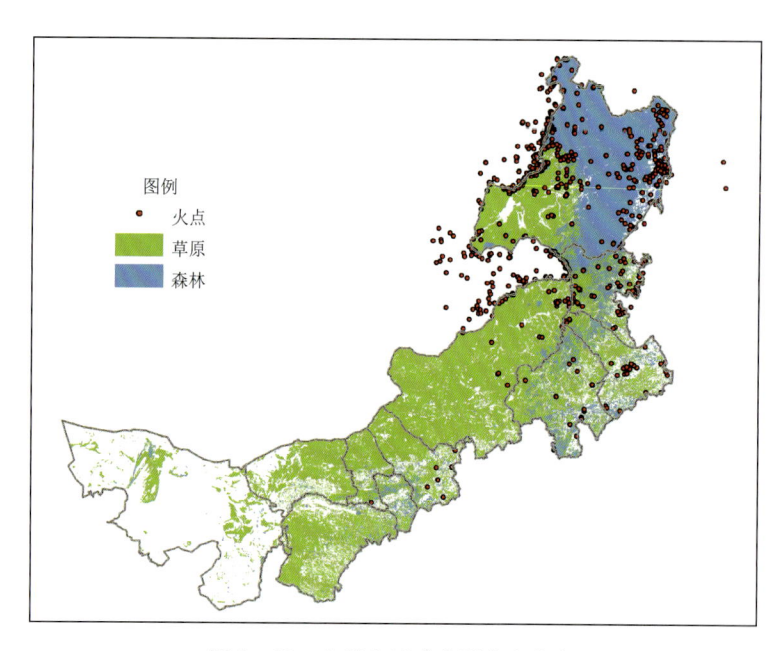

图10.28 内蒙古遥感监测火点分布

从时间上看,3—5月火情频繁发生,特别是4月是火情最严重（火点最多）的时期,9月也是火情频繁发生时期。11月中旬至次年2月由于降雪增大,大部分枯枝落叶被覆盖在雪下,此时不易发生火情（图10.29）。

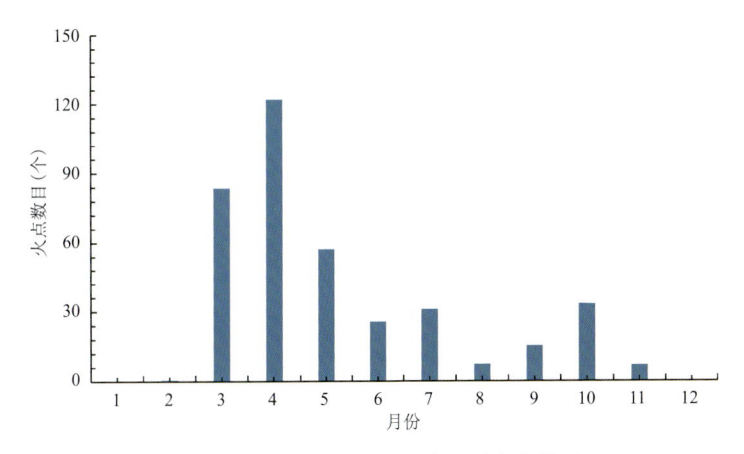

图 10.29　内蒙古逐月遥感监测火点数目

10.4.3　内蒙古地区草原森林火点的类型

监测结果显示,内蒙古区监测到的火点中,境外火、草原火、森林火、农区和其他类型的火点占比不同(图10.30)。

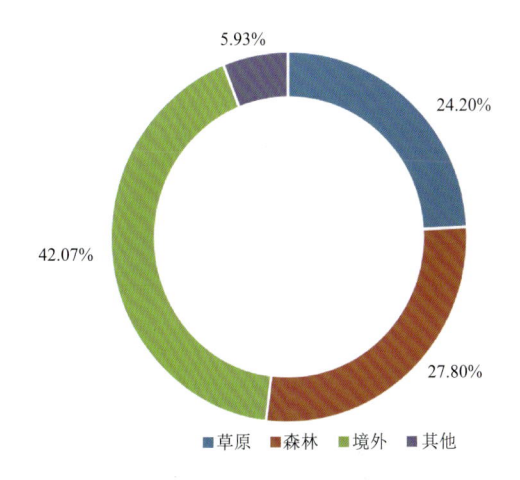

图 10.30　内蒙古各类火点比例

监测结果显示,草原火发生期多为西北风,特别是境外火引起的我国草原火灾,大多是由于俄罗斯或蒙古国的火种随西北风向南和向东南方蔓延进入内蒙古,特别是对于呼伦贝尔市西部和锡林郭勒盟东北部草原区。

10.4.4　火险气象等级评述

(1)春季火险气象等级分析

综合考虑前期植被长势、当前积雪覆盖、土壤水分状况,当前火险等级较往年偏低。随气温逐渐升高,积雪逐渐融化,再加上地面风速偏大,部分地区下垫面已具备燃烧条件,呼伦贝尔市东南部、兴安盟大部、通辽市大部、赤峰市大部、乌兰察布市西南部、呼和浩特市中部、包头市东南部、巴彦淖尔市河套地区以及贺兰山地区火险等级高,可燃烧、能蔓延,其他地区基本不具备燃烧条件。

结合春季天气过程预测、下垫面植被状况及积雪消融规律,历年以来,春季防火前期(4月10日前)特别是锡林郭勒盟东北部草原区火险等级极高,应特别关注。春季防火中后期(4月10日后),东部地区积雪覆盖融化,火险等级迅速升高,大兴安岭林区、赤峰市林区、大青山林地、贺兰山林区及黑河流域林区火险等级很高,其中大兴安岭北部边境林区火险等级极高,应加强防范。呼伦贝尔市、兴安盟、通辽市、赤峰市、锡林郭勒盟、呼和浩特市、鄂尔多斯市等地的草原区及农牧交错区火险等级在高级或以上,其中兴安盟西部、锡林郭勒东北部边境草原火险等级很高或极高,需重点加强防范;其余地区森林草原火险等级一般相对较低(图10.31)。

春季防火前期(3—4月)火险等级较高的区域主要以控制人为火源为主,特别是农牧林交错区需重点防范农作物秸秆失火问题。4月上旬随着气温升高,积雪覆盖融化,中东部及西部的鄂尔多斯地区火险等级升高,应加强管护和巡视,做好防火区车辆管护及防火意识教育工作,较高火险等级区域严禁一切野外用火。另外,历年来内蒙古自治区东北边境火灾频发,春防需加强境外火监测、预防工作。

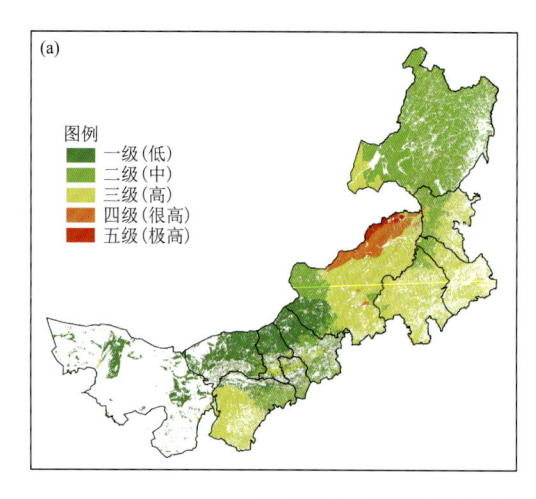

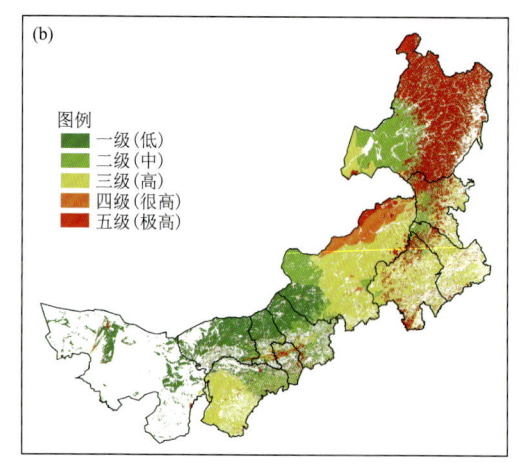

图 10.31　内蒙古春季防火前期(a)和中后期(b)趋势预报

(2)秋季火险气象等级分析

综合前期气象条件、下垫面植被状况及秋季气候情况,入夏以来降水多、气温高,植被长势良好,可燃物承载量较高。进入秋季,植被逐渐枯黄,森林、草原火险等级升高,历年以来,呼伦贝尔市西部及北部、锡林郭勒盟北部、乌兰察布市中部、呼和浩特市北部火险等级很高,易燃烧、能蔓延(图10.32)。

秋季防火重点在呼伦贝尔市西部及北部、锡林郭勒盟北部、乌兰察布市中部、呼和浩特市北部。尤其是大兴安岭和大青山地区火险等级较高。进入秋季,植被逐渐枯黄,森林、草原火险等级升高,提醒有关部门管控进入防火区的人员和车辆,认真做好安全排查和教育工作,预防人为火灾的发生;草原区植被长势良好,下垫面可燃物积累较多,需做好生产和野外用火安全工作,高度关注境外火入境造成的影响。

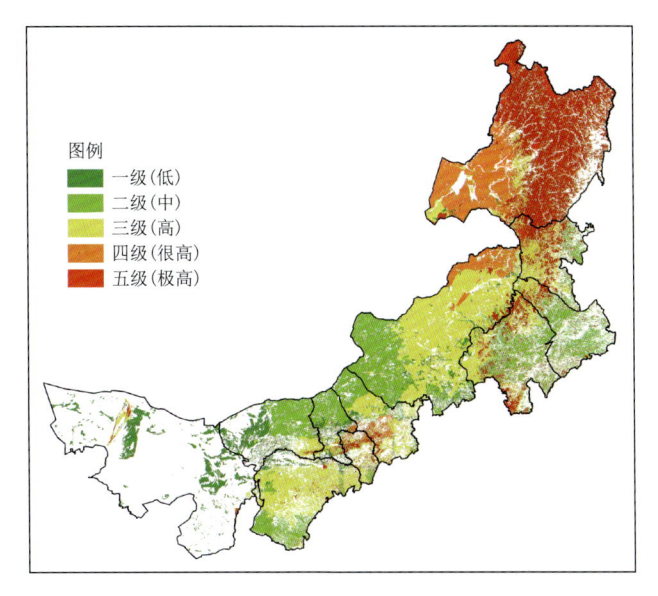

图 10.32　内蒙古秋季防火趋势预报

10.5　本章小结

  本章介绍了内蒙古干旱综合监测评估指标模型的技术方法，并基于对已有研究成果的整合，开展了内蒙古干旱空间变化的动态监测，对 2016—2020 年内蒙古干旱发生发展动态及干旱发生频率进行了详细分析，分析表明，内蒙古干旱主要受降水影响显著，区域差异明显，干旱发生时间持续长、程度重、年际变化大、区域分布广，6—7 月是发生严重干旱的主要时段；介绍了沙尘天气卫星遥感监测的一些基本概念，针对沙尘监测的现状及背景、沙尘的遥感光学特征、遥感监测的原理及技术方法等内容综述了国内外研究进展并就国内外主流卫星资料进行了详细阐释，最后总结了内蒙古地区 2015—2020 年沙尘遥感监测的结果，内蒙古中西部地区仍是沙尘的高影响区，而 3—5 月是沙尘天气发生频次较高的时段；2001—2020 年内蒙古自治区遥感监测积雪呈现东部地区积雪深度较深、中部和西部地区积雪深度较小的空间分布特征，近 20 年（2001—2020 年）日雪深最大值的平均值为 39.55 cm，最大值为 55 cm。IMLDAS-V1.0 陆面数据同化系统较好地监测了 2021 年 11 月 6—10 日积雪从内蒙古自治区西部至中东部逐渐变化的空间分布；介绍了森林草原火情监测内容和方法，对火点时空分布特征进行了分析，最后分别对春季和秋季进行了火险等级气象评述。

第 11 章
生态保护与修复型人工影响天气作业技术

我国人工影响天气工作经过60多年的发展,已成为防灾减灾的有力手段、农业公共服务体系建设的重要内容和保障水资源安全的有效途径,为经济社会发展和人民群众安全福祉提供了坚实保障。党的十八大以来,在党中央、国务院的坚强领导下,我国人工影响天气工作进入发展最快、服务最广、效益最突出的阶段,服务领域由抗旱减灾向粮食安全、生态安全、水安全等全方位发展并取得显著服务成效,人工影响天气已经成为气象保障生态文明建设的重要发力点。进入新时期,根据《国务院办公厅关于推进人工影响天气工作高质量发展的意见》(国办发〔2020〕47号),针对重要生态系统保护和修复需求,因地制宜开展常态化人工影响天气作业,发挥其在水源涵养、水土保持、植被恢复、生物多样性保护、水库增蓄水等方面的作用,是人工影响天气服务保障的重要内容。

11.1 飞机人工增雨(雪)技术

飞机具有机动性强、影响范围广等特点,特别是党的十八大以来,新舟60、运-8、空中国王等高性能飞机的使用,通过搭载先进的机载探测设备和播撒装备,能够将催化剂准确地播撒到云中预定部位,针对大范围降水云系增雨作业效果较好,已成为人工影响天气主要的作业方式。2022年内蒙古自治区有增雨作业飞机9架,其中国家级高性能飞机(新舟60)1架,停靠在呼和浩特,在自治区全境内执行增雨(雪)作业,地方政府自购运-12飞机6架,分别停靠在呼伦贝尔市、兴安盟、通辽市、赤峰市、锡林郭勒盟和鄂尔多斯市,此外还租用空中国王和运-12飞机各1架,停靠在锡林郭勒盟和乌兰察布市,地方购买和租用的飞机主要在本盟市境内开展作业,当有区域联合作业和重大活动保障需求时,飞机由自治区气象主管部门统一调配。

11.1.1 人工增雨作业的基本原理

人工影响天气作业的对象是云,按照云的动力学特征可以将其分为积状云、层状云和混合性云。统计表明,可能产生地面降水的云仅占所有云状的1/5,这些云统称为降水性云,按照云中降水粒子的相态又可以将其分为3类,第一类是冷云,主要由冰相粒子构成,云中一般含有过冷水;第二类是暖云,由液相粒子(即水滴)构成;第三类是混合性云,云中既有液相粒子又有冰相粒子。

人工增雨作业的基本原理是,在适当的条件下,将适量的催化剂播撒到云的适当部位,改变云中冰粒子和水粒子的尺度分布,从而增加云的降水效率。根据作业对象云体的性质和催化方法,人工增雨分为冷云人工增雨和暖云人工增雨。另外,冷云人工增雨又存在静力催化和动力催化两种播云效应[81,82]。

11.1.2 飞机人工增雨(雪)作业云系特征

11.1.2.1 层状云

层状云降水是我国北方广大地区春秋季节自然降水的主要降水天气过程,也是飞机人工增雨(雪)作业的主要目标云系。

层状云的宏观特征主要表现为:第一,水平尺度一般要比垂直尺度大一至两个数量级;第二,生命史比较长,往往可以持续几天。我国北方层状云降水系统,常具有多尺度复合结构特征,包括尺度为几十千米的云带、云团。其降水常集中于几个持续时间达 1~2 h 的强降水时段。

一般层状云中的含水量比积状云少一至两个数量级,即 $10^{-2} \sim 10^{-1}$ g/m³,含水量分布的高度也不相同。常见的雨层云-高层云的层状云系内,含水量最大值区位于云的下半部。

大范围层状云系,常与一定类型的天气系统相配合。如在西风槽天气系统下产生的层状云降水,就是我国北方冬春秋季层状云降水的主要天气系统之一,也是进行飞机人工催化作业最理想的天气系统。还有西南涡、冷锋、蒙古低压、东北冷涡、黄淮气旋、江淮气旋等天气系统也是较理想的飞机增雨(雪)可选择的天气条件。此外,冬春季节的华北回流天气系统,常常在华北地区产生较大的层状云降水。观测表明,春季华北回流天气是该地区实施飞机增雨(雪)作业较理想的天气条件。但在具体实施飞机人工增雨(雪)时进行天气条件选择,情况就比较复杂。因此,各地应根据本地区实际情况及积累的研究成果和经验科学地选择作业天气条件。

11.1.2.2 积层混合云

积云和层状云组成的积层混合云是我国一种主要的降水云系,其动力、热力场的结构比单一的层云或积云都要复杂,积层混合云在各种重要的天气系统中都有可能出现。

雷达回波上积层混合云和降水表现特征为大面积层状云降水回波背景上或镶嵌有块状对流单体回波,或混杂着积云降水回波带。

积层混合云中对流区回波生命期一般比孤立对流云要长。云内含水量丰富,降水中的供水云通常为"播撒—供给"催化机制。飞机人工增雨作业时要避开积云发展区,选择层云作为主体作业区。

11.1.3 飞机人工增雨(雪)作业指标

飞机人工增雨作业是云内播撒催化剂的最佳方式,开展飞机人工增雨作业需要具备以下几方面条件:①降水天气系统基本是稳定的,无雷电、大风、冰雹等强对流天气。②作业云系为大面积的层状云或积层混合云。③有大面积的雷达回波覆盖,主体强度小于 35 dBZ。

李念童等[83]总结国内飞机人工增雨作业指标判据为:

(1)可催化宏观判据为:云底高度≤1.5 km;云顶高度≥4 km;云顶温度≤−4 ℃且≥−24 ℃;云体厚度≥2 km;过冷云厚度≥1.5 km;催化高度 4~5 km;催化层温度 −20~−4 ℃。

(2)可催化天气雷达判据为:最大回波顶高≥5 km;云顶温度-20~-6 ℃;回波底高≤2 km;垂直厚度≥3 km;中心回波强度≥30 dBZ。

不同地区气候条件存在差异,飞机作业条件监测指标也不尽相同[84,85]。苏立娟等[86]针对内蒙古中部地区2005—2010年212次飞机人工增雨作业个例中的65架次作业条件及作业效果较好的个例,利用卫星、雷达、GPS、人影数值模式等多种资料进行了飞机人工增雨概念模型的分析研究。结果表明:在河套气旋、蒙古低涡系统影响下,在天气系统的前部发展中的高层云和层积云云系中作业。云底高度在4—5月应低于2250 m,6—10月低于1850 m;云体厚度在2.0 km或以上。在春季积分水汽要达到10 mm以上,夏季达到25 mm以上;700 hPa温度露点差≤2 ℃。其雷达回波形态为大面积的片状、片絮状和片带状;回波面积在扫描范围的1/4以上;主体回波强度达到或超过25 dBZ,主体回波顶高在4~5 km或以上(表11.1)。

表11.1 内蒙古中部地区层状云增雨部分作业条件识别指标

多尺度结构	特征和指标	监测识别途径
天气结构	河套低涡、西来槽和蒙古系统影响中部地区 有水汽通道	天气图分析
湿热力结构	有过饱和区($e-e_i≥0$) GPS(探空)积分水汽≥10 mm(春季) GPS(探空)积分水汽≥25 mm(夏季) 700 hPa温度露点差($T-T_d$)≤2 ℃,降水量大条件好时$T-T_d$≤1.5 ℃ 云层是发展的(天气系统的前部)	探空分析 GPS解算 高空天气图
云宏观结构	云系云状 高层云-高积云 过冷层厚度5~7 km 云底高度<2.0 km 云体厚度≥2.0 km	地面观测、探空、卫星
云微观结构	云粒子有效半径≥22 μm,降水量大时达30 μm 积分云水含量≥1.5 mm(春季)、≥1.0 mm(夏季) 500 hPa 云水≥2.0 mm 750 hPa 雨水≥1.0 mm	FY-2反演 数值模式模拟

11.1.4 飞机人工增雨(雪)作业方案设计

一次飞机人工增雨(雪)作业计划的执行,涉及多方面因素,其中作业方案设计是最为关键的技术环节。在前期作业条件预报分析的基础上,结合实时观测资料和综合判别指标,确定作业区域、作业时间、作业航线、作业部位等,同时还要综合考虑影响飞机飞行的安全因素,包括飞机起降时刻机场天气条件、飞行作业区的天气条件(春秋重点关注积冰、侧风,夏季重点关注雷电)等,以及空域条件和民航保障等[87]。

11.1.4.1 作业目标区的确定

常规飞机人工增雨(雪)作业时,大多数情况下作业目标区是非固定的。在作业飞机未进入云中实施探测前,通常情况下作业目标区主要依据雷达、卫星、探空、地基微波辐射仪实时监测资料、天气分析预报实时资料以及数值模拟结果等综合分析确定。

根据云系移动方向、速度、云层结构初步拟定作业区域,根据雷达回波判断云中过冷水分布,根据地面自动站和闪电监测等避开雷电区域。

11.1.4.2 作业对比区的确定

开展飞机人工增雨(雪)外场试验时,有时需要选择作业对比区进行效果检验,作业对比区的确定原则有两个:一是作业时段内对比区和作业区的天气形势相似,即作业时段内两个区域在天气系统中所处的部位相似(例如,系统前、中、后),系统高低层动力、水汽条件配置等均一致。二是作业时段两个区域的云层条件相似,指的是自然云系的雷达回波结构相似,即作业时段前 1 h 对比区的回波顶高、回波强度、垂直厚度等参量与试验作业区相似。

11.1.4.3 催化部位及时机的选择

云体性质差异导致催化方式的不同。针对春秋季节主要采取冷云催化,催化部位由云的水平结构、垂直结构、含水量、温度及冰晶分布等决定。相关研究表明,云中 -15 ℃层附近对冰晶增长有利,当云中温度达到 -20 ℃ 时,含水量常低于 0.01 g/cm^3,在云发展初期形成降雨之前,雷达回波越强,过冷水越丰富,随着层状云发展,降雨形成,云内过冷水逐渐减少。0 ℃ 层高度到催化高度雷达回波梯度越大,过冷水越丰富,云顶的过冷水偏少,因此催化高度应设置在云的中上部,我国各地飞机人工增雨作业选择的催化温度一般为 $-25 \sim -5$ ℃。针对夏季冷暖混合云结构,暖云催化作业温度大于 0 ℃。

11.1.4.4 飞行航线设计

在确定作业目标区后采用何种飞行方式,根据飞行目的和观测目的的不同而拟定,主要有以下三种:一是了解降水云系宏微观结构特征,应该进行云的三维垂直空间观测;二是了解人工影响天气作业前后云的微观结构与降水特征的变化情况,应在作业前后针对作业目标云系进行对比观测;三是了解人工催化的条件和催化后的反应,需在飞行过程中对降水粒子的增长微物理条件进行垂直探测。

游来光等[88]总结了国内外飞机人工增雨作业和探测飞行中航线设计的经验,提出针对不同目的进行探测飞行或催化作业的航线设计方案,结合各地实际开展飞机人工增雨(雪)作业。飞机作业航线设计主要有以下几种。

(1)垂直探测

进行垂直探测的目的是在较短的时间、较小的水平尺度范围内获取到云和降水微物理特征的垂直分布。主要是了解不同层次云层的微物理特征,以及不同高度的云层间的耦合特点,以便了解降水粒子的增长情况,为尽可能观测到降水粒子下落轨迹附近的各项参数分布,应结合降水特征与高空风的分布状况拟定垂直探测具体航线。

①螺旋式上升(图 11.1a):半径在 5~10 km,飞机上升速度不能超过 5 m/s。
②台阶式爬升(图 11.1b):水平范围以不超过 30 km 为宜。爬高方式采取以下程序:
a. 爬高 300 m(或 500 m)。
b. 左(或右)转弯(半径为 5~10 km 或以上)180°。
c. 水平飞行 2~3 min。
d. 做左(或右)转弯(半径≥5 km)180°后,重复上述飞行动作至云顶或升限高度。取样观测在爬高和水平飞行的各层过程中连续进行。

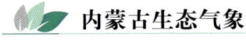

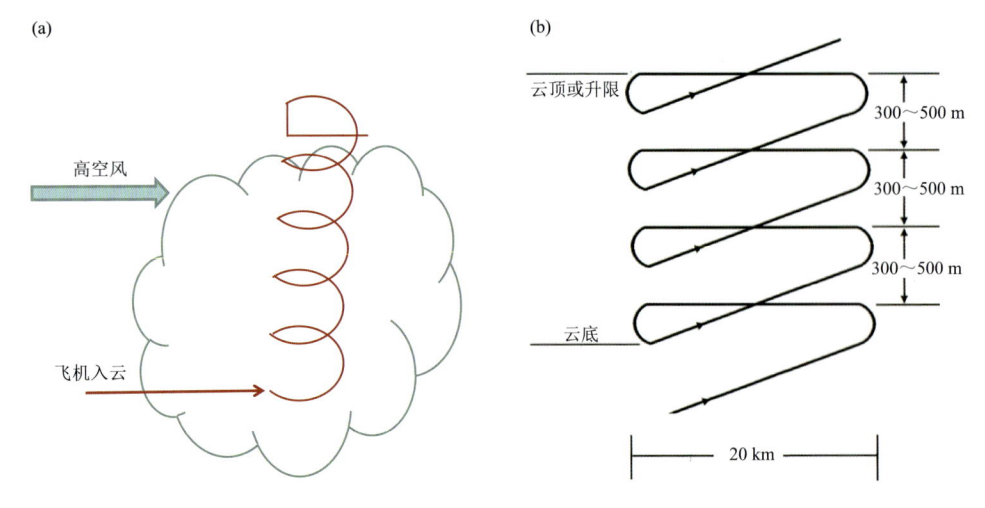

图 11.1　垂直探测示意图
（a. 螺旋式，b. 台阶式）

(2)水平探测播撒

大量观测研究表明,层状云中,不仅在垂直方向,而且在较大水平尺度范围内,云和降水微物理量的分布是不均匀的。水平探测适用于较大范围的云系,主要是了解云与降水物理结构水平分布特征,也可以探测催化后形成的水凝物粒子的水平分布特征,为效果评估提供依据。

水平探测航线可采用"U"形(图 11.2a)、锯齿形或梯形(图 11.2b),应对云中各参数进行持续的观测取样,以了解水平分布和云中的均匀性。在云的不同层次进行不同目的的水平探测有利于了解自然云中粒子的增长情况。

水平探测可以结合选择人工增雨(雪)作业部位进行；如冷层或暖层的含水量大小、温度、高空风等,可以作为人工增雨条件的直观指标,作为选择作业区的参考条件。当探测到过冷水含量大值区时将其作为作业目标区——飞机催化作业区的航向,应与高空风垂直(例如,高空风为西风时,航线应是南北方向,自东向西顶风飞行)。催化剂作为"线源"播撒至云的中部、中上部,其扩散宽度,一般为 3～6 km,为便于飞机跟踪观测影响区,催化航线宜选择平行条播方案,对不限面积的目标区,可选条距 6 km,条长 30～50 km。

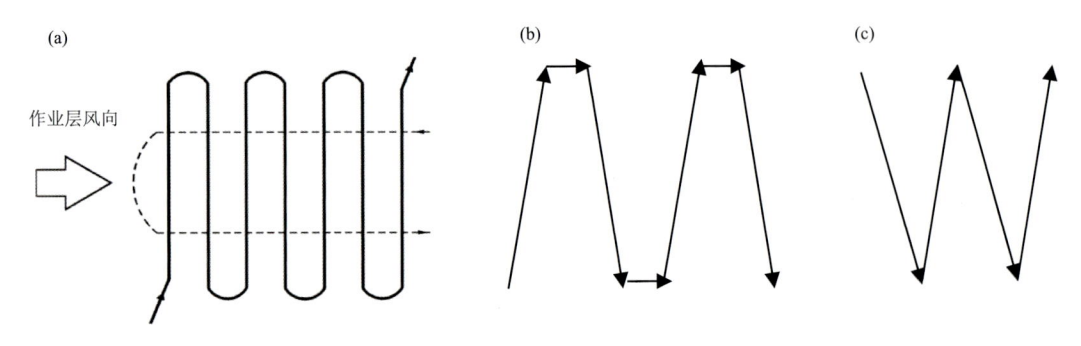

图 11.2　催化作业水平航线示意图
（a. "U"形，b. 锯齿形，c. 梯形）

(3)垂直水平综合探测

飞机先螺旋式(从云顶到云底)分不同高度进行探测飞行,然后在不同的特定高度层上作水平探测飞行,最后再螺旋下降分不同高度进行探测飞行(图11.3)。

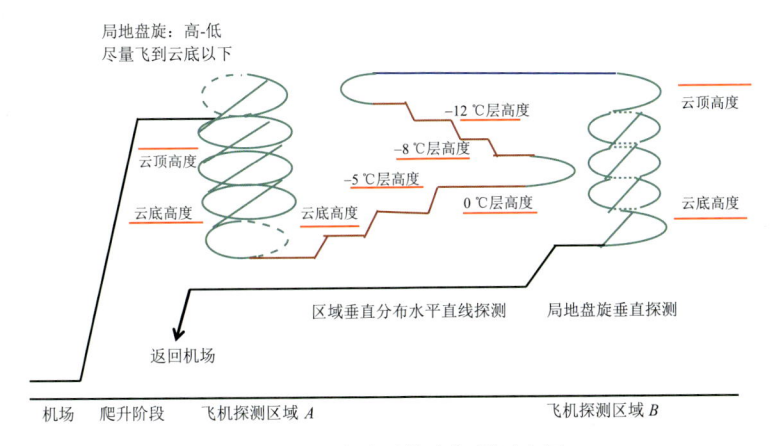

图11.3 垂直水平综合探测示意图

(4)催化作业后水平观测航线设计

飞机穿越作业影响区的航向取与高空风平行的方向,航线长可取 20～30 km;连续观测各云物理参量,在同一观测高度上,可采取重复穿越影响区进行观测,以减少由于航线估计误差而穿越不到影响区的可能性。这种飞行方式必须事先根据催化剂撒播后降水粒子微物理生长特性估计,得出不同生长时间所生长的大小和在云中下落的距离,再根据水平风估计水平位移确定航线(图11.4)。

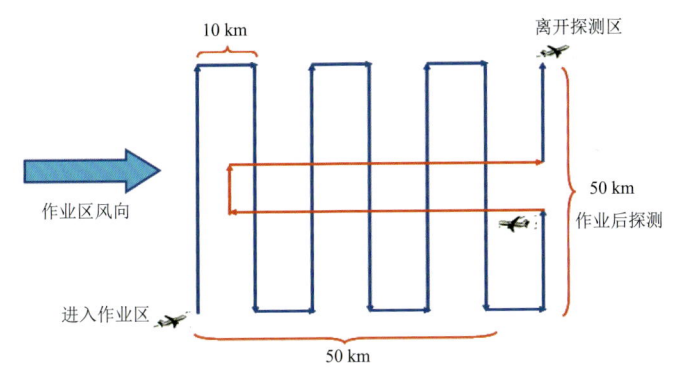

图11.4 催化后水平观测航线示意图
(蓝色线为作业航线,红色线为探测航线)

(5)催化作业后下滑观测航线设计

作业结束后在作业层及其以下高度进行云结构参数的追踪观测,主要包括冰晶浓度(在冷层引晶催化)、大云滴(在暖层用吸湿剂催化)和云液态水含量的观测及有关动力、热力响应参数(飞机扰动、上升气流、温度等)或现象的观测与记录;并观测云的宏观结构变化。

设计方法:下滑速度应根据估计的降水粒子下降速度和云内气流状况综合考虑,可在作业层以下 1～3 个高度上以垂直于作业航线的航向进行对比观测,这些层的参考高度可选为作业层以下 100~500 m 的 −5 ℃层、3 ℃层等(图 11.5)。

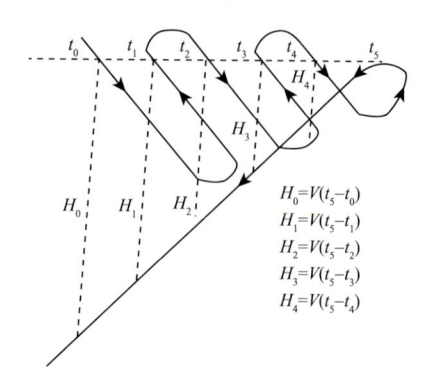

图 11.5 催化后下滑观测航线示意图
($H_0 \sim H_4$ 为不同高度,$t_0 \sim t_5$ 为不同时间,V 为速度)

(6)其他

飞机增雨作业时可以根据不同目的,基于上述探测作业方案设计多种混合的作业航线。

11.2 地面人工影响天气技术

地面人工影响天气作业装备主要包括高炮、火箭发射系统、地面燃烧炉、炮弹、火箭弹及其附属装置等。内蒙古自治区有人工影响天气作业高炮 381 门、火箭 219 部、地面燃烧炉 120 部。

11.2.1 高炮火箭人工增雨(雪)作业技术

11.2.1.1 高炮火箭人工增雨作业基本原理

高炮和火箭人工增雨作业都是将含有催化剂的炮弹或火箭弹发射到目标云中,随着催化剂的燃烧播撒而影响云物理过程。火箭作业系统具有播撒路径时间长、发射高度高、成核率高、便于操作、机动性强等特点。与飞机作业不同,火箭增雨作业一般不受作业云系条件限制,高炮多数情况下用于对流云增雨催化作业,作为飞机增雨作业的重要补充。

11.2.1.2 作业云系特征

前文已经介绍了层云和混合云相关特征,下面重点介绍对流云。对流云又称积状云,常产生暴雨、雷暴、冰雹和龙卷等天气。对流云的空间尺度随地区、气团性质、季节和云体发展的不同阶段有很大差别。垂直尺度和水平尺度具有同一数量级,属于小尺度天气系统。中纬度地区锋面上的对流云在发展初期厚度已达 5~6 km,旺盛时期云顶凸入平流层的例子也时有发现。对流云的水平尺度从几百米到几千米不等,有些降雨性积雨云可以伸展到 10~20 km。在降雨性积云中,最大上升气流速度可达 20~30 m/s,一般位于云的中部,随着积云的发展,这个位置将向云的中上部移动,在成熟阶段,垂直气流速度比其发展初期要大,更重要的是这时云中还出现了与上升气流有相同数量级的下沉气流。另外,对流云中还具有极强的湍流特性。

对流云含水量(单位体积云内液态水和固态水的总质量,单位为 g/m³)平均值约为每立方米几克的数量级,最大可超过 10 g/m³。观测表明,含水量时空变化很大,不仅在不同地区差别很大,即使在同一块云中不同部位、不同时间也有差异。对流云内含水量分布的特点是有一含水量最大区,其四周含水量值逐渐递减。

11.2.1.3 对流云及混合云增雨作业指标

林长城等[89]用 2008—2012 年 4—6 月古田试验区的新一代天气雷达、探空及地面雨量观测等资料,结合天气形势分析,研究古田试验区云系的回波特征与人工增雨作业条件,结果表明:影响古田试验区的主要天气系统为低涡切变、暖区辐合、高空槽和大陆高压。降水云系以积层混合云为主,其次为积状云。天气系统所对应的云系回波类型及降水情况有明显差异,积层混合云的结构有利于降水;积层混合云大于 25 dBZ 的回波面积明显比积状云大,且平均回波顶高和最大回波顶高均比积状云低;积状云的垂直积分液态水含量明显比积层混合云大;积状云和积层混合云的负温层厚度超过 2 km;积层混合云的最大回波强度、大于 25 dBZ 的回波面积和负温层厚度与区域平均日雨量有着明显的对应关系。古田试验区积层混合云的作业指标为回波强度大于 25 dBZ,大于 25 dBZ 的回波面积要大于 400 km²,回波顶高大于 5.5 km,负温层厚度大于 1.5 km,垂直积分液态水含量大于 1 kg/m²。

内蒙古兴安盟人工影响天气中心根据实际作业分析研究得出火箭增雨作业指标,支出火箭增雨作业主要集中在 4—6 月,占全年作业的 74%;主要影响系统(500 hPa)是高空低涡、高空冷涡、高空槽、短波槽,其中高空冷涡天气系统比较稳定,作业机会较多,平均日作业 5 点次;4—5 月作业主要云系为层状云,6—8 月作业主要云系为积层混合云。713 雷达回波有大面积片状、大面积片絮状和大面积片带状,主体回波超过 15 dBZ 即可作业,操作人员一般在云移动下游交通便利地点作业。火箭增雨作业的云宏观结构和作业量参见表 11.2。

表 11.2 内蒙古东部火箭增雨指标体系

多尺度结构	特征和指标	识别判别方法和途径
天气结构	高空槽、短波槽、高空冷涡、高空低涡	天气图分析(500 hPa)
云宏观结构	云系云状:层状云、积层混合云、积雨云; 当作业区上空出现处于发展阶段的系统性层状云云系、大片对流云云系或混合云云系,且云底乌黑,扰动强烈,或出现雨幡,云量超过 6 成,云底高度小于 2 km,云色灰暗,云量超过 8 成,正处于发展中的大片对流云系或混合云系即是人工增雨作业的目标云	地面观测、探空、卫星 FY-2 反演
雷达回波结构	回波形态为大面积片状、大面积片絮状和大面积片带状,雷达主体回波强度达到或超过 15 dBZ	以兴安盟 713 天气雷达为例
建议作业量	层状云、积层混合云一般 4~6 枚,积雨云 2~4 枚	(RYI-6300)

11.2.1.4 地面增雨作业方案设计

火箭发射高度高,比较适用于海拔高度较低的地区或 0 ℃层高度较高的春秋季节,因此,火箭是人工增雨作业使用最广泛的作业工具。

在作业区开展火箭播撒人工冰核作业,事先应统计当地作业期月平均等温线 $-12 \sim -6$ ℃的平均高度,作为火箭催化播撒高度层的参考。还应考虑潜热效应,云中温度(上升气流区)一般稍高于环境温度。

(1)作业部位

设计火箭的发射运行轨迹时,应使播撒温度限定在-15~-5 ℃,最好在-10 ℃维持准水平轨迹。火箭燃焰飞行距离限于2~9 km,最好在8 km以下。

(2)作业开始时间和终止时间

当达到上述雷达识别指标或出现上述宏观特征的目标云移入作业点有效作业距离时,即可按规定仰角实施火箭、高炮发射作业;当作业区上空目标云出现较强降雨、目标云处于明显减弱阶段或作业目标云移出火箭作业系统和高炮作业区时,可停止作业。

(3)作业方式

采用火箭(高炮)作业时,根据人工增雨目标云的实际情况,每隔10~20 min发射2~4枚火箭弹(一个排发);一般火箭发射架仰角应处于45°~65°射角范围,最佳仰角为55°。人工增雨作业时发射的方位束宽可以比较大,视有利于增雨云系的范围而定。发射方式采用同仰角水平扇扫,层状云的扇扫角度应大于90°,对流云或混合云可根据云层的实际宽度确定扇扫角度;孤立对流云根据云体大小发射2~4枚火箭弹。发射方向应尽量选择云层移来方向。

11.2.2 高炮火箭人工防雹作业技术

11.2.2.1 人工防雹原理

人工防雹是采用人为的办法对一个地区上空可能产生冰雹的云层施加影响,使云中的冰雹胚胎不能发展成冰雹,或者使小冰粒在变成大的冰雹之前就降落到地面。人工防雹采取的主要方式有:①向云中撒播碘化银等成冰催化剂,使云中产生大量人工冰雹胚胎颗粒,与自然冰雹胚胎争夺云中的过冷水滴(温度低于0 ℃而不结冰的水滴),大大减小冰雹的体积。②在云的下部撒播大小适宜、数量足够的盐分、尿素等吸湿颗粒,这些颗粒因吸湿而产生大的水滴,促进暖雨的发展,减少过冷水滴的数量,夺取了冰雹增大所需的水分,遏制了冰雹的发展。③沿用传统的火箭或高炮轰击雹云,爆炸产生的冲击波可改变云中的上升气流,震碎发展中的冰雹颗粒,起到减小冰雹危害、增加降水的目的。当前我国普遍采用高炮或火箭发射碘化银炮弹的办法进行人工防雹增雨作业。

11.2.2.2 人工防雹作业指标

冰雹云常产生于突发性很强的强对流天气中,由于其尺度小、生命期短,很难应用常规观测资料进行追踪,而雷达是识别冰雹云发生、发展和演变规律的最有效方式,利用雷达建立冰雹云判别指标,将其应用到冰雹云的预警和防雹作业指挥中。在多年的防雹实践中,各地基于天气雷达建立了冰雹云防雹作业指标,主要包括雷达回波形态、回波强度、回波顶高、强回波顶高温度、垂直累积液态含水量等。受地形及环境条件影响,不同地区不同季节冰雹云生成发展的情况不同,因此防雹作业指标也有差异[90]。

根据多年降雹资料统计结果表明,内蒙古中部地区冰雹云的主要特征表现为:回波形态具有明显的涡旋、指状、钩状、"V"形缺口、前悬等,或者为带状回波之强中心、两强回波合并、明亮密实的较大块状回波等;回波强度大于50 dBZ,回波顶高大于9.6 km,较强回波顶高大于7.9 km,较强回波位于-20 ℃层之上的厚度大于1.6 km;PPI回波水平尺度大于或等于20.0 km,RHI回波主体宽度大于10.0 km。

11.2.2.3 人工防雹作业方案设计

充分运用雷达、卫星、特种观测资料等多种指标实现对冰雹云的监测、识别与预警的综合判断,并随实况演变跟踪滚动订正,根据冰雹云移动方向速度,在冰雹云到达作业区之前,做好各项准备,至少提前 10 min 发出作业指令,包括作业时间、方位、仰角、用弹量等。争取早期识别、超前判断、早期作业。

(1) 作业时机的选择

冰雹云形成过程包括发生、跃增、酝酿、降雹、消亡 5 个阶段,防雹作业时机通常选择在冰雹云发展阶段(发生、跃增和酝酿阶段),即在冰雹尚未形成阶段开展早期催化作业,此时雹云内上升气流将水分不断从下向上供应,通过发射炮弹产生的爆炸波可以切断或减弱上升气流,使云中雨滴及小冰雹提前降落,地面降水产生,这也是"炮响雨落"的现象。

防雹作业时机主要依据实时雷达监测结果,结合卫星云图、闪电监测、自动气象站以及强对流预报相关产品等综合分析后做出选择。

一般当雷达回波强度在 35~40 dBZ 或以上,且回波顶高在 5 min 内迅速上升 1~2 km 或以上,表明云体处于从雷雨云向冰雹云发展的跃增阶段,此时应选择作为作业开始时间。另外,在雹云单体初生时或雹云形成前的雷雨云阶段,在保护区上游提前作业。

(2) 用弹量的估算

夏季强对流天气过程中云体中情况极其复杂,用弹量不仅取决于催化剂的播撒效率、扩散速度以及云体中的水分含量和粒子速度,同时还取决于冰雹云的类型、强度、发展阶段和持续时间等因子。因此,要统一确定每个地区、每个作业点或每点次作业的用弹量是不科学、不现实的。根据相关计算公式及各地实践经验,高炮用弹量参考见表 11.3。火箭作业系统作业用弹量为:弱单体或一般单体雹云 2~4 枚,多单体或中等强度雹云 4~8 枚,强单体或超级单体雹云 8~12 枚。

由于碘化银成核率随环境温度降低而呈指数增加,因此不同季节用弹量也有所差别。对于同性质雹云,一般来说春秋季节用弹量小于夏季,另外高海拔地区用弹量小于低海拔地区。

表 11.3 防雹用弹量参考表　　　　　　　　　　　　　　　单位:发

雹云种类	初生期用弹量	发展期用弹量	总用弹量
弱单体	<50	<100	100
弱复合单体	50	100	150
中等雹云	50	100~150	150~200
强单体	100	>200	>300

(3) 作业方式的确定

当冰雹云的水平距离接近某作业点的有效作业距离时,根据冰雹云的移向、移速、距作业点的距离和所用炮弹/火箭弹的引信自炸时间等确定发射方位、仰角和作业高度等参数。

火箭作业前,可事先统计当地作业季节 −6~−1 ℃ 的月平均等温线高度,作为火箭燃焰播撒高度层的参考,还要考虑到云中温度一般稍高于环境温度。火箭播撒时运行轨迹顶端应接近播云目标区中心位置,设计好运行轨迹,使播撒段出现在 −15~−5 ℃,最好在 −10 ℃ 层维持准水平飞行。以 85°射角发射在云中飞行的距离较短,仰角在 45°~65°为好,仰角 55°最佳,方位束宽应限制在 12.5°,碘化银引晶浓度可参照高炮方法进行计算。

如果一个作业点同时装备有火箭作业系统和高炮,由于"三七"高炮有效作业距离比火箭作业系统近,因此应先开展火箭作业,再进行高炮作业。

11.2.3 地面燃烧炉人工影响天气作业技术

地面燃烧炉通过空气上升运动将燃烧的催化剂带入云中,来影响云物理过程,地面燃烧炉主要适用于山区地形云人工增雨作业,一般安装在 500~1000 m 高的山坡或靠近山头附近有上升气流的地方。地面燃烧炉使用的催化剂有固态和液态两种,液态主要是 AgI(碘化银)丙酮溶液、LC 等,固态为 AgI 焰条,大部分地区 AgI 焰条应用更为广泛。燃烧 AgI 焰条相对简化,可采用无线通信技术进行远程遥控作业。

地面燃烧炉适用性强,具有不受空域限制、操作简便、作业时间长、播撒剂量大、经济、安全等特点。

地面燃烧炉增雨作业方法相对其他工具比较简单,主要根据雷达、卫星云图等监测产品,当目标云系移入地面燃烧炉覆盖区域时,下达作业指令,通过远程操控点燃焰条即可。一般情况下,一次点燃 3 根焰条,燃烧时间为 8 min,针对层云降水时间比较长,采取多轮次作业方式。针对对流性降水,根据云系在燃烧炉覆盖区域停留时间决定播撒量。

11.3 重点生态工程人工增雨(雪)作业设计

人工增雨(雪)作业的目标区包括固定目标区和非固定目标区两种。根据云系移动方向开展的作业方案设计其作业目标区是移动的(非固定的),也就是常规的人工增雨(雪)作业;而在重点生态功能区(例如,江河源头、水库上游、森林湿地、生态敏感区等,将其称为保护区)开展的人工增雨(雪)作业方案设计,作业目标区是固定的。由于目标区不同,因此作业方案设计的思路也不同。

11.3.1 重点生态功能区域划分

开展固定目标区人工影响天气服务,要提升关键时段、关键"五区"内的预报、监测、催化能力建设。中国气象局人工影响天气中心提出"五区"的划分原则为,以固定目标区为圆心,空间上由远及近分别为:①预报关注区(250~550 km),②警戒区(监测预警区)(150~250 km),③重点区(监测+催化)(50~150 km),④加强区(监测+催化)(10~50 km),⑤核心目标区。

11.3.2 重点生态功能区人工影响天气作业条件预报

基于高水平分辨率云降水及催化模拟预报系统,重点关注核心目标区 550 km 范围内云降水精细化预报,重点包括云系性质和结构、云系移动方向和速度、云中降水粒子分布、特征温度层高度等。数值模式设置以目标区为核心,建立三重嵌套,最外层覆盖半径需大于或等于 550 km,50 km 半径范围内模式输出产品分辨率可精细至 250~500 m。

11.3.3 重点生态功能区云降水综合监测

在重点生态功能区建立云降水综合监测网,包括云降水宏微观结构、湿热力、动力、水汽监测。在 550 km 半径范围内重点布设:①水汽场监测:全球导航卫星系统气象观测(GNSS/MET)站、微波辐射计、探空;②风场监测:风廓线雷达、基于北斗卫星导航系统/GPS 的气象探测火箭系统;③宏观云场监测:高时空分辨率的 FY4 卫星云参量监测和反演产品;④云降水监测:天气雷达。在150 km半径范围内布设;⑤云降水结构探测:毫米波云雷达、微型雨雷达、云高仪、X波段双偏振多普勒天气雷达;⑥降水微物理特征探测:降水现象仪(雨滴谱);⑦地面雨量监测:自动气象站;⑧飞机云微物理观测网:省级、国家级飞机;⑨全要素立体观测超级观测站:超级站、一级站、二级站。

11.3.4 重点生态功能区地面催化作业布网

针对固定目标区一般采取飞机作业和地面作业(高炮、火箭、烟炉)相结合的方式。地面作业点的数量取决于作业保护区面积和高炮火箭的作业影响区面积。对于防雹作业布局,各作业点的影响面积应大于作业保护区面积的1/4,按照高炮火箭最大射程的有效距离,应该在作业保护区上游5~8 km处增设作业点,在迎风坡而不在背风坡设置,使作业影响覆盖区外延5~10 km。通常情况下,一部37型和57型高炮(半径按5 km计算)作业影响面积分别约为78 km^{2}和200 km^2,一部火箭作业影响区面积约为200 km^2。如果开展科学试验,炮点之间的距离应为15 km。

雷达应尽量设置在作业区下游或右侧,火箭发射点与雷达站距离最远不超过100 km。高炮和火箭作业点应根据天气系统来向、作业云系的移动和演变规律,尽量选择在云系发展路径上,布设在150 km半径内,火箭之间的距离为8~16 km。有关高炮、火箭作业点设立的条件和要求,不再赘述,参见人工影响天气岗位培训教材。

11.3.5 飞机增雨(雪)作业方案设计

(1)作业目标区的选择

作业区的选择主要依赖系统移动方向(即催化作业层的风向),根据系统移动方向,作业区一般选择在固定目标区上风方向100~300 km处。

(2)作业时机的选择

根据系统移动速度判断作业云系到达作业区的时间和持续时间,设计飞机作业时间,飞机作业过程中经常受空域及天气条件等限制,所以飞机作业起飞时间一般要提前于系统到达作业区的时间。

(3)作业航线设计

根据周毓荃等[91]关于飞机催化扩散规律研究结果,在层状云中平流作用下,为达到一定区域内充分播撒,应采用多条平行催化,其播撒飞行航线如图11.6a所示。沿箭头所示,当风向 u 为正西方向时,飞行应从 A 经 C、B、D,回到 A 点,依次重复。得到催化区分布应如图11.6b所示,为3条平行分布的催化带。根据计算,当转弯半径和间隔适当时,可实现整个催化区域的完全覆盖,即达到区域内充分播撒的目的。这种航线设计又称"8"字形飞行播撒路线,是实现目标区充分播撒的最佳飞机播撒方式。

利用云降水精细化分析平台飞机航线精细设计功能,根据作业层风向可以模拟催化作业后的影响区域。假设作业层风向为270°,偏西气流,风速为10 m/s,作业开始60 min、120 min、150 min后影响区域如图11.7所示。

针对固定目标区也可采用其他水平催化作业方式,参见图11.2b,c。

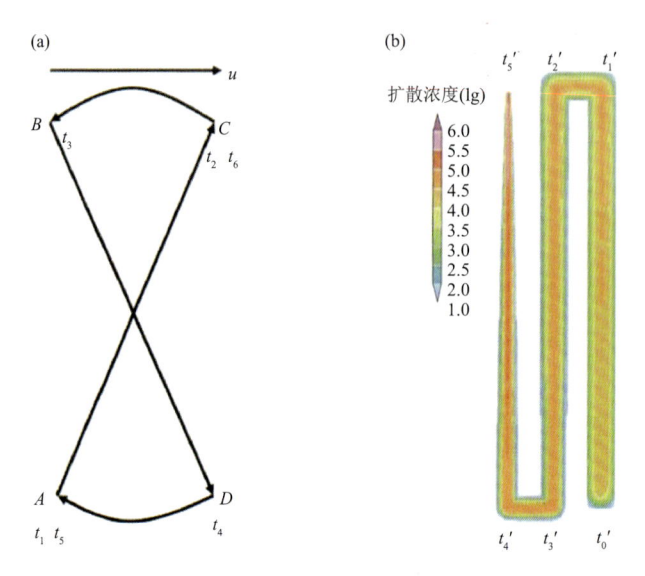

图 11.6　平流下充分播撒的航线设计(a)与平流下扩散得到的平行催化带(b)

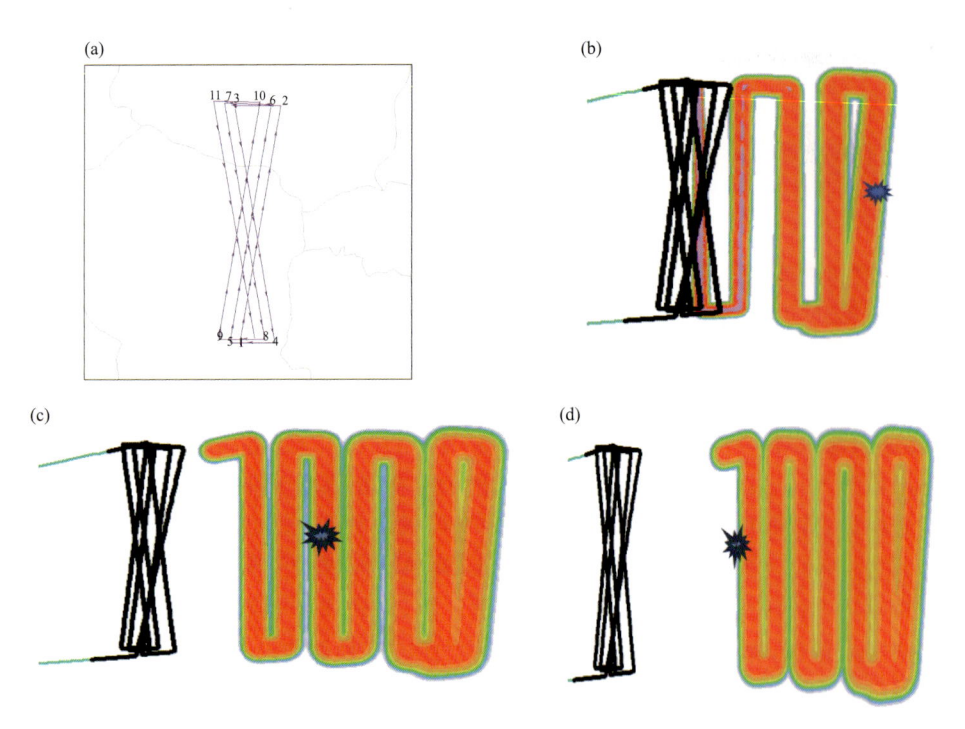

图 11.7　固定目标区飞机增雨作业方案设计及影响区域示意图

注：(a)为飞机作业航线设计，(b)为作业开始 60 min 后催化扩散区域，(c)为作业开始 120 min 后催化扩散区域，(d)为作业开始 150 min 后催化扩散区域，✹为固定目标区示意图

11.4 生态保护与修复型人工影响天气作业服务个例

11.4.1 森林草原防灭火作业服务个例

11.4.1.1 服务概况

2017年5月,内蒙古大兴安岭北部乌玛林业局和毕拉河林业局相继发生火灾,按照火场固定目标区人工影响天气作业服务需求,内蒙古自治区人工影响天气中心加强火区作业条件预报监测,发布《火区人工增雨潜力预报产品》(10期),联合中国气象局人工影响天气中心和呼伦贝尔市气象局开展固定目标区飞机作业方案设计8架次,B3435(新舟60)、B3849(运12)两架增雨飞机于毕拉河火区飞行作业3架次,累计飞行10 h 32 min,飞行里程3500 km,燃烧冷云烟条46根、碘化银烟条16根,发射焰弹107枚;地面火箭增雨作业开展作业8点次,共发射火箭弹169枚。通过飞机作业和地面火箭联合作业,火区现场普降小到中雨;11—18时,火区现场降水量为20.7 mm,小二沟为7.8 mm,大二沟为3.1 mm,作业之后火场地区24 h累积降水量达39.2 mm,增雨效果明显。

11.4.1.2 作业条件预报

根据CPEFS模式预报,5月5日08时—6日00时,呼伦贝尔地区有低涡云系自西南向东北方向移动,火区上空及其上游地区有持续的云系覆盖,云系具备增雨潜力,基本与实况一致。云系以冷云为主,云顶高度7~8 km,0 ℃高度约1.3 km,过冷水位于−20~−5 ℃(海拔高度2000~4200 m),含量最大为0.1 g/kg,过冷水分布层主导气流为偏西风,具有一定的增雨潜力。作业预案建议如下:

作业时段:5月5日08—20时。
作业区域:呼伦贝尔市大部。
作业目的:增雨+扑火。
作业云系:冷云。
作业方式:飞机及火箭。
作业高度:2000~5000 m。
催化方式:冷云催化。

11.4.1.3 作业条件监测

5月5日08时呼伦贝尔地区受高空低涡系统、地面蒙古气旋影响,5日06时—6日00时,有低涡云系整体自西南向东北方向移动,影响鄂伦春自治旗林火区域,火区上空及其上游地区有持续的云系覆盖,云中有过冷水分布,雷达回波分布比较均匀(20~25 dBZ)。

11.4.1.4 飞机作业方案设计

根据人工影响天气模式预报,5月5日21时,作业层风向为315°,风速为15 m/s。为保证火场上空充分催化,航线设计如图11.9所示。从海拉尔机场起飞至拐点1,开始采用"8"字形来回催化3次,单条航线飞行距离为50 km,转弯距离为5 km,催化后1~2 h可持续影响火点。从拐点12开始进行作业后探测,水平飞行至拐点16后,下降高度500 m至拐点16,继续水平飞行回穿探测至拐点17后返回(图11.8)。

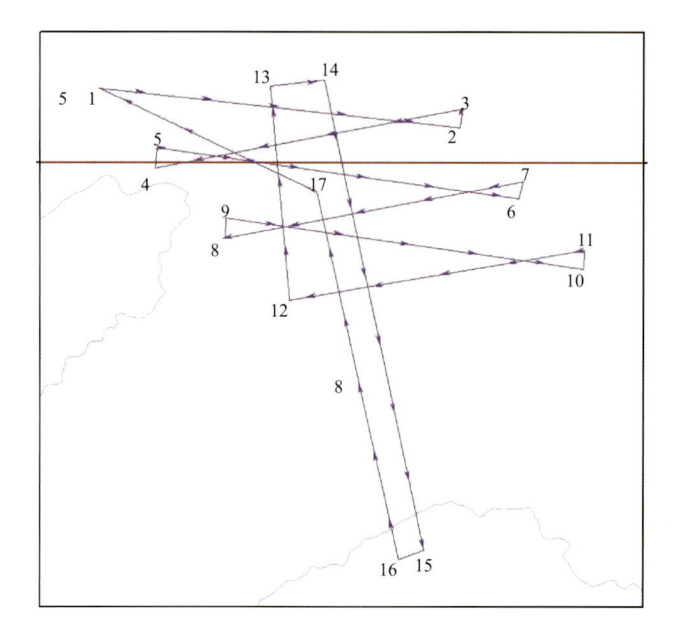

图 11.8　飞机作业方案设计

11.4.1.5　飞机作业实施

新舟 60 飞机 5 日 20 时 47 分起飞,21 时 18 分到达作业区,飞行高度 3600 m,21 时 26 分开始作业,21 时 40 分因空域原因作业高度调整至 3900 m,23 时 01 分作业结束。探测显示云内雪霰为主,作业后回穿观测到云滴增多。本次作业催化层风向 349°,风速 9 m/s,实际作业影响区如图 11.9 所示。作业累积影响面积约 4190 km²,对火区影响时间超过 2 h 30 min。

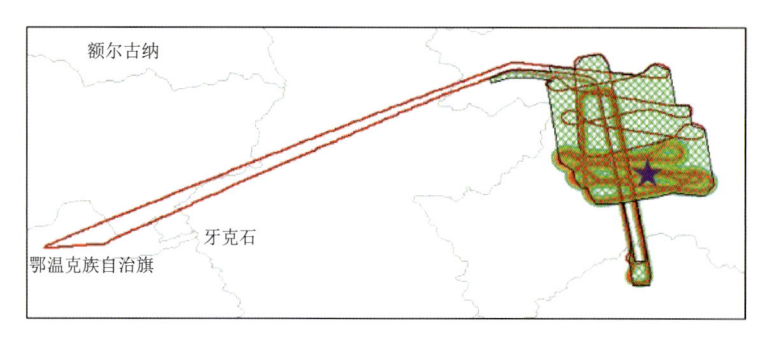

图 11.9　飞机作业轨迹及催化剂扩散和影响区示意图

11.4.1.6　作业效果分析

5 月 5 日开展的 3 架次飞机增雨作业累积影响面积超过 1.5 万 km²,催化剂在火区上空影响时长超过 7 h。通过飞机作业和地面火箭联合作业,毕拉河火区现场普降小到中雨。5 月 5 日 11—18 时,火区现场降水量为 20.7 mm,小二沟为 7.8 mm,大二沟为 3.1 mm。作业后火场地区 24 h 累积降水量达 39.2 mm,而其余地区一般为小到中雨,增雨效果明显。截至 5 月 5 日夜间,火场实现全面合围,外围明火全面扑灭(5 月 5 日 09 时—7 日 10 时火区现场自动气象站降水量为59.5 mm)。此次飞机和地面火箭联合增雨作业,对火场的全面扑灭及后期的火场清理起到重要作用。

11.4.2 内蒙古中东部地区抗旱增雨作业服务个例

11.4.2.1 需求分析

根据气象干旱综合指数分布,2017年5月20日,呼和浩特市东南部局地、乌兰察布市东南部、锡林郭勒盟大部、赤峰市、通辽市、兴安盟、呼伦贝尔市西南部地区出现轻度及以上气象干旱。其中锡林郭勒盟中部及东南部、通辽市东南部、兴安盟中部及东部局地出现中旱;锡林郭勒盟南部局地、赤峰市北部、通辽市西北部、兴安盟东南部出现重旱;赤峰市南部出现特旱,旱情形势比较严峻。全区土壤墒情差,部分地区草场受旱,抑制农牧业正常生产,威胁草原生态(图11.10)。据内蒙古自治区气象台预报,5月20—22日内蒙古自治区中东部自西向东有一次明显的降水天气过程,内蒙古自治区人工影响天气中心针对旱情等作业需求,发布各类作业指导产品,盟市级人工人影天气中心作业装备全部就绪,作业人员随时待命,为缓解旱情做好一切前期准备工作。

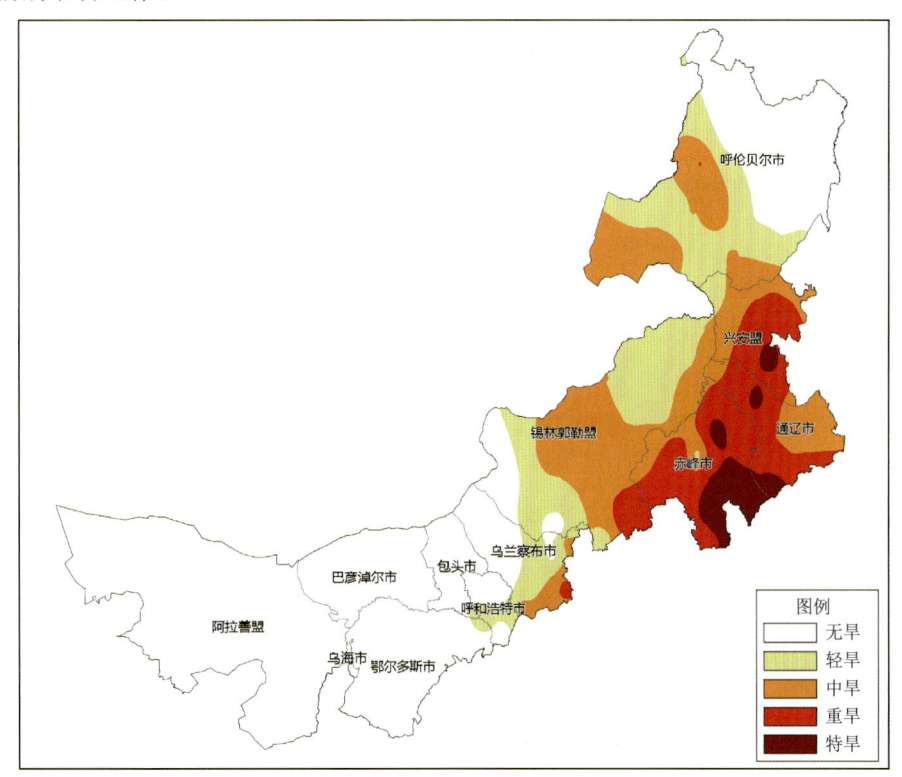

图11.10 2017年5月20日内蒙古气象干旱分布

11.4.2.2 作业条件预报

根据云模式预报,5月20日08时—22日20时,有带状均匀降水云系自西北向东南逐渐影响内蒙古自治区东部地区,云带移动速度约55 km/h,云中有一定量的过冷水,降水粒子较为丰富,0 ℃层高度在2.5~4.0 km,−10 ℃层高度在5.0~5.5 km,具有一定的增雨作业潜力(图11.11)。

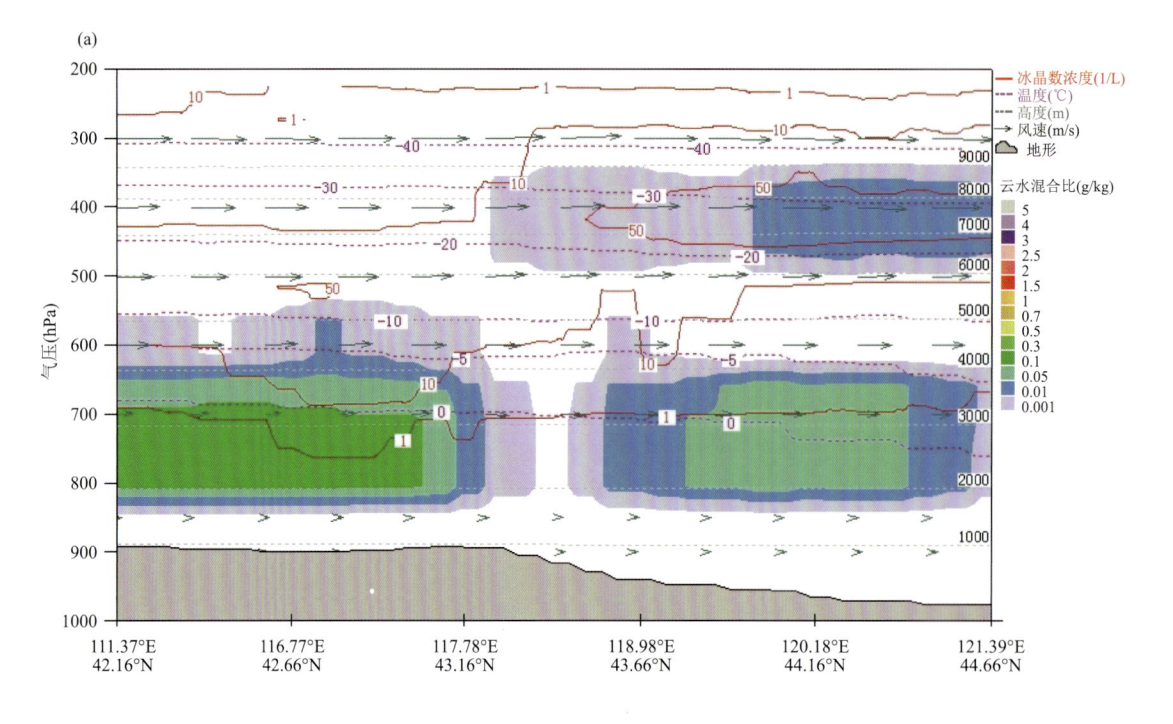

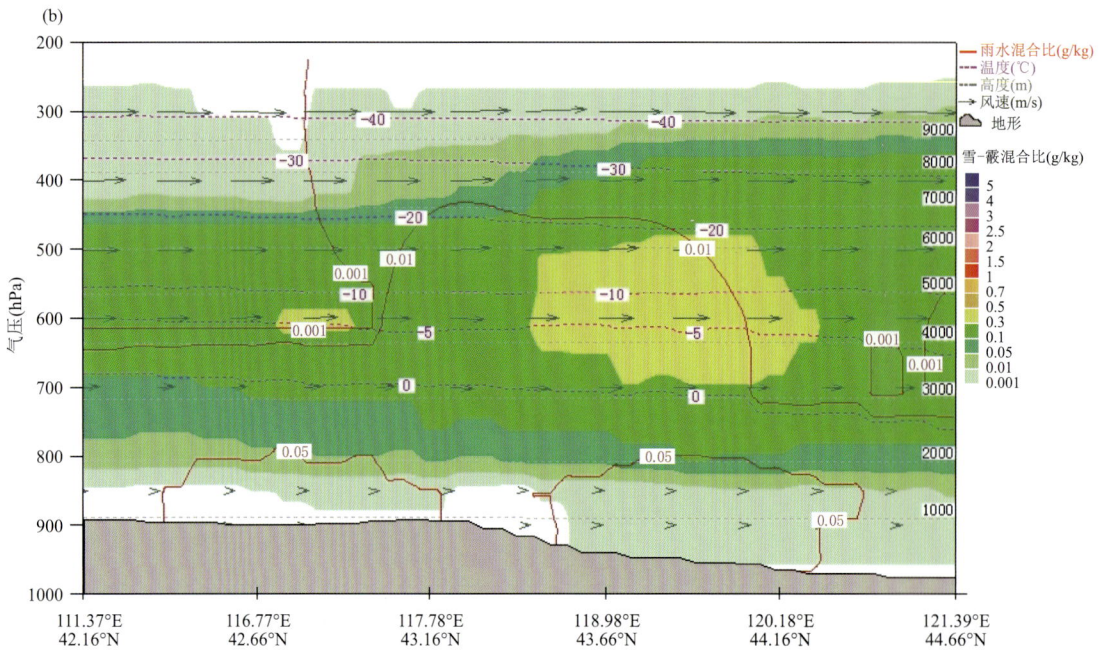

图 11.11　2017 年 5 月 22 日 05 时内蒙古中东部上空云水冰晶(a)、降水粒子(b)垂直分布

11.4.2.3　作业条件监测

5 月 21 日 08 时—22 日 08 时,内蒙古东部地区云系为典型层云,云系为冷暖混合云系,云垂直发展旺盛,分多层。云顶高度均在 8 km 以上,局部地区云顶发展到 13 km,整层相对湿度

较大,0 ℃层和−10 ℃层分别位于 3.5 km 和 5.5 km 高度。低层以西南风为主,风速为 16～24 m/s。雷达回波主体强度为 30 dBZ 左右,局部地区达到 35 dBZ。

11.4.2.4 作业方案设计

通辽市、锡林郭勒盟和兴安盟根据作业条件监测分别设计了飞机作业方案,如表 11.4 和图 11.12 所示。

表 11.4 2017 年 5 月 21 日飞机作业方案

作业飞机	飞行时间	飞行高度(m)	催化剂类型
通辽	05 时 30 分—09 时 30 分	2200～5000	冷云催化剂
锡林郭勒盟	07 时 30 分—11 时 30 分	3000～4200	冷云催化剂
兴安盟	06 时 00 分—10 时 00 分	3000～4000	冷云催化剂

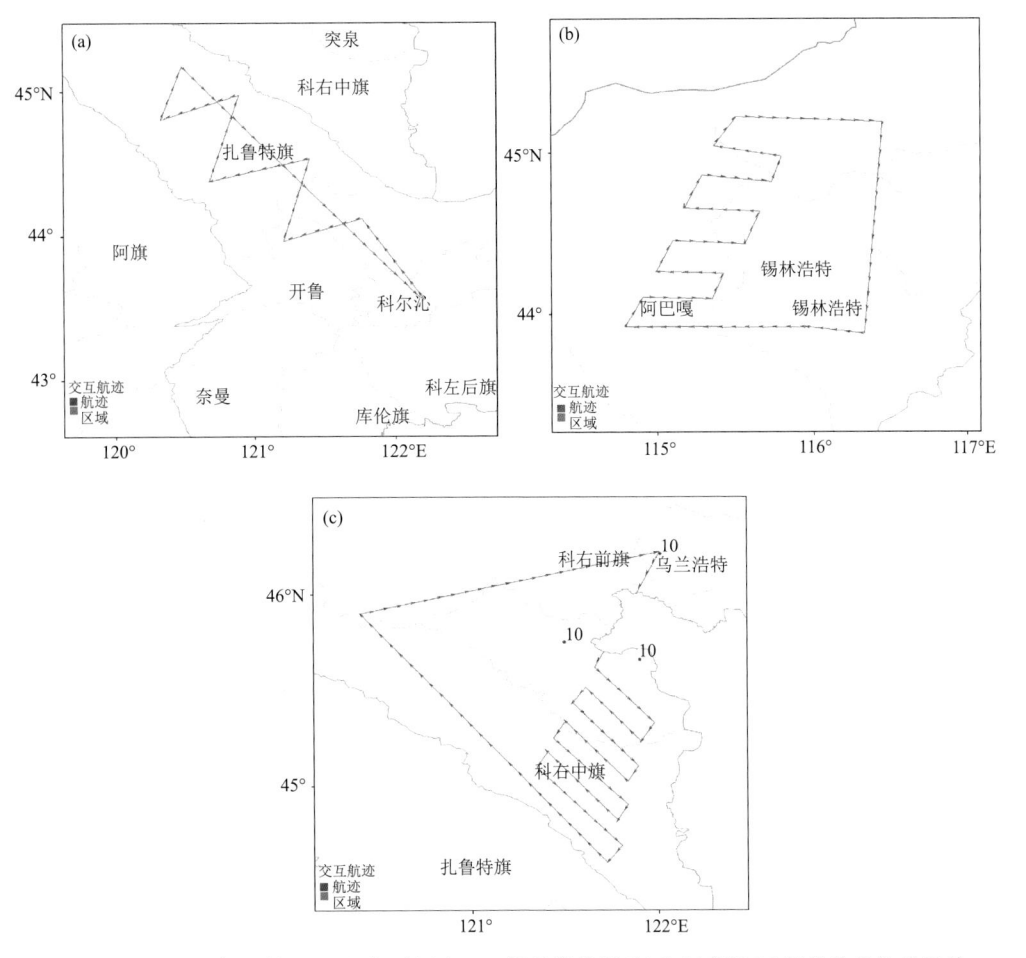

图 11.12 2017 年 5 月 21 日上午通辽市(a)、锡林郭勒盟(b)和兴安盟(c)飞机作业航线设计

11.4.2.5 作业实施

针对 5 月 20 日 08 时—22 日 20 时内蒙古自治区中东部降水天气过程,内蒙古自治区人工影响天气中心以及内蒙古自治区 11 个盟市分别以不同方式开展了人工影响天气作业。全

区共开展飞机作业16架次,飞行时间为44 h;地面作业共209次,燃烧烟条208根,发射火箭弹1167枚。部分盟市实际飞机作业轨迹如图11.13所示。

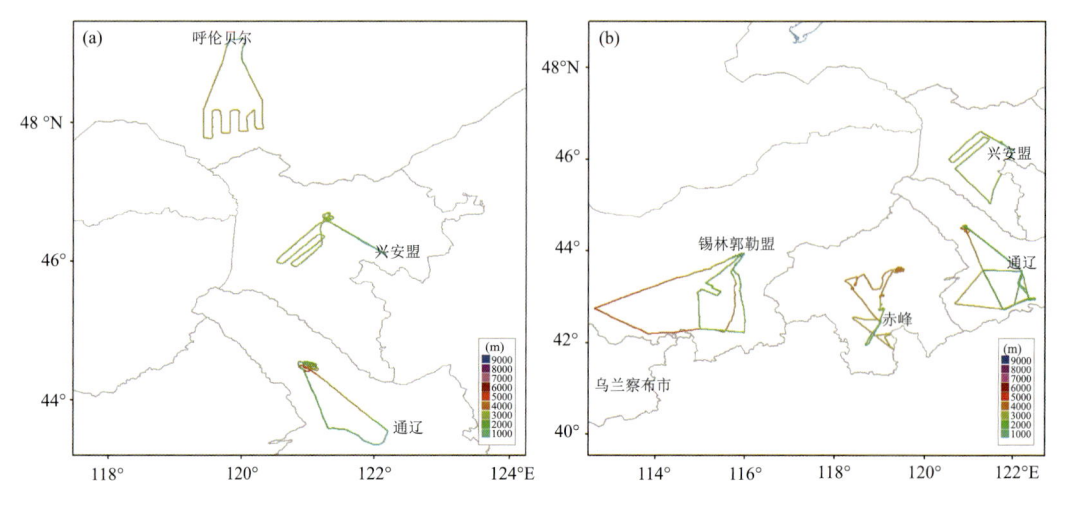

图11.13 2017年5月20日08时—22日20时内蒙古部分盟市飞机增雨作业轨迹

11.4.2.6 作业效果

2017年5月21日08时—23日08时内蒙古雨量信息如图11.14所示。通过此次飞机、火箭、燃烧炉空地立体作业,作业影响区总面积为56996 km²,增雨总量为16116万t。受自然降水和人工增雨作业的共同影响,内蒙古自治区中东部干旱范围大幅缩小减弱,如图11.15所示,有效降低了森林草原火险等级,改善了土壤墒情,为内蒙古自治区的农作物生长、生态保护、园林绿化、净化空气等方面发挥了重要作用。

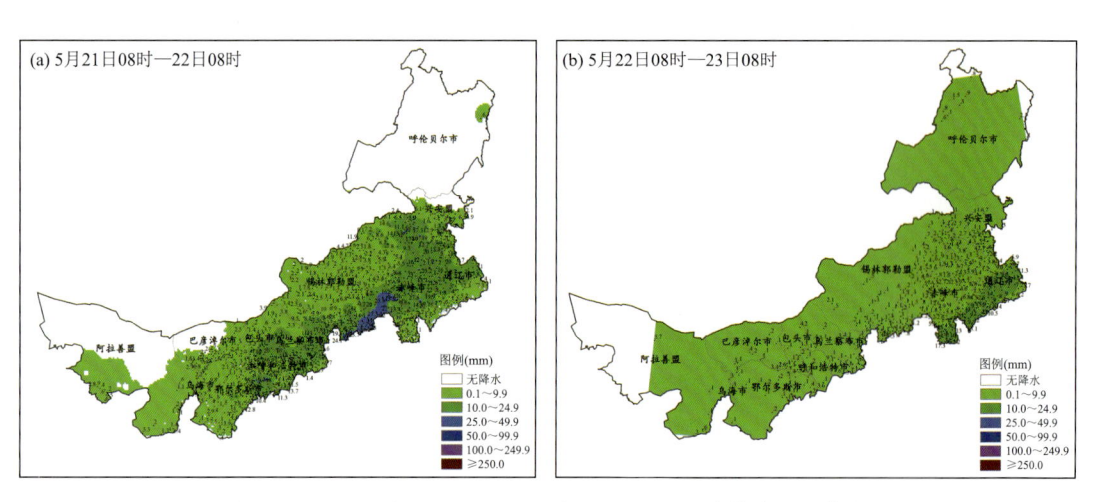

图11.14 2017年5月21日08时—23日08时内蒙古雨量信息

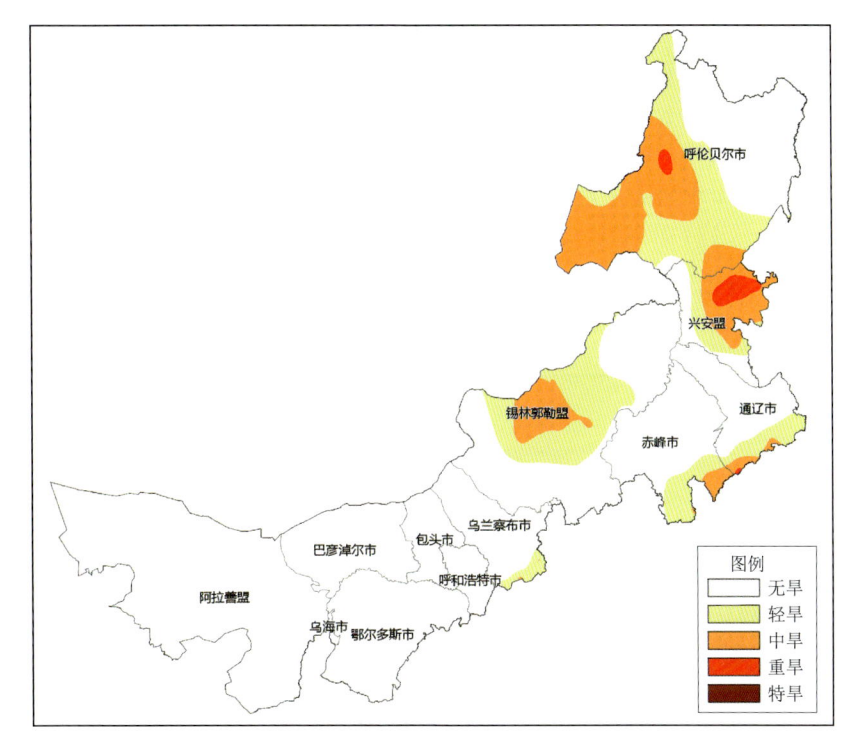

图 11.15　2017 年 5 月 23 日内蒙古气象干旱综合指数分布

11.4.3　内蒙古中部高炮火箭作业服务个例

11.4.3.1　服务概况

2017 年 8 月 8 日内蒙古自治区成立 70 周年庆祝活动在呼和浩特举行,受短波槽和低涡系统后部影响,中低层有风场辐合,有西南水汽输送,在活动保障区周围有不均匀的阵性降水,同时伴有短时雷雨大风等强对流天气。根据此次活动保障实施方案,在以庆祝活动中心周围 150 km 半径范围内布设三道防线,第一道防线距离保护区 100~150 km,第二道防线距离保护区 60~100 km,第三道防线距离保护区 20~60 km。飞机主要在第一道航线内作业,适量播撒,提前降水;地面高炮火箭主要在第二和第三道防线作业,过量播撒,减弱降水。活动当天,内蒙古自治区气象局组织 3 架增雨飞机共开展飞机作业 12 h,发射焰弹 440 枚,焰条 70 支;内蒙古中部 3 盟市共开展地面作业 106 点次,合计发射火箭弹 368 枚,发射炮弹 1380 发,作业效果显著,有效保护了主会场的开幕式和表演活动的顺利进行。此次过程为典型的对流性降水过程,下面着重对地面作业过程进行分析。

11.4.3.2　作业条件监测预警

8 月 8 日 12 时后,呼和浩特市以西区域有对流云团生成发展,云顶高度达到 9 km,向东略偏南移动,移动速度为 20~50 km/h。12—14 时,强对流云团合并发展,水平尺度约 30 km,自西向东移动逐渐影响保护区,移动速度约 15 km/h,雷达回波中心强度大于 45 dBZ,回波顶高达到 10 km;16 时后强对流云团逐渐东移,对保护区影响趋于结束。

11.4.3.3 作业实施

根据对流云团移动方向及速度,地面作业指挥人员及时通知保护区西北和西南区域内各地面作业力量及时开展高炮和火箭作业,作业实施情况分布见图11.16。13时40分—18时30分在包头市北部固阳一带(1区)共开展7轮次作业,发射炮弹36枚,火箭弹58发;14时33分—16时08分在呼和浩特市北部武川县一带(2区)开展13轮次作业,发射炮弹95枚,火箭弹60发;13时44分—19时20分在包头南一带(3区)开展19轮次作业,发射炮弹819枚;13时37分—18时45分在呼和浩特市南部土左旗和托克托县一带(4区)开展34轮次作业,发射炮弹439枚,火箭弹93发。

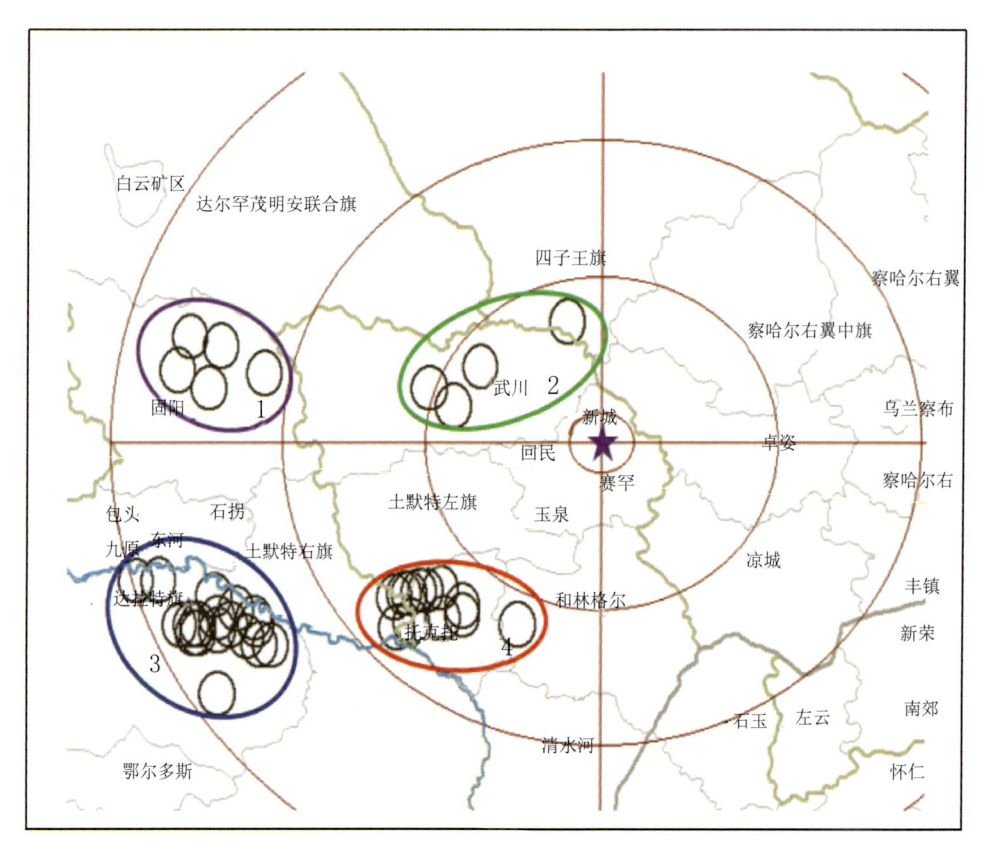

图11.16　2017年8月8日地面作业实施分布

11.4.3.4 作业效果分析

14时40分以后,在呼和浩特市武川一带又有强回波(中心大于55 dBZ)生成发展,按照移动方向和速度,地面监测指挥人员判断该强降水回波预计在16时以后影响主会场,形势十分严峻,15时左右地面指挥长及时下达作业指令,集中力量开展地面作业,17 min后,强回波带出现缺口,南部强回波区域明显减弱,15时37分,南侧回波强度已降到35 dBZ以下,15时50分,雷达回波整体减弱(中心小于40 dBZ),趋于消散,说明通过高炮火箭集中连续作业,对云的发展抑制作业较好,典型时刻雷达回波如图11.17所示。通过图11.18可以看出,通过连续作业,在保障时段保障区10 km范围内雷达回波和雨量有明显下降趋势。

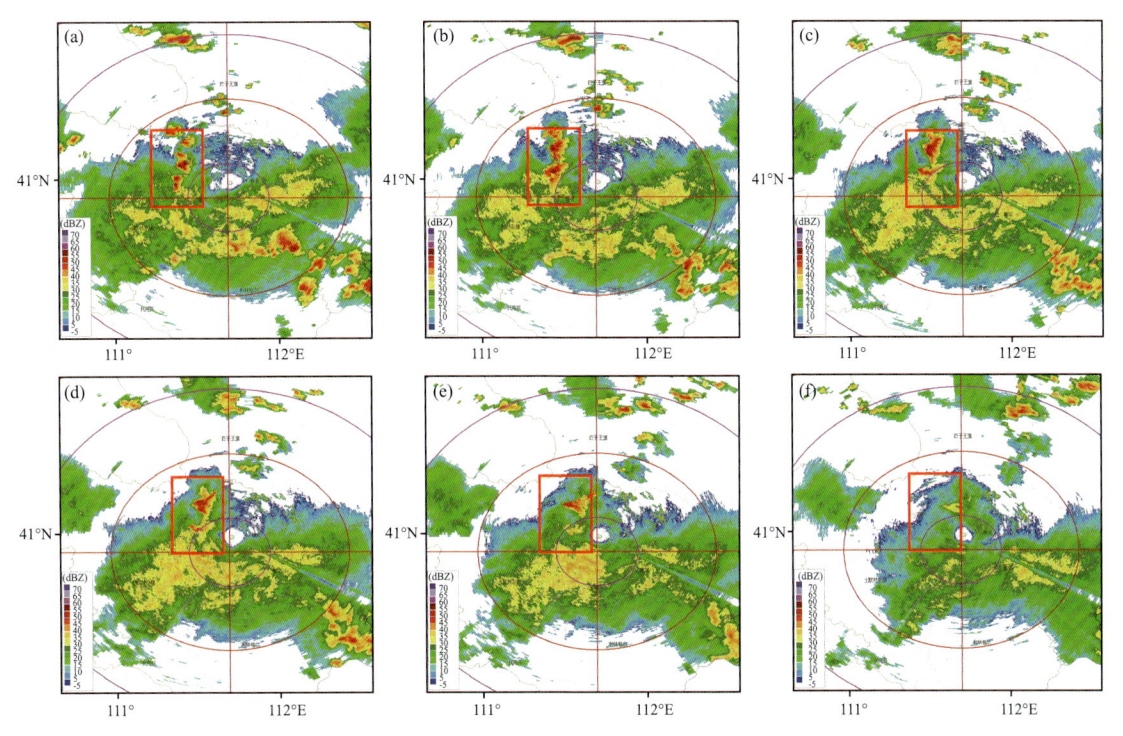

图 11.17　2017 年 8 月 8 日 14—16 时呼和浩特市雷达组合反射率

(a)14 时 51 分 02 秒,(b)15 时 04 分 12 秒,(c)15 时 17 分 24 秒,(d)15 时 23 分 58 秒,
(e)15 时 37 分 10 秒,(f)15 时 56 分 54 秒

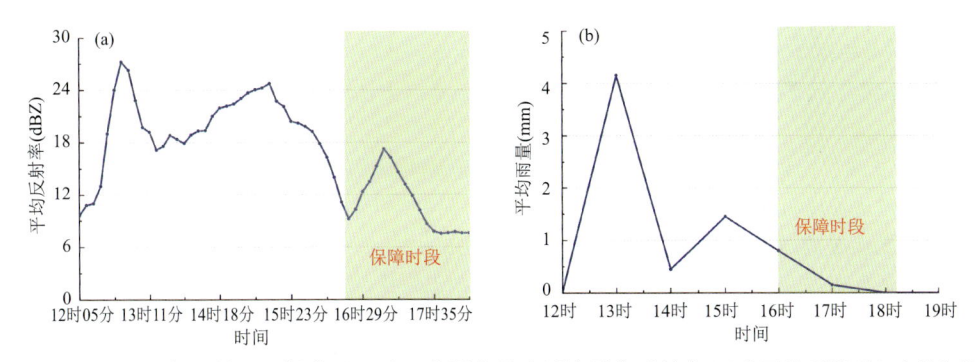

图 11.18　2017 年 8 月 8 日保障区 10 km 范围内雷达回波平均反射率(a)和平均雨量(b)时序变化

11.5　本章小结

本章以生态修复型人工影响天气作业技术为基础,详细介绍了飞机人工增雨(雪)作业技术和地面人工增雨(雪)及防雹作业技术,包括人工影响天气不同作业方式的基本原理、作业云系特征、作业指标和作业方案设计等内容。针对重点生态工程人工增雨(雪)作业,从重点生态功能区区域划分、作业条件预报、云降水综合监测、地面催化作业布网及飞机作业方案设计几方面进行介绍,最后列举了森林草原防灭火、抗旱增雨等典型服务个例。

参考文献

[1] 郝益东.内蒙古——西部大开发的重要支点[M].呼和浩特:内蒙古人民出版社,2000.

[2] 昭和斯图.荒漠化治理[M].呼和浩特:内蒙古文化出版社,1998.

[3] 李现华,张键姣,张婷,等.内蒙古生态环境保护取得的成效及存在的问题[J].环境与发展,2019:4-6.

[4] 陈怀亮.国内外生态气象现状及其发展趋势[J].气象与环境科学,2008,31(1):75-79.

[5] 周广胜,周莉.生态气象起源、概念和展望[J].科学通报,2021,66(2):210-218.

[6] 严中伟,丁一汇,翟盘茂,等.近百年中国气候变暖趋势之再评估[J].气象学报,2020,78(3):370-378.

[7] 姜艳丰.1961—2014年内蒙古地区最高、最低气温变化特征[J].现代农业,2020,8:104-105.

[8] 高涛,肖苏君,乌兰.近47年(1961—2007年)内蒙古地区降水和气温的时空变化特征[J].内蒙古气象,2009,1:3-7.

[9] 宁忠瑞,张建云,王国庆.1948—2016年全球主要气象要素演变特征[J].中国环境科学 2021,41(9):4085-4095.

[10] 石蕴琮.内蒙古自治区地理[M].呼和浩特:内蒙古人民出版社,1989.

[11] 全国森林消防标准化技术委员会.森林可燃物的测定:LY/T 2013—2012[S].北京:国家林业局,2012.

[12] 生态环境部自然生态保护司,生态环境部法规与标准司.全国生态状况调查评估技术规范——草地生态系统野外观测:HJ 1168—2021[S].北京:生态环境部,2021.

[13] 全国农业气象标准化技术委员会.北方草地监测要素与方法:QX/T 212—2013[S].北京:气象出版社,2013.

[14] 鲍士旦. 土壤农业化学[M]. 北京:中国农业出版社,2000.

[15] 宋志杰.林火原理和林火预报[M].北京:气象出版社,1991.

[16] 郑焕能,王业遽,郭奎德.森林防火学[M].北京:农业出版社,1962.

[17] 郑焕能,居恩德.林火管理[M].哈尔滨:东北林业大学出版社,1988.

[18] 胡海清,王强.利用林分因子估测森林地表可燃物负荷量[J].东北林业大学学报,2005(6):17-18.

[19] 高国平,周志权,王忠友.森林可燃物研究综述[J].辽宁林业科技,1998(4):35-38.

[20] 单延龙,刘乃安,胡海清,等.凉水自然保护区主要可燃物类型凋落物层的含水率[J].东北林业大学学报, 2005, 33(5):41-43.

[21] LYNHAM T J, STOCKS B J. Suitability of the Canadian forest fire danger rating system for use in the Daxing-anling forestry management bureau[C]. Heilongjiang, 1989.

[22] CHUVIECO E, COCERO D, RIANO D, et al. Combining NDVI and surface temperature for the estimation of live fuel moisture content in forest fire danger rating[J]. Remote Sensing of Environment, 2004, 92(3):322-331.

[23] ANDERSON S A J, ANDERSON W R. Predicting the elevated dead fine fuel moisture content in gorse (*Ulex europaeus* L.) shrub fuels[J]. Canadian Journal of Forest Research, 2009, 39(12): 2355-2368.

[24] 胡海清,梁宇,孙龙,等.室内模拟坡向和坡度对可燃物含水率的影响[J].森林与环境学报,2016,36(1):

80-85.
- [25] 田甜.坡向坡位对地表可燃物含水率的影响及对FWI指数的修正[D].哈尔滨:东北林业大学,2013.
- [26] COLLINS B M,KELLY M,WAGTENDONK J W V,et al. Spatial patterns of large natural fires in Sierrra Nevada wilderness areas[J]. Landscape Ecology,2007,22(4):545-557.
- [27] WILLIAMS A P,SEAGER R,MACALADY A K,et al. Correlations between components of the water balance and burned area reveal new insights for predicting forest fire area in the southwest United States[J]. International Journal of Wildland Fire,2014,24(1):14-26.
- [28] 叶更新,叶希莹.林下可燃物含水率预测的一个多项式气象模型[J].东北林业大学学报,2011,39(9):65-68.
- [29] 张大明,杨雨春,张维胜,等.可燃物含水率与气象因子相关关系预测模型的研究[J].吉林林业科技,2010,39(3):27-30.
- [30] ROTHERMEL R. A mathematical model for predicting fire spread in wildland fuels[R]. Utah:USDA Forest Service,1972:1-48.
- [31] ALBINI F A. A model for fire spread in wildland fuels by radiation[J]. Combustion Science and Technology,1985,42(5/6):229-258.
- [32] CHENEV N P,GOULD J S,CATCHPOLEW R. Prediction of fire spread in grassland[J]. International Journal of Wildland Fire,1998,8(1):1-13.
- [33] 舒立福,张小罗,戴兴安,等.林火研究综述(Ⅱ)——林火预测预报[J].世界林业研究,2003(4):34-37.
- [34] 薛家翠,望胜玲,曾祥福,等.鄂西林地可燃物含水率及火险等级的气象预报研究[J].华中农业大学学报,2006(6):679-682.
- [35] 金林雪,刘昊,王海梅.呼伦贝尔不同生态区生长季降水集中度和集中期时空变化特征[J].干旱气象,2018,36(3):390-396.
- [36] 胡海清,罗碧珍,罗斯生,等.大兴安岭南瓮河落叶松-白桦混交林地表可燃物含水率[J].生态学杂志,2019,38(5):1314-1321.
- [37] 周润青,刘晓东,郭怀文.大兴安岭南部主要林分地表可燃物负荷量及其影响因子研究[J].西北农林科技大学学报(自然科学版),2014,42(6):131-137.
- [38] NELSON R M. Prediction of diurnal change in 10-h fuel stick moisture content[J]. Canadian Journal of Forest Research,2000,30:1071-1087.
- [39] 李丹,李云鹏,刘朋涛.内蒙古近30 a气象灾害时空变化特征[J].干旱气象,2016,34(4):663-669.
- [40] 居恩德,何忠秋,刘艳红,等.森林可燃物灰色verhulst模型动态预测[J].森林防火,1994(2):44-46.
- [41] 戚大伟,王德洪,刘自强.大兴安岭森林可燃物着火含水率阈值测定及其与气象因子的关系[J].森林防火,1994(2):73-75.
- [42] 胡海清,陆昕,孙龙,等.大兴安岭典型林分地表死可燃物含水率动态变化及预测模型[J].应用生态学报,2016,27(7):2212-2224.
- [43] 中华人民共和国农业部畜牧兽医司,全国畜牧兽医总站.中国草地资源[M].北京:中国科学技术出版社,1996.
- [44] 《内蒙古草地资源》编委会.内蒙古草地资源[M].呼和浩特:内蒙古人民出版社,1990.
- [45] 朱芳莹.中国北方四大沙地近30年来的沙漠化时空变化及气候影响[D].南京:南京大学,2015.
- [46] 石蕴琮.内蒙古沙漠与沙地的基本特征(下)[J].地球,2003(2):8-9.
- [47] 俞海生,李宝军,张宝文,等.浑善达克沙地土地类型及其治理[J].内蒙古林业科技,2003(S1):30-33.
- [48] 张立峰,闫浩文,杨树文,等.黑河流域植被覆盖变化及其对地形的响应[J].遥感信息,2018,33(2):46-52.
- [49] 高庆先,任阵海.沙尘天气对大气环境影响[M].北京:科学出版社,2010.

[50] 韩晶晶,王式功,祈斌,等.气溶胶光学厚度的分布特征及其与沙尘天气的关系[J].中国沙漠,2006,26(3):362-369.

[51] 姜大海,王式功,尚可政.沙尘暴危险度的定量评估研究[J].中国沙漠,2011,31(6):1554-1562.

[52] 周永波,白洁,周著华.FY-3A/MERSI海上沙尘天气气溶胶光学厚度反演[J].遥感学报,2014,18(4):771-787.

[53] 郑新江,陆文杰,罗敬宁.气象卫星多通道信息监测沙尘暴的研究[J].遥感学报,2001,5(4):300-305.

[54] SHENK W E, CURRAN R J. The detection of dust storms over land and water with satellite visible and infrared measurements[J]. Monthly Weather Review,1974,102(12):830-837.

[55] ACKERMAN S A. Remote sensing aerosols using satellite infrared observations[J]. Journal of Geophysical Research Atmosphere,1997,102 (D14):17069-17079.

[56] 郑新江,陈渭民,方翔,等.利用NOAA卫星资料估算陆地沙尘量的方法[J].国土资源遥感,2008(76):35-38.

[57] ROMANO F, RICCIARDELLI E, CIMINI D. Dust detection and optical depth retrieval using MSG-SEVIRI data[J]. Atmosphere,2013,4(1):35-47.

[58] 范一大,史培军,潘耀忠,等.基于NOAA/AVHRR数据的区域沙尘暴强度监测[J].自然灾害学报,2001,10(4):46-51.

[59] 延昊,侯英雨,刘桂清.利用热红外温差识别沙尘[J].遥感学报,2004,8(5):471-474.

[60] CHABOUREAU J, TULET P, MARI C. Diurnal cycle of dust and cirrus over West Africa as seen from Meteosat Second Generation satellite and a regional forecast model[J]. Geophysical Research Letters,2007,2(34):346-358.

[61] SCHEPANSKI K, TEGEN I, LAURENT B, et al. A new Saharan dust source activation frequency map derived from MSG-SEVIRI IR-channels[J]. Geophysical Research Letters, 2007,34(18): L18803.

[62] ZHANG P, LIU N M, HU X Q. Identification and physical retrieval of dust storm using three MODIS thermal IR channels[J]. Global and Planetary Change, 2006,52(1-4): 197-206.

[63] KLUSER L, SCHEPANSKI K. Remote sensing of mineral dust over land with MSG infrared channels: A new Bitemporal Mineral Dust Index[J]. Remote Sensing of Environment, 2009, 113(9): 1853-1867.

[64] LEGRAND M, PLANA F A, DOUME C N. Satellite detection of dust using the IR imagery of Meteosat:1. Infrared difference dust index[J]. Journal of Geophysical Research Atmospheres,2001,106(16):18251-18274.

[65] SANG S P, KIM J, LEE J, et al. Combined dust detection algorithm by using MODIS infrared channels over East Asia[J]. Remote Sensing of Environment, 2014,141(2): 24-39.

[66] 詹奕哲,王振会,张治国.FY-3E分裂窗晴空沙尘区导风初步研究[J].遥感学报,2012,16(4):738-750.

[67] 罗敬宁,徐喆.基于风云三号卫星的全球沙尘遥感方法[J].中国沙漠,2015,35(3):690-698.

[68] 海全胜,包玉海,阿拉腾图雅.利用遥感手段判识沙尘暴的一种新方法——以内蒙古地区为例[J].红外与毫米波学报,2009,28(2):129-132.

[69] 徐辉,余涛,顾行发,等.利用分裂窗通道比辐射率遥感判识沙尘气溶胶研究[J].光谱学与光谱分析,2013,33(5):1189-1193.

[70] SHE L, XUE Y, YANG X H, et al. 2018. Dust detection and intensity estimation using Himawari-8/AHI observation[J]. Remote Sensing,10:490.

[71] HUANG J P, GE J M, WENG F Z. Detection of Asia dust storms using multisensor satellite measurements[J]. Remote Sensing of Environment, 2007,110(2): 186-191.

[72] 张鹏,王春姣,陈林,等.2018.沙尘气溶胶卫星遥感现状与需要关注的若干问题[J].气象,44(6):725-736.

[73] 刘方伟,苏庆华,孙林,等.基于Himawari-8卫星的沙尘监测[J].山东科技大学学报(自然科学版),2018,37(3):11-19.
[74] 王威,胡秀清,张鹏,等.白天和夜间通用的卫星遥感沙尘判识算法构建与验证分析[J].气象,2019,45(12):1666-1679.
[75] 李彬,卢士庆,孙小龙,等.基于可见光波段灰度熵和热红外亮温差的沙尘遥感判识[J].遥感学报,2018,22(4):647-657.
[76] 郭铌,倾继祖.NOAA卫星沙尘暴光谱特征分析及信息提取研究[J].高原气象,2004,23(5):643-647.
[77] TRENBERTH K E, ASRAR G R. Challenges and opportunities in water cycle research: WCRP contributions[J]. The Earth's Hydrological Cycle, 2012: 515-532.
[78] 宋海清,李云鹏,师春香,等.内蒙古地区下垫面变化对土壤湿度数值模拟的影响[J].大气科学,2016,40(6):1165-1181.
[79] 宋海清.内蒙古中东部草原区土壤水热过程对区域天气的影响研究[D].呼和浩特:内蒙古农业大学,2021.
[80] 皇彦,孙小龙.2020年内蒙古一次暴雪过程的高分辨率数值模拟[J].南方农业,2020,14(27):174-176.
[81] 郭学良.大气物理与人工影响天气[M].北京:气象出版社,2010.
[82] 郭学良.大气物理与人工影响天气(下)[M].北京:气象出版社,2010.
[83] 李念童,李铁林,郑宏伟.河南省飞机人工增雨试验方案设计[J].应用气象学报,2001,12:200-205.
[84] 樊志超,周盛,汪玲,等.湖南秋季积层混合云系飞机人工增雨作业方法[J].应用气象学报,2018,29(2):200-216.
[85] 孙玲,张腾飞,尹丽云,等.云南省飞机增雨作业条件指标及初步应用[J].中低纬山地气象,2020,44(3):45-52.
[86] 苏立娟,达布希拉图,毕力格,等.内蒙古中部地区飞机人工增雨概念模型[J].干旱区资源与环境,2015,29(4):97-101.
[87] 邓北胜.人工影响天气技术与管理[M].北京:气象出版社,2011.
[88] 游来光,马培民,胡志晋,等.北方层状云人工降水试验研究[R].北京:中国气象科学研究院,2000.
[89] 林长城,姚展予,林文,等.福建省古田试验区云系回波特征与人工增雨作业条件分析[J].大气科学学报,2017,40(1):138-144.
[90] 中国气象局科技发展司.人工影响天气岗位培训教材[M].北京:气象出版社,2003.
[91] 周毓荃,朱冰.高炮、火箭和飞机催化扩散规律和作业设计的研究[J].气象,2014,40(8):965-980.